高等学校规划教材·风景园林系列

2011年度云南省高校优秀教材奖

城市公园规划设计

刘 扬　主编

李 文　徐 坚　沈 丹　副主编

化学工业出版社

·北京·

本书共分为七章。第一、二章在对城市公园进行概要论述的基础上，阐述了城市公园设计的有关理论与方法；第三至第六章依据我国最新的城市公园绿地类型，介绍了综合公园、专类公园、带状公园以及其他类型城市公园的设计理论与方法；第七章理论联系实践，剖析了两个城市公园设计的实践案例。

全书图文并茂，理论结合实例与案例，注重先进性、新颖性与代表性，力求全面、系统地反映城市公园及其设计的新理念、新内容、新方法，达到让读者了解城市公园的发展、熟悉城市各类型公园的内容、掌握城市各类型公园设计方法和基本技能的目的。

本书适合风景园林、园林、景观设计、环境艺术、建筑学、城市规划等相关人员及高等院校师生阅读和参考。

图书在版编目（CIP）数据

城市公园规划设计/刘扬主编．—北京：化学工业出版社，2010.6（2022.1重印）
高等学校规划教材．风景园林系列
ISBN 978-7-122-08292-3

Ⅰ．城⋯　Ⅱ．刘⋯　Ⅲ．城市-公园-园林设计-高等学校-教材　Ⅳ．TU986.2

中国版本图书馆 CIP 数据核字（2010）第 071345 号

责任编辑：尤彩霞　　　　　　　　　　装帧设计：韩　飞
责任校对：蒋　宇

出版发行：化学工业出版社（北京市东城区青年湖南街13号　邮政编码100011）
印　　装：北京七彩京通数码快印有限公司
787mm×1092mm　1/16　印张13½　彩插4　字数349千字　2022年1月北京第1版第7次印刷

购书咨询：010-64518888　　　　　　　售后服务：010-64518899
网　　址：http://www.cip.com.cn
凡购买本书，如有缺损质量问题，本社销售中心负责调换。

定　　价：40.00元　　　　　　　　　　　　　　　　　版权所有　违者必究

编写人员

主　　编：刘　扬（西南林业大学）

副 主 编：李　文（东北林业大学）

　　　　　徐　坚（云南大学）

　　　　　沈　丹（西南林业大学）

编写人员：张路红（安徽建筑工业学院）

　　　　　翁奕城（华南理工大学）

　　　　　高成广（西南林业大学）

　　　　　沈　丹（西南林业大学）

　　　　　聂庆娟（河北农业大学）

　　　　　谷永丽（云南艺术学院）

　　　　　刘　扬（西南林业大学）

　　　　　李　文（东北林业大学）

　　　　　徐　坚（云南大学）

前　言

世界造园已有5000多年的历史，而公园的出现却只是近一二百年的事。但是，在这样一个全世界都重视生态环境、注重城市园林绿地建设的时代，公园得到了较大的发展，已经成为城市居民休闲、游憩、社交和开展文娱、文教活动的重要场所。与此同时，公园的类型也逐渐增多。这样一来，城市公园的规划设计工作就显得尤其重要与迫切，人们也急需了解和掌握城市公园规划设计的基本理论、方法和技能。

本书共分为七章。第一、二章在概要论述城市公园的起源与发展、功能与作用以及分类的基础上，阐述了城市公园设计的有关理论与方法，包括城市公园设计的内容、城市公园规模容量的确定、城市公园的设施配置及用地平衡、城市公园设计的程序与方法等；第三至第六章依据我国最新的《城市绿地分类标准》(CJJ/T 85—2002) 中规定的城市公园绿地的类型，系统、详细地介绍了综合公园、专类公园、带状公园以及其他类型城市公园的设计理论与方法；第七章理论联系实践，详细剖析了精选的两个城市公园设计的实践案例，力图给予读者感性的学习和认知。为突出重点，本书不涉及社区公园和街旁绿地。

全书图文并茂，通俗易懂，理论结合实践，实例与案例选择注重先进性、新颖性与代表性，同时兼顾国内与国外、南方与北方，力求全面、系统地反映城市公园及其规划设计的新理念、新内容、新方法，达到让读者了解城市公园的发展、熟悉城市各类型公园的内容、掌握城市各类型公园规划设计方法和基本技能的目的。书中各章均配有思考题，供课后巩固学习之用；书后附《公园设计规范》，方便查找和教学需要。

本书可供高等院校风景园林、园林、景观设计、环境艺术、建筑学、城市规划、旅游等专业师生教学之用，也适合相关部门人员阅读和参考。

全书编写分工：第一章由翁奕城编写；第二章由张路红、沈丹编写；第三章由李文、刘扬编写；第四章第一、二、三节由徐坚编写，第四、五、六、七节由刘扬编写，第八节由聂庆娟、刘扬编写；第五章由李文编写；第六章由高成广、谷永丽编写；第七章由刘扬编写。副主编完成了阶段统稿工作，主编最后负责统稿、定稿。

另外，西南林业大学研究生王正、付卉、张晓阳、黄伦鹏、杨潇虹参加了本书部分编写工作，在此一并表示感谢！

由于编者水平有限，书中难免存有问题与不足，敬请广大读者、同行批评指正，在此致以深深的谢意！

编者
2010年6月

目　　录

第一章　城市公园概论 …………………………………………………………… 1
- 第一节　城市公园的起源与发展 …………………………………………… 1
- 第二节　城市公园的功能作用 ……………………………………………… 12
- 第三节　城市公园的定义和分类 …………………………………………… 16
- 思考题 ………………………………………………………………………… 19

第二章　城市公园规划设计总论 ………………………………………………… 20
- 第一节　城市公园设计的内容 ……………………………………………… 20
- 第二节　城市公园规模容量的确定 ………………………………………… 43
- 第三节　城市公园的设施配置及用地平衡 ………………………………… 46
- 第四节　城市公园设计的程序 ……………………………………………… 46
- 思考题 ………………………………………………………………………… 59

第三章　综合公园 ………………………………………………………………… 60
- 第一节　概述 ………………………………………………………………… 60
- 第二节　综合公园的分区规划 ……………………………………………… 62
- 第三节　综合公园的出入口设计 …………………………………………… 65
- 第四节　综合公园的园路及广场设计 ……………………………………… 66
- 第五节　综合公园的建筑小品设计 ………………………………………… 68
- 第六节　综合公园的地形设计 ……………………………………………… 70
- 第七节　综合公园的给排水设计 …………………………………………… 72
- 第八节　综合公园的植物种植设计 ………………………………………… 75
- 思考题 ………………………………………………………………………… 78

第四章　专类公园 ………………………………………………………………… 79
- 第一节　儿童公园 …………………………………………………………… 79
- 第二节　动物园 ……………………………………………………………… 88
- 第三节　植物园 ……………………………………………………………… 98
- 第四节　历史名园 …………………………………………………………… 106
- 第五节　风景名胜公园 ……………………………………………………… 112
- 第六节　游乐公园 …………………………………………………………… 116
- 第七节　工业遗址公园 ……………………………………………………… 124
- 第八节　其他专类公园 ……………………………………………………… 128
- 思考题 ………………………………………………………………………… 144

第五章　带状公园 ………………………………………………………………… 145
- 思考题 ………………………………………………………………………… 151

第六章　其他类型的城市公园 …………………………………………………… 152
- 第一节　郊野公园 …………………………………………………………… 152
- 第二节　森林公园 …………………………………………………………… 158

第三节　野生动物园 ……………………………………………………… 168
　　第四节　湿地公园 ………………………………………………………… 172
　　思考题 ……………………………………………………………………… 180
第七章　城市公园设计实践案例剖析 ……………………………………… 181
　　第一节　济南市城市花卉主题公园"槐荫花园"设计 …………………… 181
　　第二节　昆明市大观河东岸滨水带状公园概念设计 …………………… 187
附录：《公园设计规范》(CJJ 48—1992) …………………………………… 193
参考文献 ……………………………………………………………………… 208

第一章 城市公园概论

第一节 城市公园的起源与发展

一、西方城市公园的起源

从古埃及园林出现至今,世界造园已有5000多年的历史,但以城市公园的形式出现,却只是近一二百年的事情。17世纪中叶,首先在英国、继而在法国和全欧洲爆发的资产阶级革命,武装推翻了封建王朝,建立起土地贵族与大资产阶级联盟的君主立宪政权,宣告资本主义社会制度的诞生。在"自由、平等、博爱"的口号下,新兴的资产阶级没收了封建领主及皇室的财产,把大大小小的宫苑和私园向公众开放,统称为"公园"。这些园林具备城市公园的雏形,为19世纪欧洲各大城市公园的发展打下了基础。

18世纪60年代,英国工业革命开始,资本主义得以迅速发展。由于工业盲目建设,城市无序蔓延,城市人口急剧增加,导致城市卫生与健康环境日益恶化。在这种情况下,资产阶级为了改善居民(特别是工人阶层)的居住生活环境,缓解资产阶级与工人阶级的矛盾,开始建设城市公园,以改善城市生态环境,满足居民游憩需求。1843年,英国利物浦市动用税收建设面向公众开放的伯肯海德公园(Birkinhead Park),标志着第一个城市公园正式诞生。

伯肯海德公园由帕克斯顿(J.seph Paxt.n)负责设计,1847年工程完工。公园内人车分流的理念是帕克斯顿最重要的设计思想之一。公园由一条城市道路(当时为马车道)横穿,方格化的城市道路模式被打破,蜿蜒的马车道构成了公园内部主环路,沿线景观开合有致、丰富多彩。步行系统则时而曲径通幽,时而极目旷野,在草地、山坡、林间或湖边穿梭(图1-1~图1-3)。

图1-1 伯肯海德公园入口大门

图1-2 伯肯海德公园林中小径

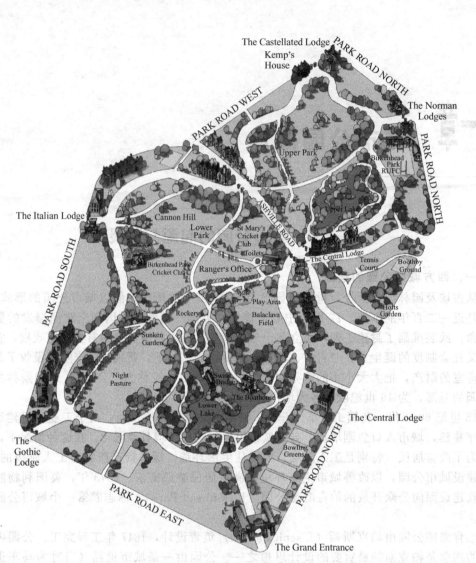

图1-3　伯肯海德公园平面图

这时期另一个著名的公园为英国伦敦的海德公园（Hyde Park）。该公园位于伦敦市区的西部，长达1英里半，宽约1英里（1英里＝1.609千米），面积约160hm²，是伦敦市区最大的公园，也是伦敦早于17世纪初第一个开放给大众的公园。1851年的万国博览会在此地举办。

海德公园与肯辛顿花园以蛇型湖（The Serpentine）相邻，夏天是划船和游泳的热门场地。公园右上角的演说角（Speakers Corner），作为英国民主的历史象征，市民可在此演说任何有关国计民生的话题，这个传统一直延续到今（图1-4）。公园内有著名的皇家驿道，道路两旁巨木参天，整条大道就像是一条绿色的"隧道"，许多骑马爱好者经

图1-4　伦敦海德公园演说角

常在这里遛马。公园中有森林、河流、草原等各种景观,绿野千顷,静谧悠闲。园内还有一座维多利亚女王为其丈夫阿尔伯特王子所建的纪念碑和黛安娜王妃纪念喷泉。

二、西方城市公园的发展

1. 城市公园运动

19世纪下半叶,欧洲、北美工业化在带来经济繁荣的同时,也给城市带来了严重的生态问题。为改善城市环境,各国开始大力建设城市公园,其中最有名的当属纽约中央公园(图1-5)。

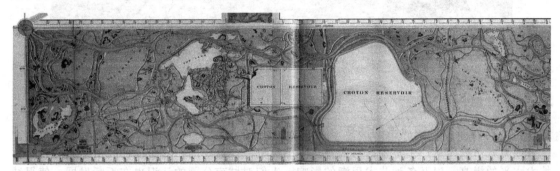

图1-5 "绿色草原"——纽约中央公园总平面

它是全美第一个城市公园,1858年由奥姆斯特德(Olmsted,F L)与合伙人沃克(Calvert Vaux)设计,直到1876年全部建成。公园面积达340hm^2,公园中有总长93km的步行道,9000张长椅和6000棵树木,园内有动物园、运动场、美术馆、剧院等各种设施,每年吸引多达2500万人次进出(图1-6)。纽约中央公园的建设成就受到了高度的评价,人们普遍认为,该公园不仅实现了在城市人工环境中建设大面积的公园以改善城市的生态环境,同时也达到了促进城市房地产开发、提高城市土地利用经济效益、促进城市经济发展的目的。随后其他城市纷纷仿效,在欧洲和北美掀起了建设城市公园的热潮——"城市公园运动"(The City Park Movement)。当时在旧金山、芝加哥、布法罗、底特律、蒙特利尔等大城市建立了100多处大型的城市公园。

图1-6 纽约中央公园景观

2. 城市公园系统

虽然在城市公园运动期间各国城市建设了许多城市公园,但当时的城市公园多由密集的建筑群包围,形成生境脆弱的"孤岛"。1880年奥姆斯特德在波士顿的城市规划中首次提出了公园系统(Park System)的概念。所谓公园系统就是指公园(包括公园以外的开放绿地)和公园路(Parkway)所组成的系统。通过将公园绿地与公园路系统连接,来达到保护城市生态系统、促使城市良性发展、增强城市舒适性的目的。

波士顿公园体系充分利用了河流、泥滩、荒草地所限定的自然开放空间,利用200~1500英尺(1英尺=0.3048米)宽的线型空间,将数个公园及穆德河连成一体,改变了波士顿中心地区空间环境的总体面貌,形成了后来被称为"翡翠项链"的公园体系(图1-7)。

图 1-7　美国波士顿公园系统

三、西方城市公园风格的演变

西方城市公园从产生至今已有两百多年的历史。在这期间，随着社会经济的发展，科学技术水平的提高，以及各种艺术思潮的影响，人们对城市公园的认识也在不断发展，使得城市公园的形式、风格发生了多次变革。

1. 19 世纪：田园风格时期

从城市公园出现至 19 世纪期间，城市公园主要以田园风格为主。最初的大部分城市公园，如英国的伯肯海德公园（Birkinhead Park, Livepool）、摄政王公园（Regent's Park, London）、海德公园（Hyde Park, London），德国柏林的动物公园（Tiergarten, Berlin），巴黎东郊的万尚林苑（Bois de Vincennes, Paris）和西郊的圃龙林苑（Bois de Boulogne, Paris）等，主要是利用原有的皇家园林改造而成，而这些园林本来就是自然式的，呈现一派田园风光。另外，英国作为当时最先出现城市公园的国家，正兴起风景式园林，因此，英国自然风景园林成为这一时期城市公园的主要风格（图 1-8）。

图 1-8　英国摄政王公园景观

2. 19 世纪末至 20 世纪初：几何风格时期

19 世纪末，城市公园的田园风格逐渐被对称的几何布局所代替。这类公园在形式上受到来自法国文艺复兴时期规则式园林风格的影响，通过明确的轴线组织宽大的草坪、规则的花圃、整齐的林荫道和纪念性喷泉等景观元素，形成逻辑清晰的序列空间，并创造出一系列宽敞的露天场所，为市民提供更多的休闲娱乐设施和集体活动场地。设计者们相信：比起被动地欣赏浪漫、略带田园诗般的风景，运动休闲要更好一些。公园既是露天场所又是功能性场所，它们更像是一种供人们使用的城市设施，也体现了广泛人文主义的文化思想。这时期公园的突出代表是美国芝加哥艺术化的格兰特公园（Grant Park）和德国汉堡轴向的城市公园（Stadt Park）。

格兰特公园沿用了法国文艺复兴时期的设计手法，大型的草坪、规则的苗圃、榆树林荫大道、古典的局部景观、公园中心的纪念喷泉等都成为公园设计的主导元素。作为公共空间的公园延续了城市主要道路轴线而形成公园的轴线，白金汉喷泉成为公园的焦点及公共活动的中心区域。该设计具有与城市内部结构相呼应与协调的设计风格，并兼具城市绿色元素的功能（图1-9、图1-10）。

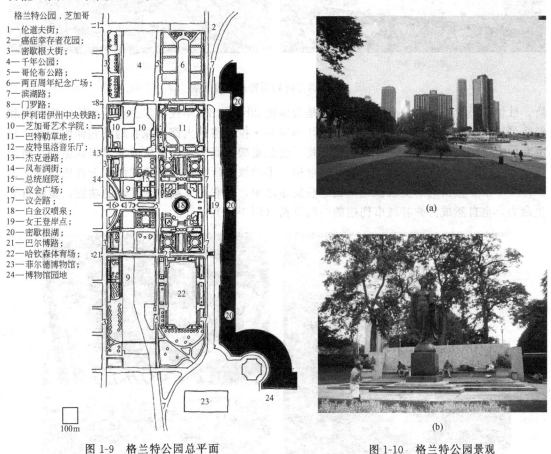

图1-9　格兰特公园总平面　　　　　图1-10　格兰特公园景观

3. 20世纪上半叶：公园改革时期

20世纪上半叶，在公园的发展史中被称为"公园改革时代"，改革的典型特征是更注重公园的综合性和实用性，并且更加注重公园的生态平衡和经营管理。设计通常由一个团队合作完成，其中包括园林专家、植物学家、生物学家、工程师、建筑师、社会学家和城市规划师等。这样的组合使设计既符合美学原理，又满足实用标准，荷兰阿姆斯特丹公园就是这种联合设计的产物（图1-11）。

4. 20世纪六七十年代：综合公园时期

到20世纪六七十年代，西方各国面临日益严重的生态危机，人们对城市生态环境日益关注，开始重视城市生态设计理论研究和实践活动。同时，这一时期伴随西方城市工业的逐步衰败，为解决弃置工业厂区的改造和再利用问题，其中的一些工业厂区被改造成工业遗址公园，通过对已经破坏的生态环境进行恢复，并增加游憩设施，使其成为市民休息活动的场

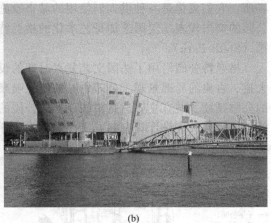

(a)   (b)

图 1-11　荷兰阿姆斯特丹公园景观

所，杜伊斯堡北工业改造公园的诞生就是为解决20世纪70年代鲁尔工业区环境极度污染和经济严重衰退的双重危机而诞生的。设计师彼得·拉茨将绝大部分原有的设施保留下来，将废弃的工厂厂房改造为主题性展览馆，将厂房起重架的高墙和煤渣堆改为攀岩训练场，将旧的冷却池作为潜水训练基地，甚至利用削掉一半的铁皮厂房作为可掀式的露天音乐舞台。这样，一个工业重镇的历史就被记录在这些废墟之中，而它们又被赋予了新的功能，重新有了生命力，也自然成为弥补城市伤疤的一剂良药（图1-12）。

图 1-12　杜伊斯堡北工业改造公园景观

5. 20世纪八九十年代：风格创新时期

20世纪60年代到80年代的这段时间，后现代主义（Post-Modernism）在建筑艺术方面的兴起和壮大逐渐扩展和影响到其他设计领域。后现代主义设计描述了后工业社会中文化与生活新的特征，展现出不断运动、变化和多样的设计风格，而这种多样化设计风格现象的出现正是对现代主义的最大挑战，它推翻了现代主义设计的纯洁性、至上性以及着重追求的功能主义，将设计带入到"多元"状态，其中包括"波普艺术""解构主义""极简主义""大地艺术"等设计风格。

到20世纪八九十年代，后现代主义对公园设计的影响开始逐渐显现出来，并且与其他的艺术思潮一起推动现代园林的发展。其中最有名的城市公园当属法国拉·维莱特公园（图1-13、图1-14）。

图1-13　拉·维莱特公园总平面　　　　　　　图1-14　园林小品 Folie

拉·维莱特公园建于1987年，坐落在法国巴黎市中心东北部，占地55hm^2，由废旧的工业区、屠宰场改建而成，是城市改造的成功典范，也是20世纪反理性主义最彻底的公园设计作品之一。该公园环境美丽而宁静，是集花园、喷泉、博物馆、演出、运动、科学研究、教育为一体的大型现代综合公园。拉·维莱特公园融入田园风光的生态景观设计理念，以独特的甚至被视为离经叛道的设计手法为市民提供了一个宜赏、宜游、宜动、宜乐的城市自然空间。

拉·维莱特公园设计师屈米用解构的思路，将传统形式的园林分解成各个元素，再用新的功能把这些元素重新组合起来。他从法国传统园林中提取了点、线、面三个体系，并试图通过这三个体系的叠加和组织，形成新的园林结构。其中"点"系统是基址内按120m×120m架构的方格网交汇点处设置的红色小构筑物，屈米称之为"疯狂物"（Folie）。"点"系统是公园的战略性工具，它既形成空间，又活跃空间；而且它摒弃一切层次和"构图"，同时排斥过去总平面中意识形态的"先入为主"方式。"线"系统是指公园中的两条长廊、几条笔直的林荫路和一条贯穿全园主要部分的流线型游览路，这条游览路打破了方格网所建立的秩序，也连接公园中10个主题小园。而公园中的"面"系统正是指这10个主题园和其他场地、草坪及树丛。公园中分离与解构出来的"点""线""面"系统各自以不同的几何秩序来布局，相互间没有明显的联系，但又以一定的方式叠加在一起，形成强烈的交叉和冲突，构成矛盾的统一体。

自20世纪90年代以来，城市公园呈现出多元化的发展。一是充分借鉴各种艺术形式，体现艺术性的设计，包括大地艺术、极简艺术、波普艺术等。二是功能综合化。城市公园从最初单纯的田园风景到逐渐增加一些基本设施，再到运动休闲观念的贯彻和露天场所体系的形成，直至今天集休闲、娱乐、运动、文化、生态和科技于一身的大型综合公园，城市公园的功能内涵越来越丰富，形式也越来越多样。这种综合性正是应现代城市不断复杂化的社会要求而产生的。三是公园的生态设计。通过采用节水、节能、生态绿化等技术使公园的生态系统良性平衡，降低维护成本。四是完全免费开放。西方公园完全向市民免费开放，这也是区别一个城市公园和一个商业设施的重要依据。

四、国内城市公园概况

1. 我国城市公园的产生

1868年，在上海外滩建成中国第一个城市公园——上海"公花园"（现在的黄浦公园）（图1-15）。随后，又建成了虹口公园、法国公园（现复兴公园）、极斯菲尔公园（现中山公园）。公园内主要布置网球、棒球、高尔夫球等运动场地及散步、休息、游乐场所。公园的风格主要为英国风景式园林或法国规则式园林风格，有大片草坪、树林和花坛，建筑点缀其中。这些公园虽然在功能、布局和风格上基本沿用当时的欧洲公园形式，但对以后我国城市公园的发展具有一定的影响。

图1-15　上海黄浦公园

我国最早自己兴建的城市公园是无锡市的"锡金公园"（图1-16）。该园位于无锡市中心，曾名无锡公园，俗称公花园，现名城中公园。1906年建成，后园址渐拓，建筑益增。1910年建多寿楼；1920年建池上草堂并新镌刻怀素《四十二章经》；翌年建西社，聘请日本

图1-16　无锡"锡金公园"

人松田规划调整园景；1921年建兰苡，其北设天韵社，又建长廊，是年无锡名流为公园题二十四景；1927年建松崖白塔；1930年建同庚厅；1933年建九老阁等。1949年后，市政府多次对该园修葺，成为市民品茗、锻炼、休闲和追忆历史的好地方。

2. 新中国成立前城市公园的发展

20世纪20~30年代，受辛亥革命民主思想（平等、博爱、天下为公）和西方"田园城市"思想的影响，我国城市公园有了一定的发展，先后兴建了广州越秀公园（图1-17）、汉口市府公园（现中山公园），北京中央公园（现中山公园），南京玄武湖公园，杭州中山公园，汕头中山公园等。这些公园大多数都是纪念孙中山先生伟大功勋和发扬其"天下为公"精神的载体。如武汉的中山公园位于汉口解放大道中段，始建于1914年，前身为一私家花园，名曰"西园"。1927年收归国有，1928年为纪念孙中山先生而命名为"汉口中山公园"。这些公园有的利用原有风景名胜、古典园林进行整理改建，有的参照欧洲公园风格扩建新辟。直到1949年新中国成立前，我国的城市公园总体来说数量少、园容差、设施不完善，主要包括动植物展览、儿童公园、展览厅、茶馆、棋室、照相馆、小卖部、音乐台、运动场等设施。

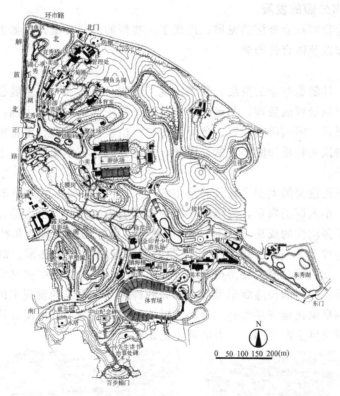

图1-17 广州越秀公园平面图

3. 新中国成立后我国城市公园的发展

1949年新中国成立后不久，随着第一个五年计划经济建设和城市建设的开展，我国城市园林绿化建设也逐步获得相应的发展。20世纪50年代后期，我国开始学习苏联城市绿化建设的理论和经验，强调园林绿化在改善城市小气候、净化空气、防尘、防烟、防风和防灾等方面的功能作用，按城市规模确定公共绿地面积，设置公园、林荫道、滨河路，在一些大城市还建造了植物园、动物园、儿童公园等。如北京的陶然亭公园、什刹海公园，上海的杨浦公园、西郊公园，广州的流花湖公园，武汉的解放公园等。这些新建公园的规划设计主要受苏联文化休息公园理论的影响,即公园是把政治教育活动与劳动人民在绿地中的文化休息活动相结合的园林形式。

4. 改革开放后城市公园的发展

自1978年改革开放以来,随着社会经济的快速发展,我国的城市园林绿化建设也取得了巨大成就。据统计,1981年我国城市人均绿化面积为1.5m²,到2006年底已增长到7.94m²。近年来,一些获得"园林城市"称号的地区又对绿化提出了更高的要求,开展了建设"生态园林城市"的活动,深圳成为获此称号的首个城市。一些城市的绿化成绩也得到了国际组织的认可,扬州、南宁等城市获得了联合国最佳人居奖。

以上海为例,经过多年努力,2008年上海城市绿化覆盖率提升至38%,人均公共绿地面积达到12.51m²,相当于每人有了"绿色一间房"。2009年,上海新建绿地1190hm²,完成绿地整治约1840hm²,绿地改造约380hm²。此外,上海还计划改造54座老公园,将增加色叶开花植物,改善公园基础设施,增加健身休闲活动场地,满足市民对公园绿地的高需求。

五、国内城市公园的发展

近年来,随着我国社会经济的发展,出现了一些新的公园类型,比如主题公园、湿地公园、工业遗址公园以及体育公园等。

1. 主题公园

改革开放后,伴随旅游业的发展,我国出现了新的公园形式——主题公园。主题公园是以游乐为目标的模拟景观的呈现,其最大特点是赋予游乐形式以某种主题,围绕既定主题来营造游乐内容与形式。园内所有建筑、色彩、造型、植被、游乐项目等都围绕主题服务,共同构成游客容易辨认的特质和游园线索,因此,主题公园具有主题独特、生命周期短、开发风险高等主要特征。

我国第一个真正意义的大型主题公园是1989年开业的深圳锦绣中华微缩景区。得益于荷兰"马都洛丹"小人国的启示,锦绣中华将中国的名山大川和人文古迹以微缩模型的方式展现出来,取得了轰动性的成功(图1-18)。主题公园良好的经济效益和社会效益起到了强烈的示范作用,引致了20世纪90年代初主题公园的又一次投资热潮。20世纪80年代至今,全国已累计开发主题公园式旅游点2500多个,投入资金达3000多亿元。其中比较著名的有北京的欢乐谷、广州的长隆欢乐世界、珠海的神秘岛、大连的发现王国、宁波的凤凰山主题乐园、沈阳的皇家极地海洋世界、青岛的极地海洋世界等。目前尚在策划的大型主题公园还有天津的环球影城主题公园、上海的迪士尼乐园等。

图1-18 深圳锦绣中华主题公园

2. 湿地公园

近年来，我国愈加重视城市湿地的保护，各大城市纷纷建设生态公园，包括北京市海淀区翠湖国家城市湿地公园、唐山市南湖国家城市湿地公园、杭州西溪国家湿地公园、无锡市长广溪国家城市湿地公园、常熟市尚湖国家城市湿地公园、绍兴市镜湖国家城市湿地公园、东营市明月湖国家城市湿地公园、东平县稻屯洼国家城市湿地公园、常德市西洞庭湖及青山湖国家城市湿地公园、淮北市南湖国家城市湿地公园等。

① 香港湿地公园（HongKong Wetland Park） 香港湿地公园位于新界天水围北部，建有占地1万平方米的室内展览馆——"湿地互动世界"以及超过 $60hm^2$ 的湿地保护区，是亚洲首个拥有同类型设施的公园。

香港湿地公园的原址只是一片普通的湿地。1998年，当时的香港渔农署（即现时的香港渔农自然护理署）及香港旅游协会（即现时的香港旅游发展局）进行研究，最后决定把这片土地建成国际级的生态旅游项目，即香港湿地公园。同时，香港湿地公园作为米埔湿地保护区的缓冲区，还具有保育湿地、科普教育、吸引游客的作用。

坐落于人造湿地的湿地探索中心让游人亲身体验湿地生趣。溪畔漫游径、演替之路、红树林净桥和三间分别位于河畔、鱼塘和泥滩的观鸟屋引领游客走进不同的生境，寻访各式各样的有趣生物。湿地公园的生境包括淡水沼泽、季节性池塘、芦苇床、林地、泥滩和红树林等（图1-19、图1-20）。

图1-19 香港湿地公园鸟瞰　　　　　　　　　　图1-20 观鸟屋

② 杭州西溪国家湿地公园　西溪国家湿地公园位于杭州市区西部，距西湖不到5km，东起紫金港路绿带西侧，西至绕城公路绿带东侧，南起沿山河，北至文新路延伸段，总面积 $10.64km^2$，是罕见的城中次生湿地，在杭州市绿地系统结构中具有独特的地位及作用。这里生态资源丰富、自然景观质朴、文化积淀深厚，曾与西湖、西泠并称杭州"三西"，是目前国内第一个也是唯一的集城市湿地、农耕湿地、文化湿地于一体的国家湿地公园。

3. 工业遗址公园

近年来，伴随城市的发展及经济结构的调整，许多位于城市中心的工业厂区面临拆迁改造的问题。为了更好地保护和利用这些宝贵的工业遗址资源，让它们重新焕发青春和活力，我国开始出现了一类新型的公园类型——工业遗址公园。

工业遗址公园是文化主题公园的一种表现形式，也是保护和传承城市工业历史及工业文明的一种方式，能够让城市长久保存一份关于工业发展的记忆与历史。具体设计方法多是在保护工业遗址的基础上赋予公园新的功能，如游憩、娱乐、艺术创作、文化展示等。近年

图1-21 中山岐江公园鸟瞰

来，国内城市中的工业遗址公园如雨后春笋般不断涌现，如中山岐江公园（图1-21）、上海苏州河北岸创意仓库、苏州运河工业遗产廊道、无锡北仓门艺术生活中心、北京798大山子艺术中心等，有些已成为当地的象征性景观和知名文化旅游品牌。

第二节 城市公园的功能作用

城市公园作为城市开敞空间的最主要组成部分，具有改善城市生态、美化城市环境、满足市民日常游憩需求、防灾减灾等多种功能。

一、生态功能

1. 净化空气

城市公园绿地的园林植物对净化空气有独特的作用，能吸滞烟尘和粉尘、吸收有害气体、吸收二氧化碳并释放氧气。

① 吸滞烟尘和粉尘 空气中的灰尘和工厂里飞出的粉尘是污染环境的有害物质。这些微尘颗粒，重量虽小，但它在大气中的总重量却是惊人的。许多工业城市每平方公里平均降尘量为500t左右，某些工业十分集中的城市甚至高达1000t以上。树木吸滞和过滤灰尘的作用主要表现在两方面：一方面依靠树林枝冠茂密、能明显减低风速的作用，降低气流中携带的大粒灰尘；另一方面则是利用树木叶子表面粗糙不平、多绒毛、分泌黏性油脂或汁液的作用吸附空气中的大量灰尘及飘尘。

树木的叶面积总数很大。据统计：森林叶面积的总和为森林占地面积的数十倍，其吸滞烟尘的能力是很大的。据我国对一般工业区的初步测定，空气中的飘尘浓度，绿化地区较非绿化地区少10%～50%。可见，树木是空气的天然过滤器。

草坪植物也有较好的蒙尘作用，因为草坪植物的叶面积相当于草坪占地面积的22～28倍。据测试，铺草坪的足球场比不铺草坪的足球场上空的含尘量减少2/3～5/6。

② 吸收有害气体 工业生产过程中产生出的毒气体，如SO_2是冶炼企业产生的主要有害气体，它数量多、分布广、危害大。当空气中SO_2达到0.001%时，人就会呼吸困难，不能持久工作；达到0.04%时，人会迅速死亡。HF则是窑厂、磷肥厂、玻璃厂产生的另一种剧毒气体，这种气体对人体危害比SO_2大20倍。很多树木可以吸收有害气体，如$1hm^2$的柳杉每月可以吸收SO_2 60kg。上海地区1975年对一些常见绿化植物进行吸硫测定，发现臭

椿和夹竹桃不仅抗 SO_2 能力强,并且吸收 SO_2 的能力也很强。臭椿在 SO_2 污染情况下,叶中含硫量可达正常含硫量的 29.8 倍,夹竹桃可达 8 倍。其他如珊瑚树、紫薇、石榴、厚皮香、广玉兰、棕榈、胡颓子、银杏、桧柏、粗榧等也有较强的对 SO_2 的抵抗能力,刺槐、女贞、泡桐、梧桐、大叶黄杨等树木抗氟的能力比较强。另外,木槿、合欢、杨树、紫荆、紫藤、紫穗槐等对氯气、氯化氢气体有很强的抗性;紫薇可吸收汞;大多数植物都能吸收臭氧,其中银杏、柳杉、樟树、海桐、青冈栎、女贞、夹竹桃、刺槐、悬铃木、连翘等净化臭氧的作用较大。树木还能吸收氨、铅及其他有害气体等,有"有害气体净化场"的美称。

③ 吸收 CO_2,放出 O_2　由于城市人口比较集中,在城市中不仅人的呼吸排出 CO_2,吸收 O_2,而且各种燃料燃烧时也排出大量 CO_2 并消耗大量 O_2,致使城市空气中的 CO_2 有时可达 0.05%～0.07%。CO_2 虽是无毒气体,但当空气中达 0.05% 时,人的呼吸已感不适,当含量达到 0.3%～0.6% 时,人会感到头痛,出现呕吐、脉搏缓慢、血压增高等现象。

树木是 CO_2 的消耗者,也是 O_2 的天然制造厂。树木进行光合作用时吸收 CO_2,放出人们生存必需的 O_2。通常 $1hm^2$ 的阔叶树林,在生长季节每天可以吸收 $1tCO_2$,放出 $570kgO_2$。如果以成年人每日呼吸需要 $0.75kg\ O_2$,排出 $0.9kgCO_2$ 计算,则每人需要 $10m^2$ 的树林面积,以消耗掉每人因呼吸排出的 CO_2,供给所需要的 O_2。由此可见,城市中的公园、行道树、庭园、草坪等对调节空气有着重要的作用,这也就是人们在树木茂密的地方感到空气特别新鲜的原因。

2. 调节气候

① 提高空气湿度　树木在生长过程中能蒸腾水分,提高空气相对湿度。树木形成 1kg 的干物质需要蒸腾 300～400kg 的水,因为树木根部吸进水分的 99.8% 都要蒸发掉,只留下 0.2% 用作光合作用,所以森林中空气的湿度比城市高 38%,公园的湿度也比城市中其他地方高 27%。$1hm^2$ 阔叶树林在夏季能蒸腾 2500t 的水,相当于同等面积的水库蒸发量,比同等面积的土地蒸发量高 20 倍。据调查:每公顷油松每月蒸腾量为 43.6～50.2t,每公顷加拿大白杨林的蒸腾量每日为 51.2t。树木强大的蒸腾作用能增多水汽,湿润空气,使绿化区内湿度比非绿化区大 10%～20%,可为人们创造凉爽、舒适的气候环境。

② 调节气温　绿化地区的气温常较建筑地区低,这是由于树木可以减少阳光对地面的直射,消耗热量用以蒸腾从根部吸收来的水分并制造养分。尤其是夏季绿地内的气温较非绿地低 3～5℃,较建筑物地区可低 10℃ 左右,森林公园或浓密成荫的行道树下效果更为显著。即使在没有树木遮阳的草地上,其温度也要比无草皮的空地低些。据测定:7～8月间沥青路面的温度为 30～40℃,而草地只有 22～24℃。炎夏,城市无树的裸露地表温度极高,远远超过它的气温,空旷的广场在 1.5m 高度的最高气温为 31.2℃ 时,地面的最高地温可达 43℃,而绿地中的地温要比空旷广场低得多,一般可低 10～17.8℃。

③ 降低风速、改善城市通风条件　树木防风的效果是显著的,冬季绿地不但能降低 20% 的风速,而且静风时间较未绿化地区长。树木适当密植可以增加防风的效果。春季多风,绿地减低风速的效应随风速的增大而增加,这是因为风速大,枝叶的摆动和摩擦也大,同时气流穿过绿地时受到树木的阻截、摩擦和过筛作用,消耗了气流的能量。秋季绿地能减低风速 70%～80%,静风时间长于非绿化区。通过在城市夏季主导风向上设置大规模楔形绿地,把城市外部的风引入城市内部,能改善城市通风条件,减弱城市热岛效应。

3. 减弱噪声

茂密的树木能吸收和隔挡噪声。据测定,40m 宽的林带可以降低噪声 10～15 分贝;公园中成片的树林可以降低噪声 26～43 分贝;绿化的街道比不绿化的街道可降低噪声 8～10 分贝。据实验,爆炸 3kg 的三硝基甲苯炸药,声音在空气中传播 4km,在森林中则只能传到 400 多米的地方。在森林中声音传播距离小，是由于树木对声波有散射的作用，声波通过时，枝叶摆动，使声波减弱而逐渐消失。同时，树叶表面的气孔和粗糙的毛就像电影院里的多孔纤维吸音板一样，能把噪声吸收掉。

4. 净化水体

城市水体污染源主要有工业废水、生活污水、降水径流等。工业废水和生活污水在城市中多通过管道排出，较易集中处理和净化。而大气降水，形成地表径流，冲刷和带走了大量地表污物，其成分和水的流向难以控制，许多则渗入土壤继续污染地下水。许多水生植物和沼生植物对净化城市污水有明显作用。比如在种有芦苇的水池中，其水的悬浮物减少30%，氯化物减少90%，有机氮减少60%，磷酸盐减少20%，氨减少66%。另外，草地可以大量滞留许多有害的金属，吸收地表污物。树木的根系可以吸收水中的溶解质，减少水中细菌含量。目前许多城市纷纷建设人工湿地，通过人工湿地的水生植物对水体进行净化，从而改善水质，美化环境。

5. 杀死细菌

空气中散布着各种细菌，其中以城市公共场所含菌量为最高。植物可以减少空气中的细菌数量，原因之一是绿化地区空气中的灰尘减少，从而减少了细菌；之二是植物本身具有杀菌作用。地榆根的水浸液能在1min内杀死伤寒、副伤寒A和B的病原、痢疾杆菌的各菌系。1hm^{2}的刺柏林每天能分泌出30kg杀菌素，可以杀死白喉、肺结核、伤寒、痢疾等病菌。还有某些植物的挥发性油，如丁香酚、天竺葵油、肉桂油、柠檬油等也具有杀菌作用。尤其是松树林、柏树林及樟树林灭菌能力较强，它们的叶子都能散发某些挥发性物质。有树林的地方相比没有树林的市区街道，每立方米空气中的含菌量少85%以上。有人做过测定：林区与城市百货大楼空气中含菌率竟相差10万倍，公园与百货大楼相差4千倍，所以绿化植树对杀菌、提供新鲜空气、保护人民身体健康具有良好的作用。

6. 监测环境

植物是有生命的东西，和周围环境有密切联系，环境条件起变化，在植物体上就会产生反应。在环境污染的情况下，污染物质对植物的毒害也同样会在植物体上以各种形式表现出来。植物的这种反应就是环境污染的"信号"，人们可以根据植物所发出的"信号"来分析鉴别环境污染的状况，这类对污染敏感而发生"信号"的植物称为"环境污染指示植物"或"监测植物"。

树木中各种敏感性的植物对监测环境污染有很大作用。如雪松对有害气体就十分敏感，特别是春季长新梢时，遇到SO_2或HF的危害，便会出现针叶发黄、变枯的现象。因此当春季凡是雪松针叶出现发黄、枯焦的地方，在其周围往往可能找到排放HF或SO_2的污染源。另外，月季花、苹果树、油松、落叶松、马尾松、枫杨、加拿大白杨、杜仲对SO_2反应敏感；唐菖蒲、郁金香、萱草、樱花、葡萄、杏、李等对HF较敏感；悬铃木、向日葵、番茄、秋海棠对CO_2敏感。利用敏感植物监测环境污染，既经济便利，又简单易行，便于广泛发动群众来作监测工作。

二、游憩功能

1933年《雅典宪章》提出居住、工作、交通、游憩是城市的四大基本活动，而城市公园作为城市公共开放空间的重要组成部分，将承担城市重要的游憩功能，为广大市民提供游憩的场所。

首先，人们在紧张工作之余需要进行游憩，使身心获得放松，这是生理的需要。这些游憩活动包括安静休息、文化娱乐、体育锻炼、郊野度假等，它可以使人们消除疲劳、恢复体力、调剂生活、振奋精神，促进人们的身心健康、提高工作效率。因此，游憩逐步由个人自身的需要发展成为社会的需求，越来越受到人们的重视。

其次，随着我国社会经济的快速发展，人们的闲暇时间日益增加，人们对闲暇时间游憩活动的需求不断增加。我国现在实行一周五天工作时间，每天工作八小时的劳动制度，每年还有法定节假日以及企业带薪假期等。这就需要加快城市公园绿地建设，完善城市游憩空间体系，为广大市民提供环境优美、设施齐全的游憩活动空间。

另外，城市公园绿地能促进居民间的公共交往，将城市隔离现象降到最低，促进社会各阶层的融合和"共生"。

三、美化功能

城市公园绿地内各种植物柔和的线条、多样的色彩、变化的形态和不断发育的生机与城市中人工建（构）筑物能形成对比效果，给人以美的感受。公园绿地还能丰富城市建筑群轮廓线、美化市容、衬托建筑，提升城市形象。

利用公园绿化丰富城市景观，可以形成具有特色的城市景观面貌。如安徽合肥市围绕环城河设置各类公园，犹如一串绿色翡翠，富有特色。又如广州的白云山，景色秀丽，自古以来就是广州有名的风景胜地。随着城市规模的日益扩大，白云山已渐渐被市区包围，完全融入到城市中，成为城市中的绿洲，对城市的生态和景观环境具有重要的作用，也是人们闲时休憩的好去处。目前珠水（珠江）云山（白云山）成为广州市重要的城市名片之一。

四、防灾功能

随着地震、台风、火灾、水灾等自然灾害的频繁发生，城市公园的防灾避险功能逐渐得到重视。城市公园的防灾功能主要体现在以下三方面：

一是提供避难场所：临时避难场所、最终避难场所和避难道路。临时避难场所包括紧急避难场所、临时集合场所或避难中转地；最终避难场所，也称固定避难场所，是居民较长时间避难的场所，能够给避难者提供基本的生活条件和安全保障；避难道路为居民避难提供安全通道。

二是作为抗震防灾的据点：震后开展救援活动和指挥恢复重建活动的据点，进行防灾演习与抗震减灾知识教育的场所。

三是防止灾害，减轻灾害：减轻或防止火灾的发生与蔓延，减轻或防止易燃易爆物品发生爆炸造成的灾害，减轻或防止山崩等引发的灾害。此外，防灾公园还有助于消防、救灾、情报收集与传递、运输等活动的开展。

五、经济功能

城市公园绿地除了产生巨大的生态环境效益和社会效益外，还具有经济效益，包括直接经济效益、间接经济效益两种。直接经济效益就是公园绿地在使用过程中直接获得的货币效益；间接经济效益就是公园绿地在城市环境改善以及提高环境的资源潜力上所反映出来的经济价值。

1. 直接经济效益

一方面，公园通过销售门票直接获得经济收入，或者依托公园所属餐饮、文化娱乐设施的经营以及出售公园培养的盆景、盆花等的销售获得经济收入。另一方面，公园的开发建设也会带动周边的房地产、商业开发，提高土地价格、房价等。公园绿地往往成为影响房地产价格的重要因素。以上海为例，卢湾区近淮海路的太平桥地区原是一片亟待改造的旧居住区，由于居民密度较大，动迁费用昂贵，令区政府伤透脑筋。2001年，香港瑞安集团参与了该地块的综合开发,并在整体性开发前建设了面积 4.2hm² 的太平桥绿地。绿地建设的动迁和建设费共 8 亿元,其中香港瑞安集团出了 3 亿元,区政府出了 3 亿元,市政府补贴了 2 亿元。区长算过一笔账:太平桥绿地建成后,随着周边地区的联动开发,区政府可以得到近 10 亿元的税收。

许多城市在新区建设中也经常先建设公园绿地,改善新区的环境品质,带动周边地区土地价格。如上海浦东开发之初,陆家嘴中心绿地的建设改善了环境,使周边的土地得到大幅度的增值。

2. 间接经济效应

城市公园绿地产生的经济价值除了部分可以用货币价值衡量外,大部分、特别是一些生态产品是无法直接用货币价值衡量的。例如园林绿化产生的 O_2 很难精确计算其经济价值。又如园林绿化创造的优良环境无法用货币价值来表示。下面以天津经济技术开发区绿化建设为例,计算该区园林绿化所带来的间接经济效益。

天津经济技术开发区 10 年来在盐滩上创建了 190hm² 绿地,种植林木 10 万余株,草坪 60 万平方米,各种植物 300 余种,每人拥有绿地 19m²,绿化成果巨大,生态、社会效益显著。据报道:1hm² 森林每天可吸收 CO_2 1t,产生 O_2 0.73t。而体重 75kg 的成年人每天呼出 CO_2 0.9kg,吸入 O_2 0.75kg。也就是说每人应有 10m² 森林或 50m² 草坪才能维持正常的生命活动。故天津开发区园林绿化为人们提供了良好的生态环境条件,并取得了优越的生态效益。根据日本林业厅的计算方法,按 1t O_2 价格为 0.2 万元计算,那么该区园林提供的 O_2 价值约 456 万元。

根据上海科研所测定,树木的减尘率是 30.8%~50.2%;草坪的减尘率是 16.8%~39.3%。又根据天津市环保局提供的资料,每公顷绿地滞尘量平均为 10.9t,降尘费为 80.69 元,天津开发区 190hm² 绿地的滞尘量折合货币相当于 16.8 万元。

园林绿化的杀菌功能是人所共知的。例如 1hm² 圆柏林,一昼夜能分泌出 30~60kg 植物杀菌素,在 2km² 内可杀灭空气中的白喉、结核、伤寒、痢疾等细菌和病毒,并能灭蝇驱蚊,一般每平方米绿地空气中的细菌含量可因此减少 85% 以上。天津市区百货商店内每立方米空气中的含菌量高达 4 百万个,而林荫道内为 58 万个,公园里只有 1000 个,片林中则仅有 55 个,其生态经济效益是很明显的。

园林绿化创建的生态效益还有许多,诸如防治噪声污染、减灾防灾、生物多样性保护等,如能转换为货币来衡量将大大超过直接经济价值。

第三节 城市公园的定义和分类

一、城市公园的定义和特征

《中国大百科全书(建筑、园林、城市规划)》中公园(Public Park)的定义为:城市公共绿地的一种类型,由政府或公共团体建设经营,供公众游憩、观赏、娱乐等的园林。

《园林基本术语标准》(CJJ/T 91—2002/JZ17—2002)定义:公园是供公众游览、观赏、休憩、开展户外科普、文体及健身等活动,向全社会开放,有较完善的设施及良好生态环境的城市绿地。

《公园设计规范》的解释:公园是供公众游览、观赏、休憩、开展科学文化及锻炼身体等活动,有较完善的设施和良好绿化环境的公共绿地。

从以上定义中可以得出城市公园的基本特征：
① 城市公园是城市绿地系统的最重要组成部分，是城市绿地最主要的一种形式；
② 城市公园的开放性体现在向全体公众开放，一般是免费使用；
③ 城市公园具有多功能作用，包括生态、游憩、社会、防灾、美化、经济等多种功能。

二、国外城市公园的分类体系

目前世界各国对城市公园还没有形成统一的分类系统，许多国家根据本国国情确定了自己的分类系统，下面是一些国家的分类系统。

1. 美国城市公园分类体系

①儿童公园；②邻里娱乐公园；③运动公园（包括田径场、运动场、高尔夫球场、海滨游泳场、营地等）；④教育公园；⑤广场公园；⑥市区小公园；⑦风景遥望公园；⑧滨水公园；⑨综合公园；⑩林荫大道与公园道路；⑪保留地。

2. 德国城市公园分类体系

①郊外森林公园；②国民公园；③运动场及游戏场；④各种广场；⑤花园路；⑥郊外绿地；⑦蔬菜园；⑧运动公园。

3. 日本城市公园分类体系

自20世纪六七十年代以来，日本政府十分重视城市公园绿地在改善城市生态、游憩、防治污染、防灾、城市美化等方面的功能和作用，以法律规定城市公园完整的分类系统和相应的技术标准。其中《都市计画法》规定了城市化区域公园规划建设的标准，以城市规划范围内的绿地为对象，不仅确定了都市公园的配置结构、规模、设施、建筑密度等技术标准，还以法律形式确定了管理和运行机制、资金来源渠道等；《都市绿地保全法》则是以特定地区绿地保护为目的的专项法。根据1991年日本建设省都市局颁布的《都市公园制度》，日本城市公园分类体系详见表1-1。

表1-1　日本城市公园分类体系一览表

公　园　类　型		设　置　要　求
基干公园	居住区基干公园	
	儿童公园	面积0.25hm²，服务半径250m
	邻里紧邻公园	面积2hm²，服务半径500m
	地区公园	面积4hm²，服务半径1000m
	城市基干公园	
	综合公园	面积10hm²以上，要均衡分布
	运动公园	面积15hm²以上，要均衡分布
广域公园		具有休息、观赏、散步、游戏、运动等综合功能，面积50hm²以上，服务半径跨越一个市镇、村区域，要均衡设置
特殊公园	风景公园	以欣赏风景为主要目的的城市公园
	植物园	配置温室、标本园、修养和风景设施
	动物园	动物馆及饲养场等，占地面积在20hm²以下
	历史名园	有效利用、保护文化遗产，形成与历史时代相称的环境

日本公园分类体系相对比较合理，基本涵盖了城市公园的各种类型，各类公园的设置要求也比较明确。

4. 前苏联城市公园分类体系

前苏联城市公园分为以下几类：①文化休息公园（及苏联各加盟共和国及其他大城市里的中心公园），②风景疗养城市的公园，③小城市的公园城镇和区中心公园，④体育公园，

⑤水上公园，⑥娱乐公园，⑦城市休息公园，⑧展览公园，⑨植物园（动物公园），⑩森林公园、国家和自然历史公园，⑪民族民俗公园，⑫自然地质公园，⑬人文公园，⑭纪念公园，⑮儿童公园，⑯群众休息区，⑰自然保护区等。

三、我国城市绿地分类标准

根据《城市绿地分类标准》（CJJ/T85—2002），我国城市绿地按其主要功能分成大、中、小类三个层次，其中大类分别为公园绿地、生产绿地、防护绿地、附属绿地以及其他绿地共五类（表1-2）。

表1-2 我国城市绿地分类系统表

类别代码			类别名称	内容与范围	备注
大类	中类	小类			
G1			公园绿地	向公众开放，以游憩为主要功能兼具生态、美化、防灾等作用的绿地	
	G11		综合公园	内容丰富，有相应设施，适合于公众开展各类户外活动的规模较大的绿地	
		G111	全市性公园	为全市市民服务，活动内容丰富、设施完善的绿地	
		G112	区域性公园	为市区内一定区域的居民服务，具有较丰富的活动内容和设施完善的绿地	
	G12		社区公园	为一定居住用地范围内的居民服务，具有一定活动内容和设施的集中绿地	不包括居住组团绿地
		G121	居住区公园	服务于一个居住区的居民，具有一定活动内容和设施，为居住区配套建设的集中绿地	服务半径0.5~1.0km
		G122	小区游园	为一个居住小区的居民服务、配套建设的集中绿地	服务半径0.3~0.5km
	G13		专类公园	具有一定内容和形式，有一定游憩设施的绿地	
		G131	儿童公园	单独设置，为少年儿童提供游戏及开展科普、文体活动，有安全、完善设施的绿地	
		G132	动物园	在人工饲养条件下，异地保护野生动物，供观赏、普及科学研究和动物繁育，并有良好的设施基础的绿地	
		G133	植物园	进行植物科学研究和引种驯化，并供观赏、游憩及开展科普活动的绿地	
		G134	历史名园	历史悠久，知名度高，体现传统造园艺术，被审定为文物保护单位的园林	
		G135	风景名胜公园	位于城市建设用地范围内，以文物古迹、风景名胜点（区）为主，形成的具有城市公园功能的绿地	
		G136	游乐公园	具有大型游乐设施，单独设置，生态环境较好的绿地	绿化占地比例应大于等于65%
		G137	其他专类公园	除以上各种专类公园外，具有特定主题内容的绿地，包括雕塑园、盆景园、体育公园、纪念性公园等	绿化占地比例应大于等于65%
	G14		带状公园	沿城市道路、城墙、水滨等，有一定游憩设施的狭长形绿地	
	G15		街旁绿地	位于城市道路用地之外，相对独立成片的绿地，包括街道广场绿地、小型沿街绿化用地等	绿化占地比例应大于等于65%
G2			生产绿地	为城市绿化提供苗木、花草、种子的苗圃、花圃、草圃等圃地	
G3			防护绿地	城市中具有卫生、隔离和安全防护功能的绿地，包括卫生隔离带、道路防护绿地、城市高压走廊绿带、防风林、城市组团隔离带等	

续表

类别代码			类别名称	内容与范围	备注
大类	中类	小类			
G4			附属绿地	城市建设用地中，绿地之外、各类用地之外、各类用地中的附属绿化用地，包括居住用地、公共设施用地、工业用地、仓储用地、对外交通用地、道路广场用地、市政设施用地中的绿地	
	G41		居住绿地	城市居住用地内，社区公园以外的绿地，包括组团绿地、宅旁绿地、配套公建绿地、小区道路绿地、	
	G42		公共设施绿地	公共设施用地内的绿地	
	G43		工业绿地	工业用地内的绿地	
	G44		仓储绿地	仓储用地内的绿地	
	G45		对外交通绿地	对外交通用地内的绿地	
	G46		道路绿地	道路广场用地内的绿地，包括行道树绿带、分车绿带、交通岛绿地、交通广场和停车场绿地等	
	G47		市政设施绿地	市政公用设施用地内的绿地	
	G48		特殊绿地	特殊用地内的绿地	
G5			其他绿地	对城市生态环境质量、居民休闲生活、城市景观和生物多样性保护有直接影响的绿地，包括风景名胜区、水源保护区、郊野公园、森林公园、自然保护区、风景园林地、城市绿化隔离带、野生动植物园、湿地、垃圾填埋场恢复绿地等	

四、我国城市公园分类体系

根据《城市绿地分类标准》（CJJ/T85—2002），我国公园绿地分成综合公园、社区公园、专类公园、带状公园以及街旁绿地五大类。其中综合公园和社区公园是城市的主干公园，满足城市生态环境及居民的基本游憩要求。专类公园则为特色公园，类型多样，包括儿童公园、动物园、植物园、游乐公园、风景名胜公园、历史名园、纪念公园、体育公园、雕塑公园等。带状公园是结合城市滨水或道路绿带形成的城市绿色廊道。街旁绿地一般尺度比较小，结合城市道路设置，以改善城市的交通环境。

公园绿地与城市用地分类的公共绿地相对应，属于城市建设用地。但在实际的公园建设中，城市公园也包括不属于城市建设用地的其他公园，如风景名胜区、湿地公园、郊野公园、森林公园等。

今后我国城市公园体系应该对各类公园提出更为明确的合理规模和服务半径，公园的形式和活动内容必须新颖，设计力求创新，以解决传统公园形式单一、设施陈旧、缺乏活力的问题，使公园真正成为男女老少都喜欢的地方。

思 考 题

1. 国外城市公园出现的背景是什么？发展的趋势是什么？
2. 国内城市公园是如何出现的？其发展过程中几个主要阶段的公园建设情况如何？
3. 近年来，我国城市公园出现哪些新的公园类型？其主要代表公园有哪些？
4. 简述城市公园的功能作用。
5. 国外城市公园的分类体系如何？我国城市公园的分类体系具有怎样的特点？

第二章 城市公园规划设计总论

城市公园规划设计包括公园总体规划和公园设计两大阶段。总体规划阶段，主要是针对不同类型的公园综合确定、安排园林建设项目的性质、规模、发展方向、主要内容、基础设施、空间布局、建设分期和投资估算的活动；设计阶段是在公园规划的基础上科学合理地组织园林景观，确定园林各构成要素的位置和相互之间的关系，使园林的空间造型满足游人对其功能和审美要求的相关活动。

第一节 城市公园设计的内容

一、城市公园的规模与选址

（一）城市公园的规模

城市公园在总体规划时应该考虑其规模大小，即公园用地面积和游人环境容量。

公园面积大小一般在城市总体规划和城市绿地系统规划中根据城市性质、城市用地布局及条件、自然环境条件、城市居民需求等多方面因素综合考虑，一般与该公园的性质、位置关系密切。

1. 城市公园指标

在城市绿地系统规划中，通过城市绿地指标实现对城市园林绿地需求与建设的总体控制，对城市各类绿地在类型、规模、空间分布等方面进行统筹安排，形成具有合理结构的绿色空间系统，实现绿地所具有的生态保护、休闲游憩和社会文化等功能目标。

城市绿地指标是反映城市绿化建设质量和数量的量化方式。目前，在城市绿地系统规划编制和国家园林城市评定考核中主要控制的三大指标为：人均公园绿地面积（m^2/人）、城市绿地率（％）和绿化覆盖率（％）。根据《城市绿化规划建设指标的规定》（建城[1993]784号）和《城市绿地分类标准》（CJJ/T85—2002），人均公园绿地面积的统计计算方式为：

人均公园绿地面积（m^2/人）＝城市各类公园绿地总面积÷城市人口数量

式中：公园绿地包括了综合公园G11（含市级公园和区域性公园），社区公园G12（含居住区公园和小区游园），专类公园G13（如儿童公园、动物园、植物园、历史名园、风景名胜公园、游乐公园、体育公园等），带状公园G14以及街旁绿地G15等。

2. 国家关于城市绿地规划的指标要求

① **城市建设用地标准** 中国各类城市，特别是大城市，人均城市建设用地十分有限。在《城市用地分类与规划建设用地标准》（GBJ 137—1990）中提出：在对城市总体规划编制和修订时，人均单项用地绿地指标≥9.0m^2，其中公园绿地≥7.0m^2。

② 《城市绿化规划建设指标的规定》 1993年，根据《城市绿化条例》第九条，为加强

城市绿化规划管理，提高城市绿化水平，国家建设部颁布了《城市绿化规划建设指标的规定》（建城［1993］784号）文件，提出了根据城市人均建设用地指标确定人均公共绿地面积指标（表2-1）。

表2-1　城市人均建设用地指标与人均公共绿地面积指标表

人均建设用地 /(m²/人)	人均公共绿地/(m²/人)		城市绿化覆盖率/%		城市绿地率/%	
	2000年	2010年	2000年	2010年	2000年	2010年
小于75	大于5.0	大于6.0	大于30	大于35	大于25	大于30
75～105	大于5.0	大于7.0	大于30	大于35	大于25	大于30
大于105	大于7.0	大于8.0	大于30	大于35	大于25	大于30

③ 国家园林城市标准（城建［2005］43）。国家园林城市标准中对国家园林城市的绿化指标提出了明确要求，见表2-2。

表2-2　国家园林城市绿化指标要求

指标	区域	100万以上人口城市	50～100万以上人口城市	50万以下人口城市
人均公共绿地 /(m²/人)	秦岭淮河以南	7.5	8.0	9.0
	秦岭淮河以北	7.0	7.5	8.5
绿地率/%	秦岭淮河以南	31	33	35
	秦岭淮河以北	29	31	34
绿化覆盖率/%	秦岭淮河以南	36	38	40
	秦岭淮河以北	34	36	38

④ 其他有关规定　2001年，国务院《关于加强城市绿化建设的通知》（国发［2001］20号），对我国城市绿化建设目标提出了新的要求："到2005年建成区绿地率达到30%以上，绿化覆盖率达到35%以上，人均公共绿地面积达到8m²以上，城市中心区人均公共绿地达到4m²以上；到2010年，建成区绿地率达到35%以上，绿化覆盖率达到40%以上，人均公共绿地面积达到10m²以上，城市中心区人均公共绿地达到6m²"。

2004年，《国家生态园林城市标准（暂行)》中提出我国城市绿化建设指标："建成区绿化覆盖率45%以上，人均公共绿地12m²以上，绿地率38%以上"。

3. 公园的分级配置

(1) 城市公园分级配置的原则　主要针对公园用地及游憩设施的现状，确立城市公园系统的分布形式与分布原则，并对有限的游憩资源进行合理的分布、布局、利用、开发与管理。

在城市范围内进行公园分级配置和总体分布规划时，应依据下列几项原则：

① 公园的分布规划要作为城市总体规划的重要环节，而且要与城市总体规划的目标相一致；

② 各种不同类型的公园应遵循"均衡分布"的原则；

③ 应考虑各公园相互间的交通或景观联系及公园服务区的最大可及性；

④ 公园的分布应对城市的防火、避难及地震等灾害类型具有明显的防、避效果；

⑤ 应考虑不同季节的综合利用，同时可以达到各种不同的游憩目的；

⑥ 在公园分布时应考虑开发的问题，尽量利用低洼地、废弃地、滨水地、坡度大的山地等不适于建筑房屋和耕种的土地；

⑦ 选择易于获得和易于施工、管理的土地。

(2) 城市公园的级配模式　城市公园从小到大，有不同的种类和层次，彼此在城市中发挥着不同的功能。如何使这些不同层次和类型的公园取得彼此间的相互联系，使其具有系统化的网络层次,需要在公园的配置上完善,以形成完整的系统。

不同层次和类型的公园由于其大小、功能、服务职能等方面的不同,决定了公园系统的理想配置模式应是分级配置,只有做到分级配置,城市不同类型公园的职能才能得以最佳的发挥,更为有效地服务城市居民(图2-1)。

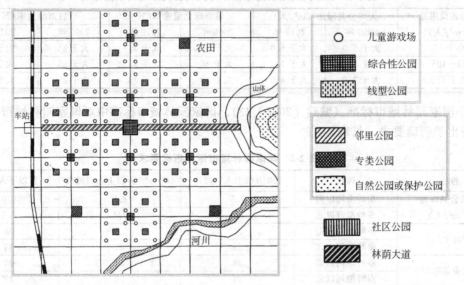

图2-1 公园级配模式图

(3)城市公园的服务半径 根据城市生态平衡原则、城市防灾避难需求原则、城市生态与卫生要求、人的步行能力和心理承受距离等多方面要求,按照理想社会发展需要,结合当前我国城市的发展水平、城市居民对城市公园的实际需求、各城市的总体社会经济发展目标等,可拟定出不同城市各类型城市公园的利用年龄段、分布规律、用地规模、服务半径、人均面积等。

日本的城市公园分类系统,以立法的形式规定了各类公园的服务半径和用地规模,它对我国城市公园职能、服务半径及用地规模的确定具有一定的借鉴意义(图2-2)。

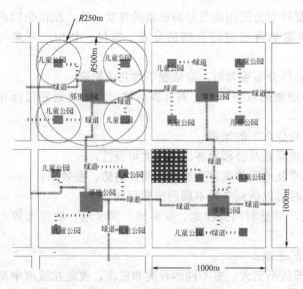

图2-2 日本公园分布模式

(二)城市公园的选址

城市公园的选址需遵循以下原则和要求。

1. 城市公园用地选址的原则

① 应选用各种现有公园、苗圃等绿地或现有林地、树丛等加以扩建、充实、提高或改造,增加必要的服务设施,不断提高园林艺术水平,以适应人民生活质量日益提高的需要。

② 要充分选择河、湖所在地,利用河流两岸、湖泊的外围创造带状、环状的公园绿地。充分利用地下水位高、地形起伏大等不适宜建筑但适宜绿化的地段,创造丰富多彩的园林景色。

③ 选择名胜古迹、革命遗址等地，配植绿化树木，使其既能显现城市绿化特色，又能起到教育广大群众的作用。

④ 结合旧城改造，在旧城建筑密度过高地段，有计划地拆除部分劣质建筑，规划、建设绿地、花园，以改善环境。

⑤ 充分利用街头小块用地，"见缝插绿"地开辟多种小型公园，方便居民就近休息赏景。

2. 综合公园和社区公园的选址

综合公园指内容丰富，有相应设施，适合于公众开展各类户外活动、规模较大的绿地。它是城市绿地系统的重要组成部分，不仅为城市提供大面积的绿地，且具有丰富的户外游憩内容，是群众性的文化教育、娱乐、休息场所，对城市面貌、环境保护、社会生活起到重要的作用。综合公园要求自然条件良好、风景优美、植物种类丰富、内容设施较完备、规模较大、质量较好，能满足人们游览休息、文化娱乐等多种功能需求，适合各种年龄和职业的居民进行一日或半日以上的游赏活动。

社区公园是为一定居住用地范围内的居民服务，具有一定活动内容和设施，为居住区配套建设的集中绿地。社区公园与居民生活关系密切，使之必须和住宅开发配套建设，合理分布。但是与城市公园相比，社区公园有着鲜明的特性，其游人比较单一，主要为本居住区居民服务。

在一座城市中，综合公园与社区公园二者所形成的整体系统应相对均匀分布、合理布局，以满足城市居民生活、户外活动的需要。两类公园的服务半径参考数据详见表2-3。

表 2-3 城市综合公园和社区公园的合理服务半径

公园类型	面积规模/hm²	规划服务半径/m	居民步行来园所耗时间/min
市级综合公园	≥20	2000～3000	25～35
区级综合公园	≥10	1000～2000	15～20
居住区公园	≥4	500～800	8～12
小区游园	≥0.5	300～500	5～8

综合公园内常设有茶室、餐馆、游艺室、溜冰场、露天剧场、儿童乐园等。全园应有较明确的功能分区，如文化娱乐区、体育活动区、儿童游戏区、安静休息区、动植物展览区、管理区等。用地选择要求服务半径、土壤条件、环境条件及工程条件（水文水利、地质地貌）适宜。

在公园用地选择上应注意如下几方面：

① 综合公园的服务半径应使居住用地内的居民能方便使用，并与城市内主要交通干道、公共交通设施有方便的联系。

② 符合城市绿地系统规划中确定的性质和规模，尽量充分利用城市的有利地形、河湖水系，并选择不宜于工程建设及农业生产的地段。

③ 充分发挥城市水系的作用，选择具有水面的地段建设公园，这样既可保护水体，又可增加公园景色，并满足开展水上运动、公园地面排水、植物浇灌、水景用水的需要。

④ 选择现有植被丰富和有古树名木的地段。在原有林场、苗圃、丛林等基础上加以规划改造，这样有利于尽早见效，并可以节约投资。

⑤ 选择可以利用的名胜古迹、革命遗址、人文历史、园林建筑的地区规划建设公园，以达到丰富公园内容、保护民族文化遗产的目的。

⑥ 公园用地应考虑将来发展的可能性，留出适当面积的备用地。对于备用地暂时可考

虑作为苗圃、花圃等用地，待需要建设时再进行改建。

3. 专类公园的选址

专类公园是指具有特定内容和形式，有一定游憩设施的公园，包括：儿童公园、动物园、植物园、历史名园、风景名胜公园、游乐公园、其他专类公园等。

① 儿童公园　儿童公园指单独设置，为少年儿童提供游戏及开展科普、文体等活动，有安全、完善的设施的绿地。面积一般 5hm² 左右，园内各种活动设施、建筑物、构筑物以及植物布置等都应符合儿童的生理、心理及行为特征，并具有安全性、趣味性和知识性。其选址应接近居住区，同时应避免使用者穿越交通频繁的干道到达。

② 动物园　动物园指在人工饲养条件下，异地保护野生动物，供观赏、普及科学知识，进行科学研究和动物繁育，并具有良好设施的绿地。其用地规模与展出动物的种类相关，面积小至 15hm² 以下，大至 60hm² 以上。为保证动物休息，一般夜间不开放。其用地选择应远离有噪声、污染的地区和居住用地、公共设施用地，以免病疫互相感染；同时便于为不同生态环境（森林、草原、沙漠、淡水、海水等）、不同地带（热带、寒带、温带等）的动物创造适宜的生存条件。还应与屠宰场、动物皮毛加工厂、垃圾处理场、污水处理厂等保持必要的安全距离。如果附设在综合公园内，应布置在下风、下游地带。

③ 植物园　植物园是进行植物科学研究和引种驯化，并供观赏、游憩及开展科普活动的绿地。植物园的选址依其不同的类型和任务而定。侧重科普、游览的，以设于交通方便的近郊为宜；侧重科研的则可设于远郊。其用地选择一般远离居住区，但要尽可能设在交通方便、地形多变、土壤水文条件适宜、无城市污染的下风、下游地区，以利各种生态习性的植物生长。

④ 游乐公园　游乐公园指具有大型游乐设施，单独设置，生态环境较好的绿地。游乐公园中的主题公园位置选择、主题创意、项目设置等方面要充分考虑其商业价值、大众品位及环境效益。

4. 其他专类公园的选址

其他专类公园指除以上各种专类公园外，具有特定主题内容的绿地，包括雕塑园、盆景园、体育公园、纪念性公园等。

① 体育公园　体育公园是具有特殊性质的城市公园，要求既有符合一定技术标准的体育运动设施，又有较充分的绿化布置，主要供各类体育运动比赛和练习用，同时可供运动员及群众休息游憩。体育公园设有停车场地及各类附属建筑，有良好的绿色环境，是城市居民锻炼身体和进行各种体育比赛的运动场所，属社会体育设施与城市公园两者的融合体。其选址应重视大容量的道路与交通条件，如成都的城北体育公园等。

② 纪念性公园　是以纪念历史事件、缅怀名人和革命烈士为主题的，为当地的历史人物、革命活动发生地、革命伟人及有重大历史意义的事件而设置的公园。有些纪念公园则是以纪念馆、陵墓等形式建造的，如南京中山陵、鲁迅纪念馆等。其目的是提供后人瞻仰、怀念、学习等的场所，并提供游览、休息和观赏的空间。

③ 带状公园　带状公园指沿城市道路、城墙、水滨等，有一定游憩设施的狭长形绿地。其宽度一般在 10m 以上，最窄处应能满足游人的通行、绿化种植带的延续以及小型休息设施布置的要求。

④ 街旁绿地　街旁绿地指位于城市道路用地处相对独立的绿地，包括街道广场绿地、小型沿街绿化用地等。在历史保护区、旧城改建区，街旁绿地面积要求不小于 1000m²，绿化占地比例不小于 65%。街旁绿地在历史城市、特大城市中分布最广，利用率最高。

二、城市公园的总体布局

公园规划设计，首先要考虑的是公园的功能，要和使用者的期望与要求符合。规划设计者必须对该地区人民现在和未来的生活环境变化作全面探讨，还须明确公园在改善人们生活环境方面的价值。其次，公园规划设计还要对该地特性作充分了解，以便挖掘适应的环境特点，做出恰当的规划。

公园总体布局是在园林艺术理论指导下对所处空间进行巧妙、合理、协调、系统安排的艺术，目的在于构成既完整又开放的美好境界。公园总体布局的形式多种多样，但总的来说可以归纳为三种，即规则式、自然式和混合式。

① 规则式公园又可称为整体式、几何式、建筑式、图案式等。它以建筑或建筑式空间布局作为主要风景题材，具有明显的对称轴线，各种园林要素大多对称布置。具有庄严、雄伟、自豪、肃静、整齐、人工美的特点。如18世纪以前的埃及、希腊、罗马等西方古典园林、我国上海哈同花园、建安公园（图2-3）等都是规则式。

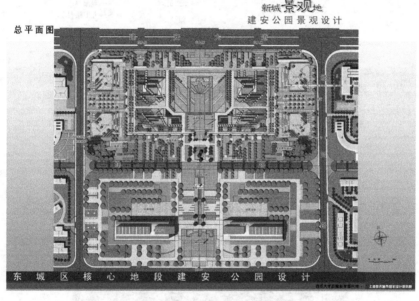

图2-3 规则式布局的建安公园

② 自然式的公园又称为风景式、山水式、不规则式。这种形式的公园无明显的对称轴线，各种要素自然布置。创造手法是效法自然，服从自然，但是高于自然，具有灵活、幽雅的自然美。其缺点是不易于与严整、对称的建筑、广场相配合。我国古代的苏州园林、颐和园、承德避暑山庄、杭州西湖、太子湾公园（图2-4）等都是这类公园的典型代表。

③ 混合式则是把规则式和自然式各自的特点融为一体，根据具体情况进行合理规划布局的形式。

总之，由于地形、水体、土壤、气候条件的变化，环境的不一，公园规划设计中很难做到绝对规则式和绝对自然式。往往对建筑群附近及要求较高的园林种植类型采用规则式进行布置，而在远离建筑群的地区，自然式布置则更为经济和美观。如北京中山公园、广东新会城镇文化公园、西安大唐芙蓉园（图2-5）、北京朝阳公园（图2-6）等。在规划中，如果原有地形较为平坦，自然树木较少，规划用地面积小，周围环境规则，则以规则式为主；如果原有地形起伏不平或丘陵、水面和自然树木较多，规划用地面积较大，周围环境多呈自然风貌，则以自然式为主。

图 2-4　杭州太子湾公园的自然式布局

1—主入口；10—凝碧庄；
2—悠然亭；11—颐乐园；
3—放怀亭；12—天缘台；
4—小木屋；13—听涛居；
5—竹楼；14—厕所
6—西湖引水纪念亭；
7—次入口；
8—观瀑亭；
9—九旧楼餐厅；

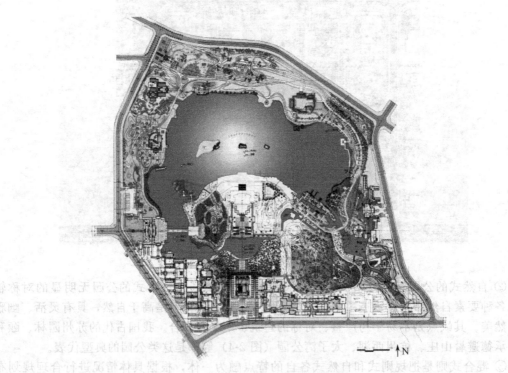

图 2-5　西安大唐芙蓉园总平面图

三、城市公园的功能分区

公园在进行总体规划和布局后，需要进行公园的分区规划，即将公园分为几个功能完全不同的功能区，分别进行更为详尽的规划设计。

公园内容受公园性质和陆地面积大小所限，其功能分区应该根据公园的规模进行划分，尤其是对面积较小的公园，明确分区比较困难时，常将各种不同性质的活动内容作整体的合理安排，有些项目可以作适当压缩或将一种活动的规模、设施减少合并到功能相近的区域

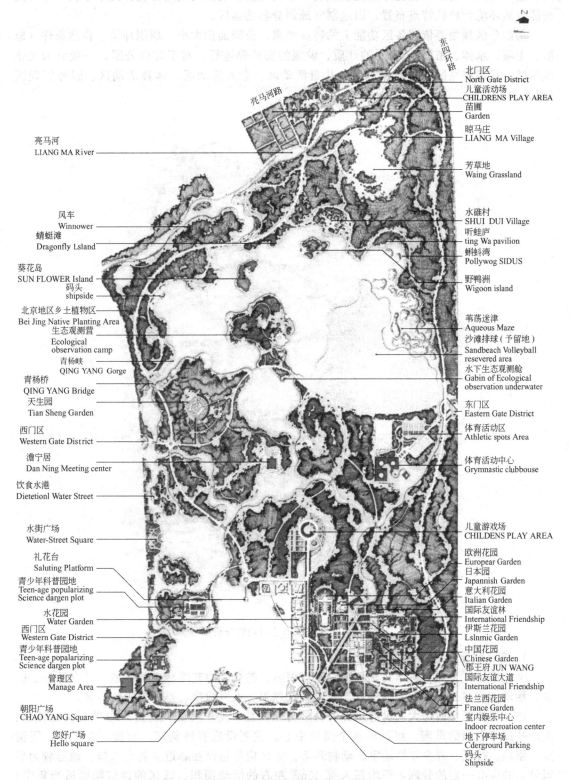

图 2-6 北京朝阳公园总平面图

内。面积较大的公园，功能分区比较重要，主要是使各类活动使用方便，互不干扰，尽可能按照自然环境和现状特点布置，因地制宜地划分各功能区。

功能分区规划要依照各区功能上的特殊要求、公园面积大小、周围环境、自然条件（地形、土壤、水体、植被）、公园的性质、设施的安排等进行。对于综合公园，一般分为文化娱乐区、观赏游览区、安静休息区、儿童活动区、老人活动区、体育活动区、园务管理区（图2-7）。

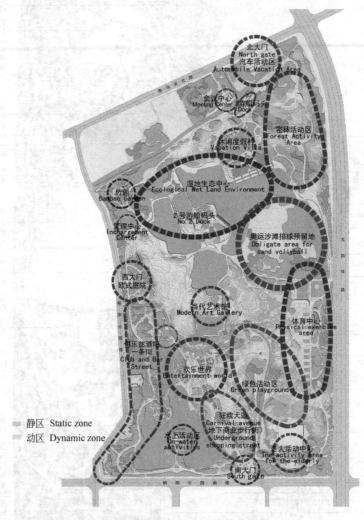

图2-7 北京朝阳公园功能分析图

1. 文化娱乐区

文化娱乐区是开展科学文化教育，进行表演、游戏、游艺等活动的区域。具有活动场所多、活动形式多、人流量大等特点。这里气氛热闹，人声喧哗，是公园中的闹区。

该区的功能是向广大人民群众开展科学文化教育，使广大游人在游乐中受到文化科学、生产技能等方面的熏陶，可以说是全园的中心。主要设施有展览馆、画廊、文艺馆、阅览室、剧场、舞场、青少年活动室、动物角等。该区应尽量设在靠近主要出入口、地形较为平坦处，并应有一定的分隔，平均每人有 $30m^2$ 左右的活动面积。该区的建筑物要适当集中，工程设备、生活服务设施应齐全，布局要有利于游人活动和内部管理。

在地形平坦、面积较大的地方，可采用规则式进行布局，要求方向明确，有利于游人集散。在地形起伏、平地面积较小的地方，可采用自然式进行布局，用园路进行联系，要尽量利用绿化环境开展各种文艺活动。

2. 观赏游览区

该区占地面积大，主要功能是供人们游览、休息、赏景、陈列，或开展轻微体育活动，应适当设置阅览室、茶室、画廊、凳椅等，但要求具有一定的艺术性，是游人喜欢的区域。为了达到观赏游览的效果，该区游人分布密度较小，平均 $100m^2$/人。一般选择现状环境、植被条件比较优越的地段，特别是在距出入口较远之处，选择地形起伏、临水观景、视野开阔处，或树多、绿化、美化较好之处。应与体育活动区、儿童活动区、闹市区分隔。观赏游览区的参观路线是非常重要的，道路的铺装材料、宽度变化都应适应景观的展示和动态观赏的要求。特别是在林间，可设立简易运动场所，以便于老人轻微活动；也可设置植物专类园，以创造山清水秀、鸟语花香的环境，为游人服务。

3. 安静休息区

安静休息区是专供游人安静休息、学习、交往的区域，开展较为安静的活动，如太极拳、漫步、气功等。一般安静休息区与喧闹的区域应有自然的隔离，以避免受干扰，因此布置时要远离出入口。

该区景观要求比较高，可根据地形分散设置，选择有大片的风景林地、较为复杂的地形和丰富的自然景观（山、谷、河、湖、泉等）。采用园林造景要素巧妙地组织安排，形成景色优美、环境舒坦、生态效益良好的区域。区内园林建筑和小品的布局宜分散，密度要合理，体量不宜过大，应亲切宜人，色彩宜淡雅不宜华丽。

4. 体育活动区

该区的主要功能是供广大青少年开展各项体育活动，具有游人多、集散时间短、对其他各项干扰大等特点。在该区可增设各种球类、溜冰、游泳、划船等场地。布局上要尽量靠近城市主要干道，或专门设置出入口。因地制宜地设立各种活动场地，在凹地水面可设立游泳池，高处可设立看台、更衣室等辅助设施；开阔水面上可开展划船活动，但码头要设在集散方便处，并便于停船。游泳的水面要和划船的水面严格分开，以免互相干扰。另外，结合林间空地可设置简易活动场地，进行武术、太极拳、羽毛球等活动（图2-8、图2-9）。

图2-8 公园里的各项体育活动

图2-9 玉泉公园环保型红色健身跑道

5. 儿童活动区

该区是为促进儿童身心健康而设立的专门活动区。具有占地面积小（5%），各种设施复杂的特点。区内设施要符合儿童心理，造型设计应简洁、明快、尺度小。儿童游戏场内常设有秋千、滑梯、滚筒、浪船、跷跷板和电动游戏设施。儿童活动类型包括涉水、攀梯、吊绳、圆筒、障碍跑、爬山等。科学园地有农田、蔬菜园、果园、花卉等。少年之家有阅览室、游戏室、展览厅等。

该区多布置在公园出入口附近或景色开朗处。在出入口常设有塑像，布置规则和分区道路以易于识别，并按不同年龄划分活动区。可用绿篱、栏杆与假山、水溪隔离，防止互相乱穿，干扰活动。此外，该区的设计还应考虑家长的需要，设置座椅、花架、小卖部等休息场所和服务设施。

6. 园务管理区

该区是为公园管理的需要而设置的，具有内务活动多的特点。园务管理区要与街道有方便的联系，并设有专用出入口，不要与游人混杂。该区域要隐蔽，周围用绿色树木与各区分隔，不要暴露在风景游览的主要视线上。

该区的主要设施有办公室、工作室等，要方便内外各项活动；工具房、杂务院，要有利于园林工程建设；职工宿舍、食堂，要方便内务活动；温室、花园、苗圃要求面积大，设在水源方便的边缘地；服务中心要方便对游人的服务；建筑小品、路牌、园椅、废物箱、厕所、小吃、休息亭廊、电话、问讯、摄影、寄存、借游具处、购物店等设施要齐全。

7. 服务设施

服务设施的项目内容在公园内的布置受公园用地面积、规模大小、游人数量与游人分布情况的影响较大。在较大的公园可设有1～2个服务中心，或可按服务半径设置服务点。

服务中心为全园服务，应按导游线的安排，结合活动项目的分布，设在游人集中较多，停留时间较长，地点适中的地方。服务点是为园内局部地区的游人服务的，应按服务半径的要求，在游人较多的地方设置。一般服务设施有饮食、休息、电话、问讯、摄影、租借、小卖等。

根据公园的性质、服务对象不同还可设置特殊的功能分区，如：用历史名人典故来分区，如李时珍园、中山陵园、岳飞墓。

四、城市公园景区设计

公园按照规划设计意图，根据游览需要，组成一定范围的各种景观地段，形成各种风景环境和艺术境界，以此划分成不同的景区，称为景色分区。由若干相互关联的景物所构成、具有相对独立性和完整性，并具有审美特征的基本境域单元称为景点。景点是构成园林景观的基本单元。景区则是根据风景资源类型、景观特征或游人观赏需求而划分成的一定用地范围，每个景区都可以成为一个独立的景观空间。一般公园中均由若干个具有内在关联性的景点组成景区，再由多个景区组成公园完整的景观系统。

公园的景观分区要使公园的风景与功能使用要求相配合，达到增强使用功能的效果。景区不一定与功能分区的范围完全一致，有时需要交错布置，常常是一个功能区内包括一个或多个景区，形成一个功能区内有不同的景色（图2-10）。

公园的景区划分与组织可以按照以下几种类型：

1. 按季相特征划分的景区

利用植物的花、果、枝、叶的季相变化特点，组织景区的风景特色。如上海龙华植物园的假山园，以樱花、桃花、紫荆等构建春岛春色；以石榴、牡丹、紫薇等组织夏岛风光；以枫树、槭树供秋岛观叶；以松柏为冬岛添景。

2. 按景区环境的感受效果划分的景区

开朗的景区——开阔的视野、宽广的水面、大片的草坪都往往能形成开朗的景观。如：上海中山公园的大草坪、长风公园的银锄湖、北京紫竹院公园的大湖。

雄伟的景区——利用挺拔的植物、陡峭的山形、耸立的建筑等形成雄伟庄严的气氛。

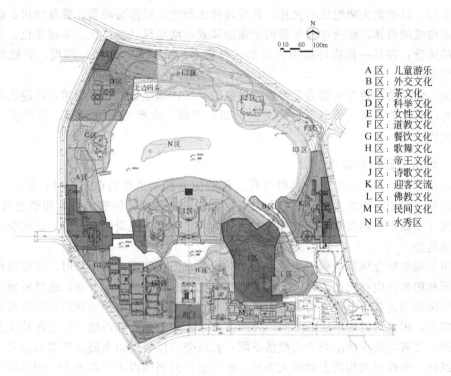

图 2-10　西安大唐芙蓉园景观分区

如：南京中山陵大石阶和广州起义烈士陵园主干道两旁的常绿树，使人们的视线向上延伸，达到巍峨壮丽、令人肃然起敬的目的。

安静的景区——一般在有一定规模的公园里设置，常利用四周封闭而中间空旷、宁静的环境，如林间隙地、山林空谷等，使游人能安静地休息观赏。

幽深的景区——利用地形的变化、植物的隐蔽、道路的曲折、山石建筑的障隔和联系造成曲折多变的空间，达到优雅深邃的境界，如：北京颐和园的后湖。

3. 按复合的空间组织的景区

这种景区既是公园的一个局部，又具有相对的独立性，如：园中之园、水中之水、岛中之岛、借外景的联系而构景的山外山、楼外楼，都属于此。这也是中国古典园林中常用的手法，如以南京玄武湖公园自身的自然地理环境为基础来划分，主要被分成环洲、樱洲、菱洲、梁洲、翠洲等五个区，每个洲都有各自的特色，如樱洲的樱花、翠洲的苍松翠柏等，洲与洲之间以堤桥相连。此外还有锡惠公园的寄畅园、颐和园的谐趣园、杭州西湖的三潭印月等。

4. 按不同的造园材料和地形为主体构成的景区

假山园：以人工叠石构成山林，如上海豫园的黄石大假山、苏州狮子林的湖石假山。

岩石园：利用自然林立的山石或岩洞整理成游览的风景，如云南石林。

水景园：利用自然的或模仿自然的河、湖、溪、瀑、人工构筑的规则形式的水池、运河、喷泉、瀑布等水体构成的风景。

山水园：山石水体互相配合，组织而成的风景。

沼泽园：以沼泽地形特征显示的自然风光。

花草园：以多种草或花构成的百草园、百花园，突出某一种花卉的专类园。如古林公园牡丹、芍药园、北京植物园芍药园、月季园等。

树木园：以浓荫大树组成的密林，具有森林的野趣，可作为障景、背景使用；以枝叶稀疏的树木构成的疏林，能透过树木看到后面的风景，增加风景的层次，丰富景色；以古树为主构成的风景；在某一地段环境中突出某一种树木构成，如：梅园、柳堤、碧桃湾、紫竹院、玉兰堂等。

以虫、鱼、鸟、兽等动物为主要观赏对象的景区，如金鱼池、百鸟馆、花港观鱼等。

还可以有文物古迹、历史事迹的景区，如：碑林、大雁塔、大观园、古建筑、革命遗址、历史传说等。

五、城市公园地形设计

地形设计是指对原有地形、地貌进行工程结构和艺术造型的改造设计。公园中地形处理，应以公园绿地需要为主题，充分利用原地形、景观条件，创造出自然和谐的景观骨架。结合公园外围城市道路规划标高及部分公园分区内容和景点建设要求进行，以最少的土方量丰富园林地形。

城市公园要结合地形造景，当原有地形与设计意图、使用功能不符时，需加以整理、改造。如园林用地在山林地区，园内设施就要结合树林和山地的地形分布，道路要随地形起伏选线，要按地形高低来造景，与平地上的公园有较大不同。公园用地的地形对公园的规划设计影响很大，因地形处理手法的不同，公园会产生不同的景色和性格，如上海长风公园与徐家汇公园，二者与地形的结合方式截然不同，长风公园以银锄湖水面及铁臂山为主，四周配以草坪绿地，形成景观构图上的较大差异。而徐家汇公园则以大草坪为主，配以局部小型水面和缓坡地。

公园内地形的状况与容纳游人量有密切的关系，平地容纳的人较多，山地及水面则受到限制。故不同地形、不同性质和功能的公园，其水面和陆地面积的比例不同。一般较理想的比例是，水面占 $1/3 \sim 1/4$，陆地占 $2/3 \sim 3/4$，陆地中平地为 $1/2 \sim 2/3$，山地丘陵为 $1/3 \sim 1/2$。

1. 公园地形设计的影响因素

（1）公园与城市的关系　园林的面貌、立体景观是城市面貌的组成部分。当园林的出入口按城市居民入园的主要方向设置时，出入口处需要有广场和停车场，一般应有较平坦的用地，以便与城市道路保持合理的衔接。

（2）地形的现状条件　以充分地利用为主、改造为辅。要因地制宜，尽量减少土方量，建园时最好达到园内填挖的土方平衡，节省劳动力和建设投资。但对于有碍园林功能发挥的、不合理的地形则应大胆加以改造。

（3）公园的主要功能　例如：文体活动场地需要平地；拟利用地形作观众看台时，就要有一定大小的平地和外围适当的坡地；安静游览的地段和利用地形分隔空间时，常需要有山岭坡地；进行水上活动时，就需要有较大的水面等。

（4）观景空间的塑造　例如：要构成开敞的空间，需要有大片的平地或水面；幽深的地段常有山重水复、峰回谷转、层次多的山林。园林中的山水，常常是模仿自然界的山水景色，再加以精炼、浓缩，使其在有限的园林用地内获得无限的风光。

（5）园林工程技术上的要求　例如：不使陆地有内涝，避免水面有泛滥或枯竭的现象；岸坡不应有塌方滑坡的情况；对需要保存的原有建筑，不得影响其基础工程等。

（6）植物种植的要求　例如：对保存的古树大树，要保持其原有的地形标高，以免造成露根或被掩埋而影响植物的生长和寿命。植物有阳生、阴生、水生、沼生、耐湿、耐旱以及生长在平原、山间、水边等不同，处理地形应与植物的生态习性互相配合，使植物的种植环境符合生态地形的要求。

2. 公园地形的类型、功能及设计

公园中的地形有陆地和水体两大类。其中陆地部分又可分为平地、坡地、山地等。

(1) 平地　平地是公园中游人聚会、休息的理想场所，也是建筑的适宜之地。平地便于进行群众性的文体活动、人流集散，也有利于形成开朗的景观，故在现代公园中都设有一定比例的平地。如北京的陶然亭公园与颐和园作比较，前者平地较多，能方便地进行群众性活动及节日游园联欢活动。后者由于山地、水面较多，平地较少，故节日开展群众性游园活动时就显得拥挤。

在平坦的地形中，须有大于5‰的排水坡度，以免积水，并要尽量利用道路、明沟排除地面水。坡度超过40%时，自然土坡常不易稳定，所以草坪的坡度最好不要超过25%，土坡的坡度不要超过20%，一般平地的坡度约为1%～7%。大片的平地，可配合高低起伏的缓坡，形成自然式的、起伏柔和的地形，避免坡度过陡、过长造成水土冲刷。裸露的地面应铺种花草或其他地被植物。

(2) 坡地　坡地就是倾斜的地面，因地面倾斜的角度不同，可分为：

缓坡：坡度在8%～12%之间，一般仍可作部分活动场地之用。

陡坡：坡度在12%以上，作一般活动场地较困难，在地形合适并有平地配合时，可利用地形的坡度做观众的看台或植物的种植用地。

变化的地形可以从缓坡逐渐过渡到陡坡与山体连接，在临水的一面以缓坡逐渐深入水中。在这些地形环境中，除作为活动的场地外，也是欣赏景色、游览休息的好地方。可以选择较平缓的坡地，修筑挡土墙，削高填低，或将缓坡地改造成有起伏变化的地形。挡土墙亦可处理成自然式。

(3) 山地　公园中山地往往是利用原有地形适当改造而成。因山地常能构成风景、组织空间、丰富园林景观，故在没有山的平原城市，也希望在园林中设置山景，并常用填挖的土方堆成。

山地主要供游人爬山登高、眺望远景之用，可作为公园主景，并起到组织空间的作用。山丘的组合形成凸地、凹地、山脊、谷地等形态。凸地具有开敞性，可作为景观的焦点物，是建造景观建筑和标志物的理想场所；凹地具有内向性，可形成不易被外界干扰的空间；脊地呈线形，具有导向性和动势感，同时还可分割空间；谷地是线形的洼地，也具方向性，适合布置流动性要素，如溪流、道路等。

① 按山的主要材料，可以分为土山、石山和土石混合的山。

土山可以利用园内挖出的土方堆置，投资比山石少。土山的堆放角度要在土壤的自然安息角度以内，否则要进行工程处理。

石山由于堆置的手法不同，可以形成峥嵘、妩媚、玲珑顽拙等多变的景观，并且不受坡度的限制。所以山体在占地不大的情况下，亦能达到较大的高度。石山上不能多植树木，但可以穴植或预留种植坑。石料宜就地取材，否则会造成较大的投资。

土石混合的山，一般是以土为主体形成基本结构，表面再加以点石。因基本上还是以土堆置的，所以占地也比较大，只在部分山坡使用石块挡土。依点置和堆置的山石数量占山体的比例不同，山体呈现为以石为主或以土为主，山上之石与山下之石宜通过置石联系起来。因用石量比石山少，且便于种植构景，故现在造园中常常应用。

② 以山的游览使用方式，可分为观赏的山与登临的山。

观赏的山是以山体构成丰富的地形景观，可供人观赏，不可攀登。现代公园面积大，活动内容多，可利用山地分隔空间，形成相对独立的场地。分散的场地，以山体蜿蜒相连，还可起到景观的联系作用。在园路和交叉口旁边的山体，可以防止游人任意穿行绿地，具有组

织观赏视线和导游的作用;在地下水位过高的地段堆置土山,可以为植物生长创造条件。山体的形状应按观赏和功能的要求来考虑,有的是一个山呈带状的或几个山峰组合的山,有"横看成岭侧成峰"的变化。几个山峰组合的山,其大小高低应有主从的区别,这样从各个方向观赏可以有不同的山体形状和层次的变化。观赏的山其高度可以比登临的山低些,但要在 1.5m 以上,否则一眼望穿不能起到组景的作用。

登临的山因体形较大,在公园中常成为主景。可观可游山体的朝向应以景色最好的一面对着游人的主要方向,如北京颐和园的万寿山。

山与水最好能取得联系,使山中有水,水畔有山。我国的画论中说:"水得地而流,地得水而柔","山无水泉则不活",还有喻山为骨骼、水为血脉、建筑为眼睛、道路为经络、树木花草为毛发的说法。体量大的山体与大片的水面,一般宜山居北面、水在南面,以山体挡住寒风,使南坡有较好的小气候。山坡南缓北陡,便于游人活动和植物生长。山南向阳面的景物有明快的色彩,如山南有宽阔的水面,则回光倒影,易取得优美的景观。

(4) 水体　水体能使公园产生生动活泼的景观,形成开朗的空间和透景线,是造景的重要因素之一。较大的水面往往是城市河湖水系的一部分,可以用来开展水上活动;有利于蓄洪排涝;形成湿润的空气,调节气温;吸收灰尘,有助于环境卫生;提供灌溉和消防用水;还可以养鱼及种植水生植物。

水体的挖掘工程量较大,故公园中的大水面要结合原有地形来考虑,利用原有河、湖、低洼沼泽地等挖成水面。并要考虑地质条件,水体下面要有不透水层,如黏土、砂质黏土或岩石层等。如遇透水性大的土质,水体将会渗漏而干涸。水源是构成水体的重要条件,因为水体的蒸发和流失经常需要补充,保持水体的清洁也要有水源调换。

① 公园水体的水源。主要包括引用原河湖的地表水、利用天然涌出的泉水、利用地下水以及人工水源 4 种情况。直接用城市自来水或设深井水泵汲水,因日常费用较大,不宜多用。

② 水体的类型

a. 按水体的形式,可以分为自然式和规则式。

自然式的水体是天然的或模仿天然形状的河、湖、溪、涧、泉、瀑等,多随地形而变化。

规则式的水体是由人工开凿成几何形状的水面,如运河、水渠、方潭、圆池、水井及几何形体的喷泉、瀑布等,常与雕塑、山石、花坛等共同组景。

b. 按水体的使用功能可以分为:观赏的和开展水上活动的。

观赏的水体可以较小,主要为构景之用。水面有波光倒影时能成为风景的透视线,能丰富景色的内容,提高观赏的兴趣。水中的岛、桥及岸线也能自成景色。

开展水上活动的水体,一般需要有较大的水面、适当的水深、清洁的水质等条件,水底及岸边最好有一层砂土,岸坡要平缓。同时,除了要符合活动的要求外,也要注意观赏的要求,使得活动与观赏能配合起来。

c. 按水流的状态可分为:静态的和动态的水体。

静态的水体能反映出倒影、粼粼的微波、激湍的水光等,给人以明洁、清宁、开朗或幽深的感受,如"海"、湖泊、池沼及潭。井也属于静态的水体。

动态的水体有湍急的水流、喷涌的水柱、水花或瀑布等,给人以明快清新、变幻多彩的感受,如溪涧、跌水、喷泉、瀑布等。

公园中的大片水面,一般有广阔曲折的岸线与充沛的水量。湖、"海"在公园中常成为主要的景区。如四周有较高的山、塔等景物的倒影,将增加虚实与明暗对比的变化。一般池为较小的水面，潭为较深的水面。园林中观赏的水面空间，面积不大时，宜以聚为主；大面积的则可以分隔。分隔水面时，要使山体、水系、建筑、道路、植物等形成许多空间，景色风格上相互有联系，构成的景色要在变化中求统一，统一中有变化，如南京玄武湖水面由"五洲"分隔，各洲自成景区，洲际以堤、桥等相连，游人沿路游览仍不觉其为分隔的洲岛，而宛若一个整体。水面的分隔与联系主要由岛、堤、桥、建筑及植物等形成（图2-11）。

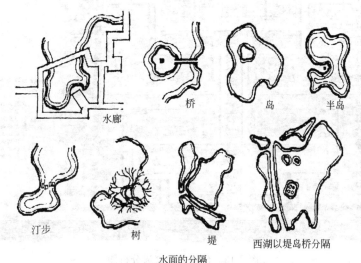

图2-11 水面的分隔方式

水体处理，首先要因地制宜地选好位置。其次，要有明确的来源和去脉。最后，水面处理应有特色。水体有静态的湖池和动态的溪流、瀑布、喷泉等形式。

（5）公园地形的整体设计

规则式公园的地形设计，主要是应用直线和折线构建不同高程的平面。其中水体主要是以长方形、正方形、圆形或椭圆形为主要造型的水渠、水池，一般渠底、池底也为平面，在满足排水的要求下标高基本相等。

自然式公园的地形设计，首先要根据用地的地形特点，一般包括原有水面或低洼沼泽地、地形多变且起伏不平的山林等几种形式。无论哪种地形，基本的手法都即《园冶》中所讲："高方欲就亭台，低凹可开池沼"的"挖池堆山"。此外，还应结合分区的要求进行地形设计，如安静休息区、老人活动区等都要求有一定的山林地和水面，或利用山水组合空间造成局部幽静的环境（图2-12）。

六、城市公园道路广场设计

园林道路是公园的组成部分，起着组织空间、引导游览、交通联系并提供散步休息场所的作用。园路布局要从公园的使用功能出发，根据地形、地貌和景点的分布以及园务管理的

图2-12 自然式地形设计示意图

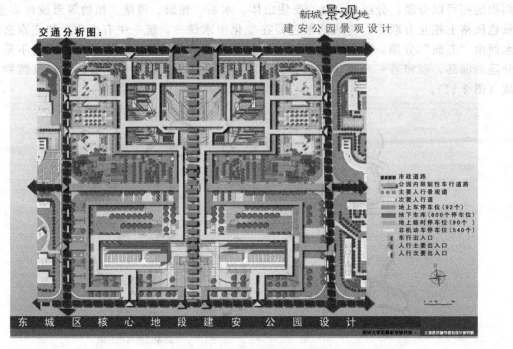

图 2-13 建安公园交通分析图

需要综合考虑，统一规划，做到主次分明，功能明确。公园中的道路网规划设计，包括出入口和广场位置、个数、道路分级、路网密度、交通设施的安排、游览组织方式、园路的线形、高程、结构和铺装形式等内容（图 2-13）。

在进行园路系统设计时，应根据公园的规模、各分区的活动内容、游人容量和管理需要，确定园路的路线、分类分级和园桥、铺装场地的位置和特色要求。

（一）园路的功能与类型

1. 主干道

全园主道，通往公园各大区、主要建筑设施、风景点。路宽 4~6m，纵坡 8% 以下，横坡 1%~4%。

主要园路应具有引导游览的作用，易于识别方向。游人大量集中地区的园路要做到明显、通畅、便于集散。通行养护管理机械的园路宽度应与机具、车辆相适应。通向建筑集中地区的园路应有环行路或回车场地。生产管理专用路不宜与主要游览路交叉。

2. 次干道

公园各区内的主道，引导游人到各景点、专类园，自成体系，自组织景观，对主路起辅助作用。宽 2~4m，纵坡 18% 以下，横坡 1%~4%。

3. 游览步道

为游人散步使用，宽 1~2m，纵坡 18% 以下，横坡 1%~4%。

4. 专用道

多为园务管理使用，在园内与游览路分开，并应减少交叉，以免干扰游览。

（二）园路的布局形式

规则式布局的公园，园路笔直宽大，轴线对称，成几何形，如纪念性公园、寺庙园林（图 2-14）。而自然式布局的公园，园路讲究曲折、含蓄，步移景异（图 2-15）。

图 2-14　梅州黄遵宪纪念公园道路系统规划图

图 2-15　大唐芙蓉园道路系统

园路的布局应做到主次分明,因地制宜,和地形密切配合。路网密度宜在200～380m/hm²之间。布局时应考虑以下几个方面:

1. 园路的回环性

公园中的路多为四通八达的环形路,游人从任何一点出发都能游遍全园,不走回头路。

2. 疏密适度

园路的疏密度同公园的规模、性质有关,公园内道路大体上占总面积的10%～12%,动物园、植物园或小游园内道路密度可稍大,但不宜超过25%。

3. 因景筑路

将园路和景点布置结合起来,从而达到因景筑路、因路得景的效果。

4. 曲折性

园路随地形和景物而曲折起伏,若隐若现,"路因景曲,景因曲深",丰富景观,延长游览路线,增加景深层次,活跃空间气氛。

5. 多样性和装饰性

园路的形式不仅应该多种多样,而且应该有较强的装饰性。在人流聚集的地方或庭院,路可以转化为场地;在林间或草坪中,路可以转化为步石或休息岛;遇到建筑时,可转化为廊;遇到水时,可以转化为桥、汀步等。

(三)园路线形设计

园路线形设计应与地形、水体、植物、建筑物、铺装场地及其他设施相结合,以形成完整的风景构图,创造连续展示园林景观空间或欣赏前方景物的透视线(图2-16)。其设计应符合下列规定:

① 与地形、水体、植物、建筑物、铺装场地及其他设施结合,形成完整的风景构图;
② 创造连续展示园林景观的空间或欣赏前方景物的透视线;
③ 路的转折、衔接通顺,符合游人的行为规律。

(四)公园中的铺装场地

公园中铺装场地的主要功能是为游人提供集散、演出、休息等活动的场所,其形式有自然式、规则式两种。由于功能的不同可分为集散广场、休息广场、生产广场等。集散广场以

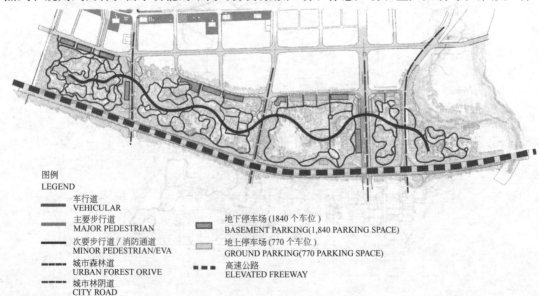

图 2-16 成都生态公园中的园路系统

集中、分散人流为主；休息广场以供游人休息为主；生产广场为园务的晒场、堆场等。

公园中铺装场地应根据公园总体设计的布局要求，确定各种铺装场地的面积，并应根据集散、活动、演出、赏景、休憩等使用功能要求做出不同的设计。内容丰富的公园，游人出入口内外、集散场地的面积下限指标以公园游人容量为依据，按 $500m^2/$万人计算；安静休息场地应利用地形、植物与喧闹区隔离；演出场地应有方便观赏的适宜坡度和观众席位。

七、城市公园建筑小品设计

公园中建筑的作用主要是创造景观、开展文化娱乐活动和防风避雨。建筑形式要与公园的性质、功能相协调。全园的建筑风格应保持统一。公园中的主体建筑通常会成为公园的中心、重心；管理和附属服务建筑设施，如变电室、泵房等，其位置、朝向、高度、体量、色彩及其使用功能应符合公园总体设计的要求，设计既要隐蔽，又要有明显的标志以方便游人使用；游览、休憩、服务性建筑应与地形、地貌、山石、水体、植物等其他造园要素统一协调，起到造景作用，厕所等建筑物的位置应隐蔽，并方便游人使用；其他工程设施也要满足游览、赏景、管理的需要。

（一）园林建筑的作用

在公园中，既有实用功能，又能与环境组成景色，供人游览、观赏、休憩的建（构）筑物，统称为园林建筑。

① 满足功能要求　公园中园林建筑种类多，形式与风格各异，但总体分析起来都是直接或间接服务于人的需求的。因此，满足游人在公园中休息、游览、文化娱乐、运动健身、宣传等活动的要求，就是各类园林建筑最主要的功能。例如，综合公园根据功能区的不同设置不同类型的园林建筑：儿童游戏区需要设置适合儿童活动特点、满足不同年龄阶段儿童活动要求的建筑；安静游览区需要设置点景、供游人观景、休息等的园林建筑；文化娱乐区需要设置文教、宣传、文娱、体育方面的建筑和设施。

而各专类公园，也需要有配合公园特点的相应园林建筑。例如，动物园需要设置适合动植物生长习性、便于游人参观的展览建筑；体育公园需要设置满足各项体育活动特点的建筑和设施；纪念性公园则需设置供人纪念特定历史事件、凭吊、缅怀及展示名人和革命烈士生平事迹等的建筑。

② 组织风景画面　园林建筑一般都具有独特的造型，在公园中与山水地形地貌、植物等构成一幅幅或动或静的风景画面。小型的园林建筑在其中起到点缀装饰的作用，而体量较大的建筑在成为公园主景时给人"控制"、"统帅"全园风景的感受。

③ 组成游览路线　园林建筑在组成公园游览路线方面的作用有两类：一是在以自然风景为主的外部空间中，园林建筑以其自身的功能关系、主次关系和渐进关系，配合园内的风景布局，形成游览线路的起承转合。

二是在以园林建筑为主的内部空间活动路线中，根据功能和艺术的需要，用建筑、廊、墙垣、隔断、栏杆等进行各种空间组合。沿着这条内部活动线路展示以建筑空间为主，或模拟山池树石的风景画面，又或透过空廊、景窗观赏外部的景物。

（二）园林建筑的类型

1. 按传统形式分类

中国传统园林建筑具有因地制宜的总体布局、富于变化的群体组合、丰富多彩的立体造型、灵活多变的空间分隔和协调大方的色彩运用等特点，在世界园林史上独树一帜，是现代公园设计必须认真学习和继承的，其形式可分为亭、廊、榭、舫、厅、堂、楼、阁、殿、斋、馆、轩等十余种。

2. 按使用功能分类

不同的园林建筑都具有各自不同的使用功能，同时还具有不同程度的游览要求（表2-4）。

表 2-4 园林建筑按使用功能分类表

序号	类型	园林建筑举例
1	点景游息类	亭、廊、榭、舫、阁、塔、花架、景墙、雕塑、喷泉瀑布、花坛、碑刻、园桥、园椅园凳、灯具
2	文娱体育类	儿童活动设施：滑梯、秋千、旋转马车、飞机、碰碰车、小火车等
		文体游艺设施：棋牌室、游艺室、溜冰场、各类球场、游船码头等
3	文教宣传类	展览场馆（各种动物馆、水族馆、展览温室、植物展廊）、陈列室、纪念馆、阅览室、科普宣传栏（廊）、露天剧场、文物保护建筑
4	服务类	茶室、餐厅、小卖部、摄影服务部、公厕
5	管理类	管理办公室、仓库、车库、维修厂、生产性温室、配电房、水闸

（三）园林建筑的布局

1. 满足功能要求

园林建筑的布局首先要满足功能要求，包括使用、交通、用地及景观要求等。必须因地制宜、综合考虑。

人流较集中的主要园林建筑，如露天剧场、展览馆等，应靠近园内主要道路，出入方便，并应适当布置广场。露天剧场布置时应结合地形，并应考虑夏天晚上使用率高的特点，一般寒冷多雨地区不宜采用。

体育建筑吸引大量观众，若布置在大型公园内应自成一区并单独设置出入口，通向城市干道，以免与其他区域混杂。体育场的纵向应为东西向，根据不同规模可单面、双面或四面设置看台，并应尽量结合地形以减少土方。

阅览室、陈列室，适宜布置在风景优美、环境幽静的地方，另居一隅，以路相通。

亭、廊、舫、榭等点景游憩建筑，需选择环境优美，有景可赏，并能控制和装点风景的地方。

餐厅、茶室、照相等服务建筑一般需要布置在交通方便，易于发现之处，但又不占据园中的主要景观位置。餐厅应有杂务院，并应考虑单独出入口，以方便运输。照相室宜布置在有景可借处或附设于主要风景建筑中。茶室可为室内，亦可兼设露天或半露天茶座。小卖一般附于茶室或餐厅中，规模较大时亦可单独设置。厕所应均匀分布，既要隐蔽又要方便使用。

园林管理建筑不为游人直接使用，一般布置在园内僻静处，设有单独出入口，不与游览路线相混杂，同时考虑管理方便，但应与展览温室、动物展览建筑等要有方便的联系。

温室常与苗圃结合布置，应选择地势高燥、通风良好、水源充足的地段。

2. 满足造景需要

在造景与使用功能之间，不同类型的园林建筑有着不同的处理原则。对于有明显游览观赏要求的，如亭、廊、舫、榭等建筑，它们的功能应从属于游览观赏。对于有明显使用功能要求的，如园务管理、厕所等建筑，游览观赏应从属于功能。而对于既有使用功能要求，又有游览观赏要求的，如餐厅、茶室、展览馆等，则要在满足功能要求的前提下，尽可能创造优美的游览观赏环境。如餐厅、展览馆的设计，可采取庭院式布置手法，在满足用餐、展览功能的基础上，加长、丰富建筑内部的活动路线，加强庭园和建筑外部的游览观赏性，以满足造景的需要。

3. 使室内外互相渗透、与自然环境有机结合

园林建筑室内外的相互渗透、与自然环境的有机结合，不但可使空间富于变化，活泼自然，而且可就地取材，减少土石方，节约投资。例如，采用四面厅、敞厅、敞轩、水厅、空廊、半廊、亭以及底层作支柱层等通透开敞的园林建筑形式，并适当运用漏花窗、什锦窗、大玻璃窗、通花隔断、花罩、博古架、回纹撑角、挂落等园林装修形式，可使建筑与自然空间取得有机联系。

为将室外水面引入室内，可在室内设自然式水池，模拟山泉、山池，还可在水中立柱，将楼廊支越于水面。而将园林植物自室外延伸到室内，应保留有价值的树木，并在建筑内部组成景致。将自然材料（包括模拟的）用于室内，可起到联想和点缀作用，如虎皮石墙、石柱、山石散置、花树栽植、山石和树桩盆景等。

在以上做法中还应注意对地形地貌的利用，如利用原有基址上的岩石，把山岩穿插在建筑底层，使建筑内外石景相连，浑然一体。

（四）园林小品

园林小品是指园林中供休息、装饰、景观照明、展示和为园林管理及方便游人之用的小型设施，具有体型小、数量多、分布广的特点。不仅具有多方面的使用功能，而且具有较强的装饰性，对丰富公园的景色、增加趣味性影响很大。公园中常见的小型设施有园椅、园凳、园灯、栏杆、宣传栏、各种园门、园墙、园窗等。

八、城市公园植物景观设计

在城市公园中，绿化园地占公园总面积的65％以上，因此，植物是极其重要的设计元素。同时植物具有随季节和生长变化而不断改变色彩、质地、叶丛的疏密等的特征。

植物的生长需要一系列特定的环境条件，以供其生存与健康成长。植物的生长受到土壤肥力、土壤排水、光照、温度以及风力等因素的影响。这一特征使我们在运用其进行设计时，最理想的方法就是选择自然生态群落中的野生植物或天然生长的乡土树种。

（一）公园植物配置的原则

① 全面规划，重点突出，远期和近期相结合；
② 突出公园的植物特色，注重植物品种搭配；
③ 公园植物规划应注意植物基调及各景区主配调的规划；
④ 植物规划充分满足使用功能要求；
⑤ 四季景观和专类园的设计是植物造景的突出点；
⑥ 注意植物的生态条件，创造适宜的植物生长环境。

（二）公园植物景观布局

根据当地自然地理条件、城市特点、市民爱好，乔、灌、草结合，合理布局，创造生态效果良好，形态优美的植物景观。

① 选择基调树种，形成公园植物景观的基调。
一般用2～3种树，形成统一基调。北方常绿树占30％～50％，落叶树占50％～70％；南方常绿树占70％～90％。树木搭配方面，混交林可占70％，单纯林可占30％。
② 结合各功能区及景区特点，选择不同植物，突出各区特色。
③ 利用植物的形态和季相变化，组合造景，创造不同气氛的空间。

(三) 公园设施环境及分区植物景观设计

1. 出入口

大门为公园主要出入口，大都面向城镇主干道。绿化时应注意丰富街景并与大门建筑相协调，同时还要突出公园特色。

2. 园路

主要干道绿化可选用高大、荫浓的乔木和耐荫的花卉植物在两旁布置成花境，要有利于交通，还要根据地形、建筑、风景的需要而起伏、蜿蜒。小路深入到公园的各个角落，其绿化更要丰富多彩，达到步移景异的目的。山水园的园路多依山面水，绿化应点缀风景而不碍视线。平地处的园路可用乔灌木树丛、绿篱、绿带来分隔空间，使园路高低起伏，时隐时现。山地则要根据其地形的起伏、环路，绿化要有疏有密。在有风景可观的山路外侧，宜植矮小的花灌木及草花，以不影响景观。

3. 广场绿化

广场绿化既不要影响交通，又要形成景观。如休息广场，四周可植乔木、灌木；中间布置草坪、花坛，形成宁静的气氛。停车铺装广场，应留有树穴，种植落叶大乔木，以利于夏季遮荫，但树冠下分枝高应不低于4m，以便满足行车要求。如果与地形相结合种植花草、灌木、草坪，还可设计成山地、林间、临水之类的活动草坪广场。停车场的种植场树木间距应满足车位、通道、转弯、回车半径的要求。庇荫乔木枝下净高的标准为：大、中型汽车停车场大于4.0m；小汽车停车场大于2.5m；自行车停车场大于2.2m。场内种植池宽度应大于1.5m，并应设置保护设施。

4. 园林建筑小品

公园建筑小品附近可设置花坛、花台、花境。展览室、游览室内可设置耐荫花木，门前可种植浓荫大冠的落叶大乔或布置花台等。沿墙可利用各种花卉境域，成丛布置花灌木。所有树木花草的布置都要和小品建筑协调统一，与周围环境相呼应，四季色彩变化要丰富，给游人以愉快之感。

5. 文化娱乐区

地表要求平坦开阔，绿化要求以花坛、花境、草坪为主，便于游人集散。该区内，可适当点缀几株常绿大乔木，不宜多种灌木，以免妨碍游人视线，影响交通。室外铺装场地上应留出树穴，供栽种大乔木。各种参观游览的室内空间可布置耐荫植物或盆栽花木（图2-17）。

图2-17　佛山中山公园文化区种植设计图

6. **体育活动区**

应选择生长较快、高大挺拔、冠大而整齐的树种，以利夏季遮阳；但不宜用那些易落花、落果、种毛散落的树种。球场类场地四周的绿化要离场地 5~6m，树种的色调要求单纯，以便形成绿色的背景。不要选用树叶反光发亮的树种，以免刺激运动员的眼睛。在游泳池附近可设置花廊、花架，不可种带刺或夏季落花落果的花木。日光浴场周围应铺设草坪。

7. **儿童活动区**

可选用生长健壮、冠大荫浓的乔木来绿化，忌用有刺、有毒或有刺激性反应的植物。该区四周应栽植浓密的乔、灌木，与其他区域相隔离。

8. **游览休息区**

以生长健壮的几个树种为骨干，突出周围环境季相变化的特色。植物配植上需根据地形高低和天际线变化，采用自然式配植树木。在林间空地中可设置草坪、亭、廊、花架等，在路边或转弯处可设专类园。游人集中场所的植物选用应注意在游人活动范围内选用大规格苗木；严禁选用危及游人生命安全的有毒植物；集散场地种植设计的布置方式，应考虑交通安全视距和人流通行，场地的树木净空应大于 2.2m。成人活动场的种植宜选用高大乔木，树下净空不低于 2.2m，夏季乔木庇荫面积宜大于活动范围的 50%。

9. **园务管理区**

园务管理区要根据各项活动的功能不同，因地制宜进行绿化，但要与全园的景观协调。

第二节　城市公园规模容量的确定

城市公园空间规模和设施容量确定是城市公园政策规划的重要内容之一，规模与容量是否合理直接影响着公园的吸引力、服务质量以及运营与管理。空间规模和设施容量的控制与确定主要有以下四方面原则：

① 必须反映所服务区域内城市居民的休憩需求；

② 必须结合实际而具有可行性；

③ 必须为规划实施者及政策决策者所接收、认可并具有适用性；

④ 必须建立在适当的信息资料分析、研判之上。

一、城市公园空间规模的确定

城市公园的空间规模是一种度量关系，是指为满足社区内城市居民游憩活动需求及各种游憩设施所需的土地或休憩空间的大小，它是基于生态—社会—行为—经济信息的综合分析之上而计算得来的。

1. **影响城市公园空间规模的因素**

① 游憩需求　公园设计的目的是为当地居民提供足够而且综合的游憩场所，其空间规模的确定需要了解城市居民的游憩需求，并针对性地以空间规模去反映这种需求。

② 吸引力　公园的吸引力在于其满足个人活动兴趣的程度以及满足社会群体游憩活动需求的程度。公园是否具有吸引力主要由其规模大小、区位、基本功能、景色、设施及服务质量等来决定，另外还有一些不定因素，如有助于娱乐体验的人为气氛、游憩兴趣的转变、外在交通的方便性等也对其具有很大的影响。为了达到一定的吸引力，要求城市公园具有一定的规模。

③ 责任模式　影响城市公园空间规模的一个因素是对城市公园的责任模式，由于开发、

运营、管理维护的机构部门不同，其责任模式也不尽相同，这就使得公园的空间规模要求也就不尽相同。

2. 城市公园空间规模的确定方法

城市人均公园绿地和绿地率这两个指标都是整体概念，是一系列城市发展目标中的重要指标，也是一个平均性指标，不能被绝对地运用，只能作为一个灵活的原则来对城市公园空间规模的确定做出指导。公园的使用、所服务的人口、所在区位以及所提供的游憩形式和设施有很大关系，没有游憩设施的绿地，这两个指标虽然占有很大的比例，但使用率却几乎为零。

另外，由于这两个指标的平均性，具体实施上也并非如统计计算那样简单，因为依其决定的城市公园的空间规模会具有不确定性，在特殊区域往往会失去平衡性和公平性，因此，以人均公共绿地和绿地率这两个指标确定城市公园的空间规模并不能真正反映满足城市居民的游憩活动需求。

(1) 游憩空间需求法

城市公园要求有一个合理的游人密度才能真正发挥其游憩的作用。游人密度要考虑两个因素，一是每个游人在公园中所需的活动面积（m²/人），二是单位时间内最高游人量。

前苏联认为每个游人在公园中最少需要 60m² 面积，才能保证游憩活动的舒适性。我国的行业标准《公园设计规范》（CJJ 48—1992）中明确规定："公园设计必须确定公园的游人容量，作为计算各种设施的容量、个数、用地面积以及进行公园管理的依据。"其公园游人容量应按下式计算：

$$C = \frac{A}{A_m}$$

式中，C 为公园游人容量（人）；A 为公园总面积（m²）；A_m 为公园游人人均占有面积（m²/人）。

市、区级公园游人人均占有公园面积以 60m² 为宜，居住区公园、带状公园和居住小区游园以 30m² 为宜；风景名胜公园游人人均占有公园面积宜大于 100m²。近期公共绿地人均指标低的城市，游人人均占有公园面积可酌情降低，但最低游人人均占有公园的陆地面积也不得低于 15m²（表 2-5）。

表 2-5 城市公园类型、规模与服务半径及服务对象

公园类型	利用年龄	适宜规模/hm²	服务半径	人均面积/(m²/人)
居住区公园	老人、儿童、过路游人	>0.4	≤250m	10~20
邻里公园	近邻居民	>4.0	400~800m	20~30
社区公园	一般市民	>6.0	几个邻里单位 1600~3200m	30
区级综合公园	一般市民	20~40	自行车 30min 以内，乘车 15min	60
市级综合公园	一般市民	40~100 或更大	全市乘车 0.5~1.5h	60
专类公园	一般市民、特殊团队	随主题不同而变化	随所需规模变化	
线型公园	一般市民	对资源有足够的保护，并能最大限度地开发利用		30~40
自然公园	一般市民	>400 有足够的对自然资源进行保护和管理的地区	全市乘车 2~3h	100~400
保护公园	一般市民、科研人员	足够保护所需		>400

资料来源：《城市公园设计》（孟刚等，2003）。

(2) 我国台湾、美国及日本有关公园空间规模的研究

对于城市公园空间规模的确定，有人推荐使用台湾成功大学建筑研究所郑明仁在其论文《都市公园规划之研究》中引用我国台湾、美国及日本有关研究成果而得出的计算公式，较为科学和精确。

① 公园利用率 V 指利用公园的游人量占公园服务范围内城市居民的比率，计算公式为：

$$V=(6/7)A+(2.5/7)B+(1/7)C$$

式中，A 为每天去公园之游客率，即每天都去公园的游客量占公园总游客量的比率；B 为每周去公园 2~3 次的游客率，即每周去公园 2~3 次的游客占公园总游客量的比率；C 为周末才去公园之游客率，即周末去公园的游客量占公园总游客量的比率。

② 公园最大同时利用率 β 指在一天内游客对公园最高的同时使用率。

$$\beta=P_h\times(h/P_a)\times 全日利用时间$$

式中，P_h 为最高活动人数（人）：指一天内，到公园游憩的最高活动人数；h 为平均逗留时间（h）：指一般市民平均游玩公园的逗留时间；P_a 为时段平均人数（人）：指公园内各时段内的平均人数（以每小时计算）。

全日利用时间（h）：指市民每天可能利用公园的时间，取 12 小时（从公园早上 6：00 开园到 18：00 关园的时间）。

③ 必要的公园面积（S）计算公式为：$S=\dfrac{PV\beta s}{\gamma}$

式中，P 为公园的服务人口；V 为公园利用率；β 为公园最大同时利用率；s 为公园利用者每人的活动面积，随不同类型的公园而有所不同；γ 为公园有效面积率。

3. 在确定空间规模时应注意的问题

活动参与率的得来需要考虑城市居民对各种活动的参与性，应注意城市整体与所服务区域居民活动休憩的相互结合、户外与户内活动的互补；应注意决定平均使用天数的地方因素，诸如气候、地形、活动意愿、可达性、城市化程度、景观资源的利用情况等；界定一切基于游憩吸引力的建成环境中的自然资源及因素，包括其大小、花费、易达性、变化性、多样性、运营时间、季节、区域优势等；人口结构分析：双收入家庭、单身家庭的比例、下岗人数的比例（注意与无劳动力的人员区别）、年龄分组、生活方式的研判等。

二、城市公园游人与设施容量的确定

环境容量是指在一定的时间和空间范围内所能容纳的合理的游人数量。公园游人容量，即公园的游览旺季（节假日）游人高峰时期每小时的在园人数。它是确定公园功能分区、设施数量、内容和用地面积大小的依据。其计算方法如下：

$$Q=S/W$$

式中，Q 为公园游人容量；S 为公园面积（m^2）；W 为公园游人每人占有公园面积（m^2/人）[近期（5 年）30m^2/人，特殊情况不少于 15m^2/人；远期（20 年）60m^2/人]。

我国原建设部 1982 年颁发的《城市园林绿化管理暂行条例》中提出：近期内凡有条件的城市公共绿地面积应达到 3~5m^2/人，20 世纪末公共绿地面积应达到 7~11m^2/人。

另有规定，公园的游人应为服务区范围内居民人数的 15%~20%，50 万人口的城市应容纳全市居民的 10%同时游园。

而对于公园内游憩设施的容量，应以一个时间段内所能服务的最大游人量来计算。计算公式为：

$$N=P\times\beta\times\gamma\times\alpha/p$$

其中，N 为某种设施的容量；P 为参与活动的人数；β 为活动参与率；γ 为某项活动的参与率；α 为设施同时利用率；p 为设施所能服务的人数。

另外，《公园设计规范》中规定了公园中一些设施的容量：面积大于 $10hm^2$ 的公园，应按游人容量的 2％设置厕所蹲位（包括小便斗位数），小于 $10hm^2$ 者按游人容量的 1.5％设置；男女蹲位比例为 (1～1.5)：1；厕所的服务半径不宜超过 250m；各厕所内的蹲位数应与公园内的游人分布密度相适应；在儿童游戏场附近，应设置方便儿童使用的厕所；公园宜设方便残疾人使用的厕所。公用的条凳、坐椅、美人靠（包括一切游览建筑和构筑物中的在内）等，其数量应按游人容量的 20％～30％设置，但平均每 $1hm^2$ 陆地面积上的座位数最低不得少于 20 个，最高不得超过 150 个。

通过对空间规模和设施容量的计算，可以对公园有一个准确的定量指标。此外，在确定城市公园的规模、容量时，还应考虑一些不定性的因素，如服务范围的人口、社会、文化、道德、经济等因素、公园与居民的时空距离、社区的传统与习俗、参与特征、当地的地理特征以及气候条件等，从而可以对城市公园的空间规模与设施容量根据具体情况做出一定的调整。

第三节　城市公园的设施配置及用地平衡

一、城市公园的设施配置

城市公园是由政府或公共团体经营的市政设施，无论何种公园，其目的都是为广大市民谋福利，使市民在公园中能够获得休息、娱乐。因此，为了发挥公园的使用功能，公园内应安排各种设施，以满足游人的需求。同时，公园内的各种设施也应该是公园景色的组成部分，要与园内景色相协调，起到添景、组景的作用，不要破坏公园整体景观，同时要使公众使用方便。

1. **城市公园游憩设施的内容**

城市公园视其规模、性质及活动需求，其基本游憩设施与项目应包括下列几项：

① 点景设施；　　　　② 休憩设施；
③ 游戏设施；　　　　④ 公用服务设施；
⑤ 运动康乐设施；　　⑥ 社交设施；
⑦ 管理设施；　　　　⑧ 其他经营主管部门核准者。

2. **《公园设计规范》中规定的公园常规设施内容**（见附录中表 2.4.1）

二、城市公园的用地平衡

城市公园内部的用地主要包括园路及铺装场地、管理建筑、游览服务及公共建筑、绿化用地等几类，其中绿化用地是城市公园中最主要的用地，是公园形成稳定绿色景观、维持生态平衡的主体。建设部颁发的《公园设计规范》中明确规定了不同类型、不同规模公园各类用地的具体比例（见附录中表 2.3.1）。

第四节　城市公园设计的程序

一个成功的公园设计必须经过深思熟虑，极其细致地对全部设计要素进行有机的组合。在进行总体布局时，要考虑到所选用的全部设计要素达到加强和突出设计的目的，以便解决存在的问题，创造出所要求的环境质量。而在深化局部设计时，必须研究每一个要素与其他要素的和谐、统一。因此，进行城市公园的规划设计必须遵循一定的程序要求。

一、设计程序的作用

要处理好一系列设计要素之间的关系和众多设计要素与用地的关系，并满足用户提出的要求，多数设计师都必须经历一系列分析和创造性的思考过程——这就是设计程序。设计程序是指进行一个完整的设计所需要采取的一系列步骤，或者可以理解为解决问题的程序，是为了获得设计方案而构建的，合乎逻辑、有组织的设计骨架。设计程序有助于确定设计方案能否与设计的先决条件相配合；有助于帮助业主选择土地使用的最佳方案；有助于设计者收集和利用全部与设计有关的因素，从而完成公园的设计，并使设计尽可能达到预期的效果及美学与功能上的和谐；并可作为向业主解释设计和论证的基础资料。

二、设计程序

公园设计的一般程序如图 2-18 所示。

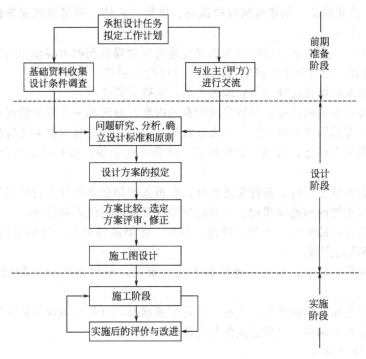

图 2-18　公园设计程序框图

（一）设计前期的准备

1. 承担设计任务

我国目前承担设计任务一般有直接委托与设计竞标（议标）两种方式。

① 直接委托　以直接委托的方式接受设计任务后，需要拟定合理的工作计划，包括工作周期、人员配备、工作深度、技术路线等方面的内容。

② 竞标（议标）　如果是以竞标或议标的方式获得设计任务，要求必须认真分析招标文件的具体要求，制作竞标文件（或称为标书），其主要内容包括设计报价、承诺、人员配备、对设计任务的理解和准备研究的内容、技术路线、工作深度、设计成果清单等。

2. 基础资料的收集

在进行公园设计之前，必须了解一系列与设计项目有关的先决条件，以便帮助设计者尽快找到切入设计的关键点。这其中直接有关的基础资料以文字和技术性图纸为主，包括项目的背景材料、设计要求、工程造价、国家和行业相关规范、规划建设管理部门的要求等。

3. 设计条件调查

有关公园的设计条件调查内容较多，一般分为外部条件调查和内部条件调查两大部分。其中，外部环境调查涉及面十分广泛，包括与公园规划设计相关的多个方面：

自然环境方面——气象、地形、地质、土壤、水系、生物、景观；

人文环境方面——地区特征、历史文物、文化背景、与周边区域的关系；

社会经济环境方面——城市总体规划、社会经济发展计划、经济现状、交通方法等。

内部条件调查主要是针对设计场地的现状进行调查。通过对现场进行细致的踏勘，收集有关的第一手资料，获得直接的感性认知，如场所的围合性、视觉走廊、视觉效果、借景的可能性等。具体工作是：

① 取得设计条件图（原始地形图、上位规划的设计图纸、建筑平立面图、红线图等）；

② 实地勘查（a. 用地内部现状条件：地形、植被、水体、建筑；b. 用地周边环境条件：外部道路、公共设施、相邻建筑或构筑物、植物、水体、可借景因素等的位置、方向、风格、空间特征等）；

③ 绘制现状图（用简洁、清晰的图例将实地勘察时观察到的内容标注清楚）。

边收集边整理，经过分析和研究得出总体设计的原则和目标如下：

① 城市规划及绿地系统规划与公园的关系，明确公园性质。

② 公园周边城市用地性质，分析公园应有的内容、分区和未来发展情况。

③ 公园用地及其周围名胜古迹、人文资源等，分析公园应具有的人文特色。

④ 公园周围城市形态、肌理、建筑形式、体量、色彩等，分析因此对公园形态、风格产生的影响。

⑤ 公园周边的城市车行、步行交通状况，分析人流集散方向和车行组织特点。

⑥ 了解公园用地内外的视线特点，分析公园景观视线的组织和序列。

⑦ 了解公园地段的电源、水源、排污、排水、污染源等情况，分析公园基础设施、城市相应设施和环境的衔接。

⑧ 用地的地形、气象、水文、地质等方面的资料，分析地形改造利用的条件和限制因素。

⑨ 掌握地区内原有植物种类、生态、群落组成状况，分析地域性植被特色。

⑩ 定性与定量的调查，包括公众参与民意调查的内容。

（二）总体设计阶段

1. 研究、分析、确立规划设计的标准和原则

① 对基础资料和公园用地的调查、研究、分析。调查与分析的主要内容有：a. 设计用地的基本特征；b. 设计用地存在的主要问题、设计的限制因素是什么；c. 设计用地的发展潜力如何；d. 应该保留和强化的方面、应该被改造或修正的方面；e. 如何发挥用地的功能；f. 对设计用地的总体感觉和第一反应如何。

对设计用地进行分析的主要内容有：a. 用地位置及周围环境的关系；b. 地形：坡度、地形形态、变坡点；c. 水文与排水；d. 土壤：土壤类型、肥力；e. 植物：种类和位置、分布、特征、生长状况；f. 小气候：年温度变化、风向风力、降水和湿度、冰冻线深度；g. 原有建筑物与构筑物：位置、质量、体量、形式、风格，是否需要保留或可以改造利用；h. 公用设施：各类管线及埋深、走向；i. 视线：视角和风景的品质；j. 空间与感觉。

② 对公园进行定性、定量的研究分析；

③ 对公园相关法规、法令以及国内外公园案例的研究分析；

④ 对公园所在区位内城市居民的行为活动、生活习惯、文化特征等方面的分析，制定出公园设计的目标、指导思想和原则，编制进行公园设计的要求和说明，主要内容如下：

    a. 公园设计的目标、指导思想和原则。
    b. 公园和城市规划、绿地系统规划的关系，确定公园性质和主要内容。
    c. 公园总体设计的艺术特色和风格要求。
    d. 公园地形地貌的利用和改造，确定公园的山水骨架。
    e. 确定公园的游人容量。

2. 设计方案的拟定

（1）规划设计方案　对公园总体进行设计布局（图2-19），主要包括以下五方面内容：

①定位——公园在城市中所扮演的基本角色；②立意——公园设计的总体意图与主要思想；③构思——立意的具体化，直接导致对特定项目或问题的设计原则的产生；④布局——对公园各个组成部分进行合理的安排与综合平衡；⑤总体设计方案中的细节构思，更侧重于各分区的使用功能与视觉形象。

图 2-19　安亭汽车公园规划设计总平面图

（2）公园的开发方式；
（3）公园的投资预算；
（4）公园对环境的影响（包括对社会文化、居民生活等的影响）等。

3. 方案的评审、修正和选定

主要对所设计的方案进行专家评审、市民评价，提出修改意见，选出适宜建设的方案。具体过程为：专家评审——→评议（公示）——→方案选定——→提出修改意见。

4. 深化设计阶段

对通过评审和公示的设计方案做进一步的深化设计，过程为：方案修改调整——→扩初设计——→施工图设计（图2-20）。

（三）设计的实施阶段

本阶段是具体的实施和建设阶段，同时，在实施过程中，可对设计进行改进、修正及现场设计。

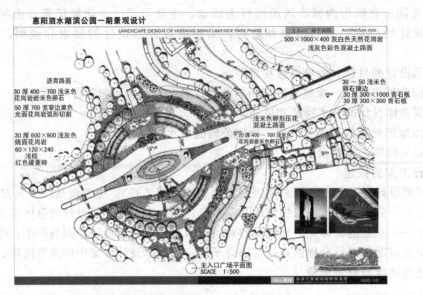

图 2-20 泗水湖滨公园主入口广场初步设计

1. 施工过程

施工过程为：建设过程——→发现问题——→设计的修正与改进（现场设计）。

2. 实施后的评价和改进

规划设计在实施的过程中必然会遇到一些实际的问题，需要重新对方案进行修正和改进。过程表述为：使用过程——→发现问题——→设计的改正与完善。

① 工程评价（自我评价）阶段　这一阶段可以解决的问题：如何做才能随着时间的推移而更趋完善？设计建成后的使用情况如何？是否达到预期效果？此项设计的成功处有哪些？还存在哪些缺点和不足？对所做的内容，下次将怎样的与此次不同？

② 养护管理阶段　如果没有对设计存在的缺陷有所认识，或没有完全理解设计意图，最终设计将无法达到最佳效果。

③ 必须记住的是：公园的养护管理者是最长远的、最终的设计者。因为设计及施工过程中错误线型的校正、植物的形体和尺度、有缺陷因素的安排与修补、一般的修剪和全部的收尾工作，都取决于养护管理人员。

3. 专业服务阶段

设计的施工配合工作往往被人们所忽略。其实，这一环节对设计师、对工程项目本身恰恰是相当重要的。俗话说，"三分设计，七分施工"。如何使"三分"的设计充分体现、融入到"七分"的施工中去，产生出"十分"的景观效果？这就是设计师、施工配合所要达到的工作目的。

对工程项目质量的精益求精，对施工过程中突发情况的处理，都要求设计师在工程项目施工过程中，经常踏勘建设中的工地，结合现场客观地形、地质、地表情况，做出最合理、最迅捷的设计调整，解决施工现场暴露出来的设计问题、设计与施工相配合的问题。

另外，公园设计的程序还有如下另一种表述方式，也是大家通常惯用的，本书中亦以与第一种表述方式平级的标题层次陈述另一种公园设计程序内容。

三、基本程序

各种项目的设计都要经过由浅入深、从粗到细、不断完善的过程。公园设计也不例外，作为设计项目中的一个类别，它必须遵循一定的设计程序。设计者应先进行基地调查，熟悉物质环境、社会文化环境和视觉环境，然后对所有与设计有关的内容进行概括和分析，最后拿出合理的方案，完成各阶段的设计。

（一）任务书阶段

设计任务书一般是由委托单位或业主依据使用规划和意图而提出，经过审定和批准作为设计主要依据的文件。从一个完整的设计任务书清单中主要可以获知四类信息：①项目类型与名称、规划规模、范围与标准等；②用地概况描述及城市规划要求等；③投资规模建设标准及设计进度等；④委托单位（业主）的主观意图描述。

在任务书阶段，设计人员应充分了解设计项目的基本概况，包括建设规模、投资规模、项目总体框架方向和基本实施内容等，以及设计委托方关于设计深度和时间期限等的内容。这些内容是整个设计的根本依据，从中进一步确定值得深入细致地调查和分析的内容，以及一般了解的内容。在任务书阶段很少用到图面，以文字说明为主。

（二）拟定工作计划

根据公园规模和设计深度要求的不同，制定各工作阶段的具体工作内容、时间安排、设计人员组织与调配。

（三）基地调查和分析阶段

掌握任务书阶段的内容后，应按照工作计划着手进行基地调查，收集与基地有关的资料，补充并完善不完整的内容，对整个基地及环境状况进行综合分析。

1. 基地现状调查

基地现状调查包括收集与基地有关的技术资料和进行实地踏查、测量两部分工作。其主要内容包括：气象资料、基地地形及现状图、管线资料、城市规划资料等的收集，并需进行实地调查、勘察等工作，以获取基地及其环境的视觉质量、基地小气候条件等基础资料。若现有资料精度不够或不完整或与现状有出入则应重新勘察或补测。这一阶段的主要内容如下：

① 基地自然条件：地形、山体、土壤、植被、动物等；
② 气象资料：日照条件、温度、风、降雨、小气候等；
③ 历史人文资料：地区性质、历史文物、传统文化、生活习俗等；
④ 人工设施：建筑及构筑物、道路和广场、各种管线等；
⑤ 图纸资料：现状图、相关规划图等；
⑥ 社会调查与公众意见：社会、经济和产业现状及规划，居民信息，环境质量，公众意见等；
⑦ 视觉质量：基地现状景观、环境景观、视域等；
⑧ 基地范围及环境因子：物质环境、知觉环境、小气候、相关城市规划法规等；

现状调查及资料收集应根据项目类型、基地规模、内外环境和使用目的，分清主次，选择调查内容。主要的应深入详尽地调查，次要的可简要了解。

2. 基地分析

基地分析是在客观调查和主观评价的基础上，对基地及其环境的各种因素做出综合性的分析，使基地的潜力得到充分发挥，扬长避短。包括多方面内容，譬如在地形资料的基础上进行坡级分析、排水类型分析，在土壤资料的基础上进行土壤承载分析，在气象资料的基础上进行日照分析、小气候分析，在基地现状景观基础上的景观特色分析，在基地周边交通状况基础上的流线分析等。

（四）方案设计阶段

当基地规模较大及所安排的内容较多时，需要在方案设计前先作出整个公园的用地规划或布置，保证功能合理，尽量利用基地条件，使诸项内容各得其所。然后再分区分块进行各局部景区或景点的方案设计。若范围较小，功能不复杂，则可以直接进行方案设计。该阶段本身又根据方案发展的情况分为方案构思、方案选择与确定以及方案完成三部分。设计应综合考虑任务书所要求的内容和基地及环境条件，提出方案构思和设想，权衡利弊确定一个较好的方案或几个方案构思拼合成的综合方案，最后加以完善完成初步设计。该阶段的工作主要包括功能分区，结合基地条件、空间及视觉构图确定各使用区的平面位置（包括交通的布置和分级、广场和停车场地的安排、建筑及出入口的确定等内容）。常用的图有功能关系图、功能分析图、方案构思图和各类规划及总平面图等。

（五）方案评审阶段

一些大型项目或有特别要求的项目，有关部门将组织方案评审，并形成评审意见；设计方应结合评审意见，对方案进行修改和调整，并形成最终方案。

（六）详细设计阶段

方案确定后，需要对整个方案进行各方面的详细设计，包括确定准确的形状、尺寸、色彩和材料。完成各局部详细的平立剖面图、详图、园景的透视图、表现整体设计的鸟瞰图等。

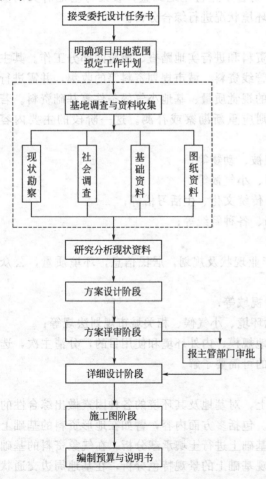

（七）施工图阶段

施工图阶段是将设计与施工连接起来的环节。根据所设计的方案，结合各工种的要求分别绘制出能具体、准确指导施工的各种图面，这些图面应能清楚、准确地表示出各种设计的尺寸、位置、形状、材料、种类、数量、色彩、构造和结构等，完成施工平面图、地形设计图、种植平面图、园林建筑施工图等。

（八）编制预算及撰写文字说明

规划设计的步骤根据项目的大小，工程复杂的程度，可按具体情况增减。如项目不大，则方案阶段与详细设计阶段可结合进行（图2-21）。

四、主要阶段设计文件的深度要求

（一）方案设计阶段

方案设计阶段设计文件由图纸和文字说明两部分组成。

1. 图纸部分

① 建设场地的规划和现状位置图　图中要标明绿线轮廓、现状及规划中建筑物位置和周围环境。图的比例尺为1：2000～1：10000。

② 近期和远期用地范围图　标明具体位

图2-21　公园规划设计步骤流程图

置，有明确尺寸及坐标，图的比例尺为1∶500～1∶2000。

③ 总体规划平面图　要在用地范围内标明道路、广场、河湖、建筑、园林植物类型、出入口位置及地形竖向控制标高等。图纸的比例见表2-6。必要时可用适当比例尺图示分析功能分区、人流集散、游览流向等内容（图2-22～图2-24）。

表2-6　总体规划平面图的比例

规划用地面积/hm²	比　　例	规划用地面积/hm²	比　　例
<10	1∶200～1∶500	>50～<100	1∶1000～1∶2000
>10～<50	1∶500～1∶1000	>100	1∶2000～1∶5000

④ 整体鸟瞰图。
⑤ 重点景区、园林建筑或构筑物、山石、树丛等主要景点或景物的平面图或效果图，比例尺为1∶20～1∶100。
⑥ 公用设备、管理用设施、管线的位置和走向图。
⑦ 重点改造地段的现状照片。

2. **说明书**

方案设计阶段设计文件文字说明部分应包括：

(1) 主要依据：①批准的任务书或摘录；②所在地的气象、地理、地质概况；③风景资源及人文资料；④能源、公共设施、交通利用情况等。

(2) 规模和范围：①规模、面积、游人容量；②分期建设情况；③设计项目组成；④对生态环境、游憩、服务设施的技术分析。

(3) 艺术构思：①主题立意；②景区、景点布局的艺术效果分析；③游览、休息线路布置。

(4) 种植规划概况：①立地条件分析；②天然植被与人工植被的类型分析；③种苗来源情况；④园林植物选择的原则。

(5) 功能与效益：①执行国家政策、法令及有关规定的情况；②对城市绿地系统和城市生活影响的预测；③各种效益的估价。

(6) 技术、经济指标：①用地平衡表；②土石方概数、主要材料和能源消耗概数；③投资概算。

(7) 需要在审批时决定的问题：①与城市规划的协调、拆迁、交通情况；②施工条件、季节；③投资。

3. **设计文件编排顺序**

规划设计文件的内容可以根据项目性质、大小和工程复杂程度等具体情况进行增减，但一般按以下顺序进行编排：①总体规划图设计文件封面；②总体规划图设计文件目录；③说明书；④总图与分图；⑤概算。

（二）详细设计阶段

详细设计阶段应在规划设计文件得到批准及待定问题得以解决后进行。文件包括设计图纸、说明书、工程量总表和概算等。设计图表示的高程和距离均以米为单位，数字写到小数点后两位。

1. **图纸部分**

(1) 总平面图

① 用具体尺寸、标高表明道路、广场、河湖、建筑、假山、设备、管线等各专业设计或单独子项目工程的相互关系、与周围环境的配合关系，必要时可用断面图加以明确。

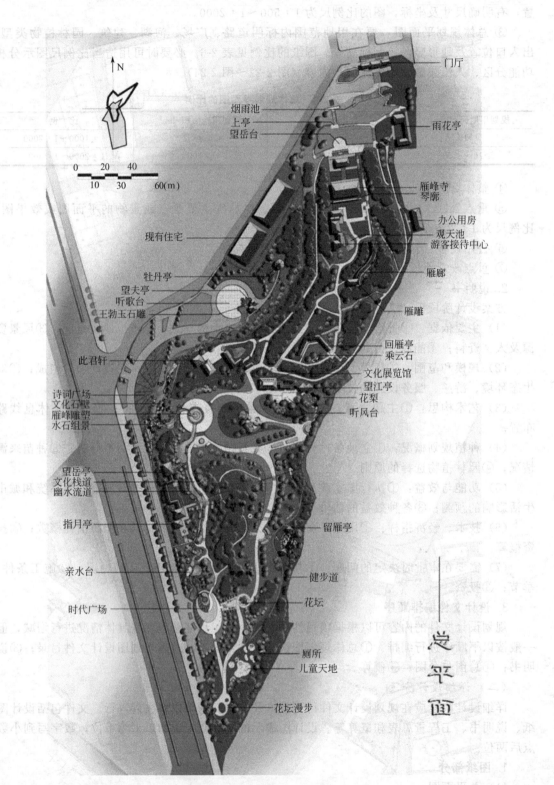

图 2-22 雁峰公园总平面图

图 2-23　雁峰公园功能分区图　　　　图 2-24　雁峰公园道路系统图

② 总平面图必须有准确的放线依据。

③ 平面图的比例尺为 1：200～1：500，简单的工程设计可用 1：1000。

(2) 除总平面图外，必要时可另增加竖向设计图、道路广场设计图、种植设计图、建筑设计图等。

(3) 竖向设计图

① 分别表示现状和设计高程。

② 在不同比例图纸上，用等高线表示地形时，其等高距要求不同（表 2-7）。

表 2-7　不同比例尺图纸所用等高距

图纸比例	等高距要求/m	图纸比例	等高距要求/m
1：200	0.2	1：1000	1.0
1：500	0.5		

③ 图纸比例同总平面图。

(4) 道路广场设计图

① 广场外轮廓、道路宽度用具体尺寸标明。

② 用方格网（或轴线、中心线）控制位置或线型。

③ 广场标高应标明中心部位和四周标高，道路转弯处应标出标高。

④ 标明排水方向，用地下管道排水时，要标明雨水口位置。
⑤ 比例尺同总平面图。
(5) 种植设计图
① 标明树林、树丛、孤立树和成片花卉位置。
② 定出主要树种。
③ 重点树木或树丛要标出与建筑、道路、水体等的相对位置。
④ 比例同总平面图。
(6) 建筑小品设计图（图2-25、图2-26）
① 注明建筑小品轮廓及其周围地形标高。

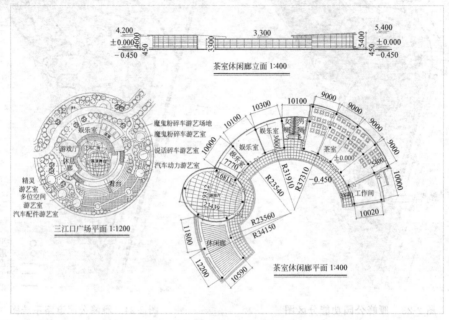

图 2-25　某公园茶室建筑设计图

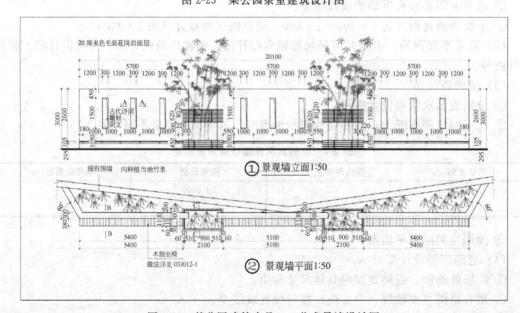

图 2-26　某公园建筑小品——艺术景墙设计图

② 与周围构筑物的距离尺寸。
③ 与周围绿化种植的关系。
(7) 综合管网图　标明各种管线平面位置和管线中心尺寸。

2. 详细设计阶段说明书
① 对照总体规划图文件中文字说明部分提出全面技术分析和技术处理措施。
② 各专业设计配合关系中关键部位的控制要求。
③ 材料、设备、造型、色彩的选择原则。

3. 工程量总表
工程量表应包括的内容：①各园林植物种类、数量；②平整地面、堆山、挖填方数量；③山石数量；④广场、道路、铺装面积；⑤驳岸、水池面积；⑥各类园林小品的数量；⑦园灯、园椅等设备的数量；⑧园林建筑、服务、管理建筑、桥梁的数量、面积；⑨各种管线长度；并尽可能标注出管径。

4. 设计概算
① 根据概算定额，按照工程量计算工程基本费。
② 按照有关部门规定，计算增加的各种附加费。
③ 公园、绿地范围以外市政配套所用的附加费。

5. 设计文件编排顺序
这一阶段设计文件的编排顺序为：①设计文件封面；②设计文件扉页；③设计文件目录；④设计文件总说明书；⑤图纸目录；⑥总图与分图；⑦工程量表；⑧概算。

（三）施工图阶段

施工图设计文件包括施工图、文字说明和预算。施工图尺寸和高程均以米为单位，要求精确到小数点后两位。施工图设计分为种植、道路、广场、山石、水池、驳岸、建筑、土方、各种地下或架空线的施工设计。有两个以上专业工种在同一地段施工时，需要有施工总平面图，并经过审核会签，在平面尺寸关系和高程上取得一致。在一个子项目内时，各专业工种要按照各自专业规范进行审核会签。

1. 施工总平面图
施工总平面图的图纸比例尺一般为1：100～1：500。图纸上应标明以下内容：
① 应以详细尺寸或坐标标明各类园林植物的种植位置、构筑物、地下管线位置、外轮廓等。
② 施工总平面图中要注明基点、基线，基点要同时注明标高。
③ 为了减少误差，规则式平面要注明轴线与现状的关系；自然式道路、山丘种植要以方格网为控制依据。
④ 注明道路、广场、台承、建筑物、河湖水面、地下管沟上皮、山丘、绿地和古树根部的标高，它们的衔接部分亦要作相应的标注。

2. 种植施工图
(1) 平面图　应表明如下内容：①在图上应按实际距离尺寸标注出各种园林植物品种、数量；②与周围固定构筑物和地上、地下管线距离的尺寸；③施工放线依据；④自然式种植可以用方格网控制距离和位置，方格网用 $2m×2m～10m×10m$，方格网尽量与测量图的方格线在方向上保持一致；⑤现状保留树种，属于古树名木的，需要单独注明。图的比例尺一般为1：100～1：500。

(2) 立面、剖面图　应标明如下内容：①在竖向上标明各园林植物间的关系、园林植物与周围环境及地上、地下管线设施间的关系；②标明施工时准备选用的园林植物的高度、体型；③标明与山石的关系。图的比例尺一般为1：20～1：50。

(3) 局部放大图　应标明如下内容：①重点树丛、各树种关系、古树名木周围处理和复层混交林种植详细尺寸；②花坛的花纹细部；③与山石的关系。

(4) 做法说明　内容包括：放线依据、与各市政设施、管线管理单位的配合情况、选用苗木的要求（品种、养护措施）、栽植地区客土层的处理、客土或栽植土的土质要求、施肥要求、苗木供应规格发生变动的处理、重点地区采用大规格苗木的号苗措施、苗木的编号与现场定位方法、非植树季节的施工要求等。

(5) 苗木表　内容一般包括：①苗木种类或品种；②规格，胸径以厘米为单位，写到小数点后一位；冠径、高度以米为单位，写到小数点后一位；③观花类植物需标明花色；④苗木数量。

(6) 预算　根据有关主管部门批准的定额按实际工程量计算。

3. 竖向施工图

(1) 平面图　应表明如下内容：①现状与原地形标高；②设计等高线，等高距为0.25～0.5m；③土山山顶标高；④水体驳岸、岸顶、岸底标高；⑤池底高程用等高线表示，水面要标出最低、最高及常水位；⑥建筑室内、外标高，建筑出入口与室外标高；⑦道路、折点处标高、纵坡坡度；⑧绿地高程用等高线表示，画出排水方向、雨水口位置。图的比例尺一般为1：100～1：500。必要时增加土方调配图，方格为2m×2m～10m×10m，注明各方格点原地面标高、设计标高、填挖高度，列出土方平衡表。

(2) 剖面图　应表明如下内容：①在重点地区、坡度变化复杂地段增加剖面图；②各关键部位标高。图的比例尺一般为1：20～1：50。

(3) 做法说明　应包括如下内容：①夯实程度；②土质分析；③微地形处理；④客土处理。

(4) 预算　根据有关主管部门批准的定额按实际工程量计算。

4. 园路、广场施工图

(1) 平面图　应表明如下内容：①路面总宽度及细部尺寸；②放线用基点、基线、坐标；③与周围构筑物、地上（下）管线距离、尺寸及对应标高；④路面及广场高程、路面纵向坡度、路中标高、广场中心及四周标高、排水方向；⑤雨水口位置，雨水口详图或注明标准图索引号；⑥路面横向坡度；⑦对现存物的处理；⑧曲线园路线形标出转弯半径或绘制方格网2m×2m～10m×10m；⑨路面面层花纹。图的比例尺一般为1：20～1：100。

(2) 剖面图　应表明如下内容：①路面、广场纵横剖面上的标高；②路面结构：表层、基础做法。图的比例尺一般为：1：20～1：500。

(3) 局部放大图　主要是：①重点结合部；②路面花纹。

(4) 做法说明　应说明如下内容：①放线依据；②路面强度；③路面粗糙度；④铺装缝线允许尺寸，以毫米为单位；⑤路牙与路面结合部做法、路牙与绿地结合部高程做法；⑥异型铺装块与道牙衔接处理；⑦正方形铺装块折点、转弯处做法。

(5) 预算　根据有关主管部门批准的定额按实际工程量计算。

5. 假山施工图

(1) 平面图　应表明如下内容：①山石平面位置、尺寸；②山峰、制高点、山谷、山洞的平面位置、尺寸及各处高程；③山石附近地形及构筑物、地下管线及与山石的距离尺寸；④植物及其他设施的位置、尺寸。图的比例尺一般为：1：20～1：50。

(2) 剖面图　应表明如下内容：①山石各山峰的控制高程；②山石基础结构；③管线位置、管径；④植物种植池的做法、尺寸、位置。

（3）立面或透视图　应表明如下内容：①山石层次、配置形式；②山石大小与形状；③与植物及其他设备的关系。

（4）做法说明　应说明如下内容：①堆石手法；②接缝处理；③山石纹理处理；④山石形状、大小、纹理、色泽的选择原则；⑤山石用量控制。

（5）预算　根据有关主管部门批准的定额按实际工程量计算。

6. 水池施工图

（1）平面图　要表明如下内容：①放线依据；②与周围环境、构筑物、地上地下管线的距离尺寸；③自然式水池轮廓可用方格网控制，方格网 $2m×2m\sim10m×10m$；④周围地形标高与池岸标高；⑤池岸岸顶标高、岸底标高；⑥池底转折点、池底中心、池底标高、排水方向；⑦进水口、排水口、溢水口的位置、标高；⑧泵房、泵坑的位置、尺寸、标高。

（2）剖面图　要表明如下内容：①池岸、池底进出水口高程；②池岸、池底结构、表层（防护层）、防水层、基础做法；③池岸与山石、绿地、树木接合部做法；④池底种植水生植物做法。

（3）各单项土建工程详图　包括：①泵房；②泵坑；③给排水、电气管线；④配电装置；⑤控制室。

思　考　题

1. 城市公园设计的内容主要有哪些？
2. 如何确定城市公园的规模与容量？在对城市公园进行选址时应依据哪些内容？
3. 讨论如何进行城市公园的总体布局？
4. 城市公园按照功能主要分为哪些区域？各自包含哪些内容？
5. 怎样开展城市公园各要素（包括地形、道路广场、建筑小品、植物等）的设计？
6. 城市公园用地平衡的意义及其主要内容是什么？
7. 城市公园设计一般遵循什么样的程序？

第三章 综合公园

第一节 概 述

综合公园是城市园林绿地系统的主要组成部分,在为城市提供大片绿地的同时,也为公众休闲、娱乐及文化教育提供活动的场所,对城市景观环境塑造、环境保护、精神生活起着至关重要的作用。

一、综合公园的类型

综合公园一般面积较大,内容丰富,服务项目多。按照其服务范围及其在城市中地位的不同,可将综合公园划分为全市性公园和区域性公园。

1. 全市性公园

为全市居民服务,一般是城市公园绿地中面积较大、内容和设施最完善的绿地。用地面积随全市居民总人数的规模而不同,一般为 $10\sim100hm^2$ 或更大。其中在中小城市设 1~2 处,服务半径为 2~3km,步行 30~50min 或乘坐公共交通工具约 10~20min 到达;在大城市和特大城市可设 5 处左右,服务半径为 3~5km,步行 50~60min 或乘车 30min 可到达(图 3-1)。

2. 区域性公园

在较大城市中,为满足一个行政区内的居民休闲、娱乐、活动及集会的要求而建的公园绿地,其用地属全市性公园绿地的一部分。区级公园的面积按该区居民人数而定,功能区划不宜过多,应强化特色,园内应有较丰富的内容和设施。一般在城市各区分别设置 1~2 处,服务半径为 1~1.5km,乘坐公共交通工具约 10min 可到达。

二、综合公园的规划设计

1. 规划设计的意义

综合公园涉及内容繁多,范围广泛,问题复杂。其规划与设计的意义在于通过全面考虑、总体协调,使公园的各组成部分之间得到合理的安排;使各个环节构成有机联系的整体,妥善处理好公园与全市绿地系统之间、局部与整体之间的关系;满足环境保护、文化娱乐、游览休息、艺术欣赏等各方面的功能要求。

2. 规划设计的任务

① 功能性任务 包括:出入口位置;分区规划;地形利用与改造;建筑;广场及园路布局;植物种植规划。

② 服务性任务 包括:休闲娱乐;政治文化;科普教育。

上述公园的总体规划任务要求考虑相互间的协调关系,全面布局。整个规划与设计的过程就是公园功能分区、地形设计、植物种植规划、道路系统诸方面矛盾因素协调统一的过程。

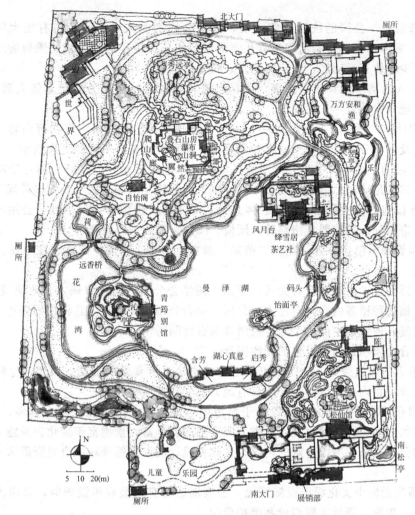

图 3-1　潍坊市自怡园总平面图

3. 综合公园面积确定与位置选择

(1) 综合公园面积的确定　根据综合公园的性质和任务要求，综合公园应该包括较多的活动内容和设施，故用地面积较大，一般不少于 10hm²，节假日游人的容纳量为服务范围居民人数的 15%～20%，每个游人在公园的活动面积为 10～50m²。50 万人口以上的城市综合公园至少能容纳全市居民中 10%的人同时游园。

(2) 综合公园的位置选择　综合公园在城市中的位置应结合城市总体规划和城市绿地系统规划来确定。

① 交通便利，方便在此服务半径内的居民使用。

② 利用原有地形地貌，因地制宜，节约资源，丰富园景。

③ 应考虑近、远期相结合，用发展的眼光进行公园的规划设计，逐渐完善，与时俱进。

4. 综合公园的内容设置

(1) 综合公园主要设置内容

① 观赏游览　游人在城市公园中可以观赏山水风景、奇花异草，浏览名胜古迹，欣赏建筑雕刻、鱼虫鸟兽及盆景假山等。

② 文化娱乐　露天剧场、展览厅、游艺室、音乐厅、画廊、棋艺、阅览室、演说、讲

说厅等。

③ 儿童活动　公园的统计数字表明，我国公园的游人中，儿童占有很大的比例，约1/3。所以，需考虑开辟学龄前和学龄儿童的游戏娱乐、少年宫、迷宫、障碍游戏、小型趣味动物角、少年体育运动场、少年阅览室、科普园地等内容。

④ 老年人活动　随着社会发展，中国已进入老龄化社会。为满足老年人活动的要求，需在公园中规划设计老年人活动区。

⑤ 安静休息　垂钓、品茗、博弈、书法、绘画、划船、散步、气功等内容，深受老年人、中年人及知识分子阶层人士的喜爱。宜选择在环境优美、僻静处开展活动。

⑥ 体育活动　在不同季节开展游泳、溜冰、旱冰等活动，条件好的体育活动区设有体育馆、游泳馆、足球场、篮排球场、乒乓球室、羽毛球、网球、武术、太极拳场地等。

⑦ 服务设施　包括餐厅、茶室、休息处、小卖部、摄影部、租借处、公用电话亭、问讯处、物品寄存处、导游图、指路牌、园椅、园灯、厕所、垃圾箱等。

⑧ 公园管理　包括办公、花圃、苗圃、温室、荫棚、仓库、车库、变电站、水泵以及食堂、浴室、宿舍等。

以上公园的设置内容间互有交叉、穿插，需结合公园的出入口确定、地形设计、建筑、道路布局、植物种植等内容，合理进行分区。综合公园规划时应注意特色的创造，减少内容与项目的重复，使城市中的每个综合公园都具有鲜明特色。

(2) 综合公园项目内容设置的制约因素

① 当地人的习惯爱好　公园内可以考虑按本地人所喜爱的活动、风俗、生活习惯等地方特点来设置项目内容，以使得公园具有地方性和独特风格。

② 公园在城市中的地位　位置处于城市中心地区的公园，一般游人较多，人流量大，而且游人停留时间短。因此，规划此类公园要求内容丰富，景物富于变化，设施完善。位于市郊地区的公园有条件考虑静观的内容时，规划设计应以自然景观或自然资源为主体构成公园主要内容。

③ 公园附近城市文化娱乐设施情况　公园周边已有大型娱乐设施时，公园内则不应重复设置，减少投资，降低工程造价和维护费用。

④ 公园面积大小　大面积的公园设置项目多，规模大，游人在园内的停留时间一般较长，对服务和游乐设施有更多的要求。

第二节　综合公园的分区规划

一、综合公园的功能分区

根据公园的任务和内容，游人在公园内有多种多样的娱乐活动，所以活动内容、项目与设施的设置就应满足各种不同功能和不同年龄游人的爱好和需求。这些活动内容对用地的自然条件有不同的要求，按其功能使用情况，将活动内容分类分区布置（图3-2）。同时，除功能明确的区域外，公园的功能区还应规划出一些过渡区域，这些区域的规划起到承上启下的作用，同时又使公园的空间活跃，产生节奏感和韵律感。综合公园功能分区规划一般可分为：文化娱乐区；安静游览区；儿童活动区；公园管理区；服务设施等。

公园内各功能分区亦不能生硬的划分，尤其是小公园，园内娱乐项目较少，要求设置干扰不大的项目，应尽可能按照自然环境和现状特点布置分区，必要时亦可穿插安排，"因地制宜"。

1. 文化娱乐区

文化娱乐区在全园中是属于相对喧闹的区域，它为游人提供活动的场地和各种娱乐项目的场所，是游人相对集中的空间。主要设施包括：游乐场、俱乐部、露天剧场、溜冰场、水上娱乐项目、展览室、画廊、动植物园地、科普活动区等。为避免该区内各项目间的相互干扰，各建筑物、活动设施间要保持一定的距离，也可通过树木、建筑、土山等加以隔离。大容量的群众娱乐项目导致人流量较大、集散时间集中，因此需要妥善组织交通。在规划允许的前提下，分区需接近公园的出入口或为其单独设置出入口。用地定额为 $30m^2$/人左右。

规划这类用地要考虑设置足够的道路广场和生活服务设施，要有适当比例的平地和缓坡，以保证建筑和场地的布置。园林建筑的设置需要考虑全园艺术构图、建筑与风景的关系，不能破坏景观。

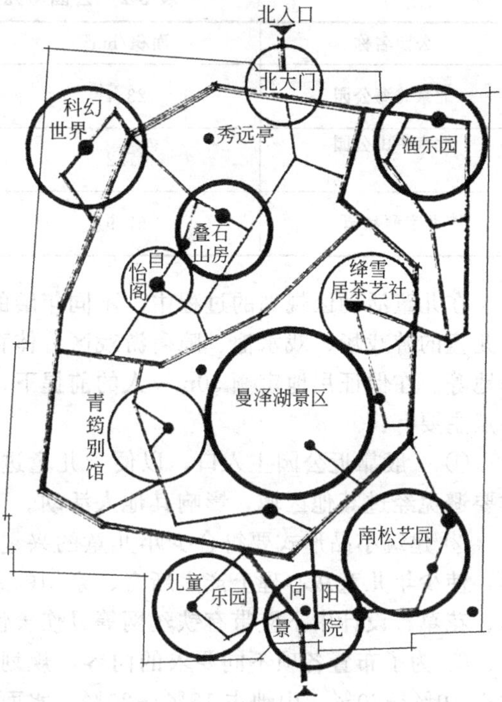

图 3-2 潍坊市自怡园功能园区图

2. 安静游览区

安静游览区大多选择山水景观优美的区域，结合历史文物、名胜古迹、亭、廊、轩、榭、雕塑、盆景、花卉、棚架、草坪、山石、岩洞等景观，营造情趣浓郁、典雅清幽的环境。由于该区游人较多，但游人密度较小，故需要大片的风景绿地。区内每个游人所占的用地定额较大，为 $100m^2$/人左右，同时也占有公园面积的较大比例。安静游览区与文化娱乐区应在空间上保持一定距离。由于该区人流不集中，故可选择远离主要出入口处。若面积较大，可分成数块，但需保持各块间的联系。安静游览区可灵活布局，允许其他区有所穿插，并可与老人活动区靠近，必要时老人活动区可以建在安静游览区内。其中供老人活动的内容包括：老人活动中心、书画班、盆景班、花鸟鱼虫班、老人门球队、舞蹈队等。

3. 儿童活动区

儿童活动区规模按照公园用地面积大小、公园位置、周围居住区分布情况、少年儿童游人量、公园用地地形条件与设施、服务等现状条件来确定。表 3-1 为我国若干公园中儿童活动区所占面积的比例，数据表明：儿童活动区在公园中所占的面积都比较小。

表 3-1 儿童区在公园面积中所占比例

公园名称	儿童区面积/hm²	占全园面积/%
广州小港公园	0.62	3.7
南京玄武湖公园	16	7
天津水上公园	24	6

表 3-2 则是北京部分公园儿童在游客数量中所占的比例。据测算，一般公园中儿童占游人量的 15%～30%，居民区附近的公园，少年儿童所占比重大，而远离居民区的公园则比重偏小。

表 3-2　公园中儿童占游客数量的比例

公园名称	面积/hm²	游人量/(人次/日)	儿童/%
北京北海公园	23.4	常日 21230	41
		假日 53100	26
北京中山公园	17.2	常日 13780	30
		假日 40990	29
北京颐和园	57.9	常日 7740	7
		假日 36100	9

在儿童活动区规划的过程中，不同年龄的少年儿童要分开考虑，可设置学龄前儿童及学龄儿童的游戏场、戏水池、障碍游戏区、体育活动区、少年宫或是少年阅览室、科技活动及园地等。在保证用地定额 50m²/人的前提下，结合场地空间大小设置相应内容。该区的规划要点主要有：

① 一般靠近公园主入口，以便于儿童进园后尽快到达园地，开展自己喜爱的活动。同时要避免经过其他区域，影响其他人活动。

② 建筑小品形式要符合少年儿童的兴趣喜好，有丰富的教育意义，有童话、寓言的色彩，使少年儿童从心理上产生新奇、亲切的感觉；植物种植应选择无毒、无刺、无异味的树木、花草；设计中不应带有铁丝网等具伤害性的物品。

③ 为了布置各项不同要求的内容，规划用地内平地、山地、水面比例要合适，一般平地占 40%～60%，山地占 15%～20%，水面占 30%～40%。

④ 要为家长、成年人提供休息、等候的休息性建筑，同时还应设置卫生部门、小卖部、急救站等服务设施。

4. 公园管理区

公园管理区属公园内部专用分区，规划需要适当隐蔽，避免出现在风景游览的主要视线上。应设置在相对独立的区域，既要便于开展公园的管理工作，又要便于与城市联系，四周与游人应有隔离，应设置专用出入口，且与车道相通，以便于消防和运输。

该区的主要设施包括：办公室、值班室、广播室、管线工程建（构）筑物、修理广场、工具间、仓库、车库、食堂、浴室、宿舍等。面积较大的公园可设置温室、棚架、苗圃、花圃，为园内四季花坛提供补充苗木。在园务管理区还可分设一些分散的工具房、工作室等，以便提高管理工作效率。

5. 服务设施

在公园内布置服务设施类项目内容，受到公园用地面积、规模大小、游人数量及分布情况的影响较大。在大型的公园里，按照服务半径的要求，可能设有若干个服务中心点。服务中心点是为游人服务的，应按照导游路线，结合公园活动项目分布，设在游人集中、停留时间较长、地点适中的地方。服务中心点的设施可设有饮食、休息、电话、问讯、摄影、寄存、租借和购买等项目。服务点是为局部地区的游人服务的，应按照服务半径的要求，在游人较多的地方设立服务点，并根据各区活动项目的需要设置服务设施，如垂钓活动的地方需设置租借渔具、购买鱼饵的服务设施。

根据方便服务的原则，规划时可采取中心服务区与服务小区相结合的方式。既可在公园主要景区设置服务设施齐全的服务区，也可专门规划中心服务区，同时在每个独立的功能区中以服务小区或服务点的方式为游人提供相对完善的服务。

二、综合公园的景色分区

公园景观可分为自然景观和人造景观。在规划时可将景观进行适当分类，划分成相应的景区，以便游人有目的地选择游览内容。也便于形成不同的景色，使观赏园景有变化、有节奏、生动多趣，带给游人不同情趣的艺术感受。常见的景色分区内容参见本书第二章第一节标题四：城市公园景区设计的相关内容。

第三节　综合公园的出入口设计

公园出入口是联系园内与园外的交通枢纽和关节点，是由外部空间过渡到公园内部空间的转折和强调，是园内景观和空间序列的起始，在整个公园中起着十分重要的作用。

一、出入口类型及位置

1. 主要出入口

公园可以有一个主要出入口，位于人流主要来向和主要公共交通道路附近，既要在城市主要道路上，又要避免在对外过境交通干道上。主要出入口要尽可能接近主要功能区或主景区。规划内容包括：公园内外集散广场、园门、停车场、存车处、售票处、围墙等。大型公园出入口还应设有小卖部、邮电所、治安保安部门、存放处、婴儿车出租处。国外公园大门附近还有残疾人游园车出租。

2. 次要出入口

可以设置于居住区附近和城市次要道路附近，为附近局部地区居民服务；还可以设在公园内有大量人流集散的设施附近，如园内的表演厅、展览馆、露天剧场等。其数量可以有一个或若干个，起到辅助性作用。

3. 专用出入口

是根据公园管理工作的需要而设置的，主要由公园园务管理区、花圃、苗圃、餐厅等直接通向园外，作为专门使用的出入口，不供游人使用。

4. 无障碍出入口

专为残疾人通行而设计的出入口，一般结合公园其他出入口设置，多采用礓磜儿的形式。

在确定出入口位置时，还应考虑公园内用地情况，配合公园的规划设计要求，使出入口有足够的人流集散用地，并保证与园内道路联系方便。

二、出入口设计的原则

出入口设计在首先满足功能要求的基础上，还应具有艺术性。不同出入口的设计，往往能体现出不同类型公园的特色，形成游人对公园的第一印象，引发游人对公园的兴趣，诱使游人进入公园游览休憩。在进行出入口设计时要遵循一定的原则：

① 艺术性首先要服从功能要求　例如大门的宽度、出入口广场的大小、停车场的位置等都应在得到功能上的满足之后，才可以进行艺术上的创作，否则设计出的作品就只是华而不实的摆设。

② 出入口的设计虽然具有一定的独立性，但要服从全园整体风格要求　在设计的艺术效果上要从整体上把握，与全园风格、主题保持内在的一致性。不可一味追求新、奇、特，导致与公园整体环境格格不入。

③ 设计中要明确设计目的　公园设计的艺术性落实于现实即游赏性。对于出入口的设计，既要注重"游"，同时也不能忽视"赏"，这就要求设计者将这二字牢记心中，做到了这一点，前面两点也就水到渠成了。

第四节 综合公园的园路及广场设计

一、公园道路

公园道路简称园路,是公园的脉络,在公园中起到组织交通、引导游览、组织空间、为园林中水电工程打下基础的重要作用,是联系各景点的纽带,也是构成公园景色的组成部分。

1. 园路的分类

在综合公园的规划设计中,由于公园面积较大,因此,园路应有主次之分。按其性质与功能可以分为以下几类:

① 主要道路 即公园的主干道,由公园入口通往公园内部各景区,连接各主要区域,是公园内部大量游人必经的路线。此外,主要道路还供公园管理车辆在非游览旺季通行,因此,路宽要达到行驶机动车的要求,一般为5~7m,且多为环路。道路两侧需留有一定宽度的路肩或铺装。

② 次要道路 是辅助主干道进入景区的分散道,既是满足景区交通功能的游览用道,又是连接主干道不能到达的景区、景点的景观空间,是主干道的分支。路面宽度为2.5~3.5m,要求可以通行小型服务型车辆。

③ 游憩小路 主要供游人散步和休息,是引导游客分散到景观空间内部的小路。游憩小路自由曲折变化,一般宽度为0.9~1.2m。一些汀步、山道也可以为0.6~0.8m。

2. 园路的设计内容

园路设计包括线形设计和路面设计,后者又包括结构设计和铺装设计。

① 线形设计 在园路总体布局的基础上进行,又可分为平曲线设计和竖曲线设计。平曲线设计包括确定道路的宽度、平曲线半径和曲线加宽等;竖曲线设计包括道路的纵横坡度、弯道、超高等。园路的线形设计应充分考虑造景的需要,以达到蜿蜒起伏、曲折有致;并应尽可能利用原有地形,以保证路基稳定和减少土方工程量。

② 结构设计 园路结构形式有多种,典型的园路结构分为四层:第一层为面层,路面最上的一层,它直接承受人流、车辆的荷载和风、雨、寒、暑等气候因素的影响,因此要求坚固、平稳、耐磨,有一定的粗糙度,少尘土,便于清扫;第二层为结合层,采用块料铺筑面层时在面层和基层之间的一层,用于结合、找平、排水;第三层为基层,在路基之上,主要起到传递面层荷载至路基的作用,因此,要有一定的强度,一般用碎(砾)石、灰土或各种矿物废渣等筑成;第四层为路基,即路面的基础。它为园路提供一个平整的基面,承受路面传下来的荷载,并保证路面有足够的强度和稳定性。如果土基的稳定性不良,应采取措施,以保证路面的使用寿命。此外,要根据实际需要,进行道牙、雨水井、明沟、台阶、礓礤、种植地等附属工程的设计。

③ 铺装设计 综合公园的园路铺装设计要分清主次道路,要在宽度和路面铺装上主次有别,这样才有明确的识别性。此外铺装还应具有装饰性,作为园景的一部分,应根据景观的需要作出设计,路面或朴素、粗犷;或舒展、自然、古拙、端庄;或明快、活泼、生动。以不同的纹样、质感、尺度、色彩来装饰园路,以不同的风格和时代要求来装饰公园。

3. 园路的设计要点

综合公园的园路设计,首先应主次分明。在宽度、线形、铺装样式上要有明确的主次关系,这样才容易产生明确的方向性。还应注意道路交通性与游览性的平衡关系,公园中的道路是以游览为目的的,故不以捷径要求为准则,但主要道路应满足基本的行车及安全要求。

园路设计还要合理地安排道路起伏、曲折变化和路网的疏密度，力求做到因地制宜，整体连贯，顺势畅通。

公园中主干道、次要道路以及游憩小路所组成的路网有很多交叉口，对于交叉口的处理应注意：

① 从岔路口的路面能分清道路主次，明确引导方向。

② 两条道路相交应采用正交，为避免游人拥挤，可形成小广场；若两条路相交呈锐角，角度则不能过小，否则通过三角形广场解决。

③ 两条道路相交成丁字形时，交点处应布置道路的对景，尤其在主干道与次要道路的焦点处还应留出一定的视距广场。

园路与水体的关系，处理的方式因公园形式不同而不同。规则式公园往往以广场形式出现，将喷泉、水池等形式的水体作为主景，同时留出人们驻足游憩的场地；自然式公园则因水体形式不同而形式变化万千：遇塘、湖则化为亭、台、矶等形式，让人驻足赏景；遇溪、涧则化为汀步、小桥，让人且游且看。

园路中的台阶常出现在建筑入口、水岸、山路、陡坡等处，可结合花池、栏杆、水池、挡土墙、假山、蹬步而设计。一般宽度为 $b=30\sim38cm$，高度为 $h=10\sim15cm$。

另外，对于综合公园，必须考虑局部地方的无障碍设计。路面宽度不宜小于1.2m，回车路段路面宽度不宜小于2.5m。道路坡度不宜超过4%，且坡度不宜过长，并尽可能减小横坡。当园路一侧为陡坡时，应设10cm高以上的挡石，并设扶手栏杆、排水篦子等，不得突出路面，并注意不能卡住轮椅的车轮和盲人的拐杖。

二、广场

从某种意义上说，广场就是道路的延申、扩大部分。城市公园中，按其性质和功能可分为：

① 交流集散场地　主要起到组织和分散人流的作用，不希望有人长久停留休息。如公园的入口广场、有大量人流集散的建筑（露天剧场、展览馆等）前广场。

② 游息活动广场　主要供游人休息、散步、打球、游戏、节日游园等活动之用。可以利用草坪、稀树草地，也可用各种硬质材料铺装地面。这些场地四周常配合花池、水体、亭廊、花架、雕塑等构筑物。

③ 生产管理场地　公园园务管理、生产之用，如晒场、停车场、材料场等。

按广场的平面组合形态可分为：

① 规则的几何形广场　包括方形广场（正方形广场、长方形广场）、梯形广场、圆形（椭圆形、半圆形）广场等，其广场形状比较对称，有明显的纵横轴线，给人一种整齐、庄重及理性的感觉。有些则具有一定的方向性，利用纵横线强调主次关系。也有一些则以建筑及标识物的朝向来确定其方向，从而造成一定的空间序列，给人一种强烈的艺术感染力。

② 不规则形广场　是由广场基地现状、周围建筑布局、设计观念等方面的需要而形成的；也有少数是人们对生活的不断需求自然演变而成的。不规则形广场，因其缺乏规则形状带来的秩序和理性而显得更放松。世界著名的威尼斯圣马可广场，其可人的尺度以及不规则的空间，让人感到舒适与亲切。这一设计理念完全可以借鉴到城市公园广场的设计中来。

③ 复合型广场　是以数个单一形态的广场组合而成的。这种空间序列组合方法是通过运用美学法则，采用对比、重复、过渡、衍列、引导等一系列处理手法，把数个单一形态广场组织成为一个有序、变化、统一的整体。这种组织形式可以提供更多的功能合理性、空间

多样性、景观连续性和心理期待性。在复合形广场的一系列空间组合中，应有起伏、抑扬、重点与一般的对比性，使重点空间在其他次要空间的衬托下得以足够的突出，使其成为控制全局的高潮。这种广场适合于以广场为主题的城市公园设计，适合举办城市大型活动。

上述公园中的场地都要以地形地貌、功能要求与艺术构图的需要为依据进行安排。同时在设计中还应注意"以人为本"。人在广场空间中，其生理、心理与行为虽然存在个体之间的差异，但总体上看还是存在普遍共同性的。美国著名心理学家亚布拉罕·马斯洛认为，人们对需求的追求从低级向高级演进可概括为四个层次：第一个是生理需要；第二个是安全需要；第三个是交往需要；第四个是实现自我价值的需要。城市公园广场设计是为人设计并为人所使用的，所以应把"尊重人、关心人"作为宗旨，不可一味追求视觉上的美感而忽略了使用上的舒适和方便。

第五节 综合公园的建筑小品设计

建筑与小品是综合公园的组成要素，虽然占地面积很小（占公园陆地面积的1‰～3‰），却是公园重要的组成部分。

在现今的园林建筑小品设计过程中，要更加关注以下几点：①讲究其处理的精致化，在使用功能、造型和材质以及色彩的运用和处理上，更加符合人体工程学和具备较好的视觉感受；②以地域性为出发点，并通过历史、文化和时代气息的融入，使其具有浓郁的地域特色；③以生态性为出发点，回归自然，回归文化；④以人为本，充分考虑残疾人和老年儿童的特殊要求的设计。

园林建筑就其特点而言，首先，要特别重视总体布局，既要主次分明，轴线明确，又要高低错落，自由穿插。其次，在建筑基址的选择上，要因地制宜，巧于利用自然又融于自然。最后，应强调造型美观和功能特性。

1. 亭

《园冶》中说："亭者，停也，所以停憩游行也。"亭是公园中最常见的供游人休息、眺览、遮荫、避雨的景点建筑。

亭的种类很多。从平面上分有圆形、长方形、三角形、四角形、六角形、八角形、扇形以及双亭等；从亭顶形式来分有攒尖顶、平顶、歇山顶、单檐、重檐、三重檐等；从亭所处的位置分有山亭、半山亭、水亭、桥亭、路亭等；从亭所起的作用上分有井亭、碑亭、鼓亭、售货亭等；从亭的建筑风格上分有中国亭、日式、欧式等。现代亭的样式更是趋于抽象化，装饰趣味多于实用价值。

亭既可单独设置，也可结合其他要素组成群体。可2～5个亭形成组亭，如北京北海公园的五龙亭；还可与廊、墙、植物、山石等结合组成景观。

亭的位置极其灵活。可与山有关，一般设在地势险要之处，如山顶、山脊、山腰等位置突出的地方或是危岩巨石之上，如杭州花港公园的牡丹亭建在小山顶上，成为公园立面构图中心；平地建亭多在道路交叉口和路侧的林荫之间，或是广场之中；若与水相关，则应注意与水面环境融为一体，设于岸边、岛上、桥上等处。

亭的体量随宜，可作主景，也可构成公园局部小品，但要与所处环境相协调。

亭的结构材料则根据建筑风格不同而不同。中式亭多用木质或仿木质，施工较为繁杂。现代亭柱梁一般采用混凝土、木材、钢化结构，屋面多是坚实耐用的聚碳酸树脂板、玻璃纤维强化水泥等。

2. 廊

廊是带状的室内道路。廊在中国园林中应用极为广泛，它不仅具有遮风避雨、交通联系上的实用功能，更能作为导游和组织、分隔空间之用。

廊的位置决定廊的设计和功能。在平地建廊，常沿界墙及附属建筑物布置。在视野开阔地可利用廊来围合、组织空间，如南宁人民公园的圆廊；山地建廊主要供游人登山观景和联系不同高程的建筑物之用。爬山廊有的位于山之斜坡，有的依山势蜿蜒转折而上，如北京颐和园"画中游"爬山廊；水边建廊，尽量与水接近。水岸自然曲折时，可沿水边成自由式布局；水上建廊，应该露出水面的石台或石墩。在廊的两柱间设置座椅，可为游人提供舒适的休息环境，另可做展览之用。

3. 榭和舫

榭和舫都是公园中的临水建筑，作游憩、赏景、饮宴、小聚之用。

《园冶》谓之："榭者，借也。借景而成景也，或水边，或花畔，制亦随态。"公园中一般以水榭居多。水榭的基本形态是：水边有一个平台，平台一半伸入水中，一半架立于岸边，平台四周以低平的栏杆相围绕，平台中部建一单体建筑物，建筑的平面形式通常为长方形。向水的一面是开敞空间，柱间常设美人靠、桌椅，供游人坐息、赏景，如上海虹口公园水榭。

水榭与水的结合方式有多种，从平面上看，有一面临水及多面临水等。尽可能贴近水面，避免采用整齐划一的石砌驳岸；在造型上，水榭与水面、池岸结合可以强调水平线。

舫，也称不系舟、旱船，是在公园水面上建造的一种船型建筑。舫的基本形式与真船相似，一般分为前、中、后3个部分，中间最矮，后部最高，一般两层，类似楼阁，四面开窗，以便远眺。船头做成敞棚，供赏景之用。中舱是主要的休息宴客场所。舱的两侧做通长的长窗，以便坐着观赏时有宽广的视野。尾舱下实上虚，形成对比。

4. 花架

花架从工程量来讲近于亭廊，只是无顶，主要是用作攀援植物的棚架。实际上，花架除不能避雨外，在景观主要面的效果和组织空间、提供游人遮荫、休息等方面与廊架相同。

花架在构造形式上很近似于廊，可设坐凳，花架的柱间可设花墙、漏花墙。

花架可单体存在，形式多样，也可与其他建筑结合成为建筑的延续部分，如以花架连续水榭与亭之间，用廊与花架交替交换。花架可爬山、傍水，具有更强的园林情趣。

花架的设置要考虑植物种植的可能性，故应考虑植物的品种、形态特点及生态要求。

5. 小卖部、售票厅、服务厅、餐厅、公共卫生间

这些都是商业销售和服务用途的园林建筑，常设置于休息广场、入口广场等游人比较集中且易于找寻的地方，其形式可根据公园风格的不同，采用自然式、现代式等设计。这些建筑除了功用之外，还要满足游人赏景以及休息之需。

6. 游船码头

游船码头专为组织水面活动及水上交通而设。其基地正处在水路交接之处，一般位置突出，视野开阔，既是水边各方向视线交点，又是游人赏景佳地。其位置的选择应以方便游人使用、管理为原则，故游船码头常设于公园出入口附近，或在园中一隅或尽端，可不受其他游人活动的干扰。

游船码头的靠船平台形式有多种，如驳岸式、深入式、挑台式以及浮船式。

7. 公园大门

公园大门是公园形象的标志，是公园重要的点景建筑，常结合公园售票、收票以及管理值班、保安用房等进行设计。设计时既要处理好大门与入口广场的关系，又要注意其尺度的

大小与公园的规模、尺度相适应。还要考虑到不同人流、车流出入的合理宽度、停车场的位置以及公共卫生间等的安排。大门的设计形式多种多样，既可以是建筑式，也可以是雕塑式，小型公园甚至可以简化为用几块自然石材作为大门的点景示意。

第六节 综合公园的地形设计

公园地形是公园空间构成的基础，与公园性质、形式、功能和景观效果有着直接关系，也涉及公园的道路系统、建（构）筑物、植物配置等要素的布局。可以说，公园地形处理是公园规划设计的关键，反过来，场地坡度对设计的影响也很大。

公园内的地形设计应该以总体设计所确定的各个控制点的高程为依据，土方调配设计应该提出利用原表层栽植土的措施。改造的地形应该不超过土壤的自然安息角，如有超出，需要采取护坡、固土或防冲刷的工程措施。人力剪草机修剪的草坪坡度不大于25%。

大高差或大面积填方地段的设计标高，应该计入当地土壤的自然沉降系数。在无法利用自然排水的低洼地段，应设计地下排水管沟。地形改造后的原有各种管线的覆土深度和栽植地段的栽植土厚度应该符合有关标准的规定（见附录中附录四，表3-3）。

表3-3 坡度分级标准与建设可能性的关系

类别	坡度值	度数	设计要求
平坡地	3%以下	0°～1°43′	基本上是平地，建筑和道路可自由布置，但要注意排水
缓坡地	3%～10%	1°43′～5°43′	建筑群布置不受地形的约束
中坡地	10%～25%	5°43′～14°02′	建筑群布置受一定限制
陡坡地	25%～50%	14°02′～26°34′	建筑群布置与设计受较大的限制
急坡地	50%～100%	26°34′～45°	建筑设计需要做特殊处理
悬崖坡地	100%以上	45°以上	工程费用大

资料来源：《建筑设计资料集·6》(《建筑设计资料集》编委会，1994)。

公园地形主要分陆地和水体两大部分。

一、陆地

公园中的陆地按地质材料、标高差异的不同，可分为平地、坡地和山地。

1. 平地

平地也就是平坡地，应保证5‰～3%的排水坡度。自然式公园中的平地面积较大时，可以设计有起伏的缓坡，坡度为1%～7%。平地是组织开敞空间的有利条件，也是游人集散的地方。在现代公园中，游人量大而集中，活动内容丰富，所以平地面积须占全园面积的30%以上，且须有一两处较大面积的平地。

2. 坡地

① 缓坡地3%～10%和中坡地10%～25% 游人可以在这个范围的坡地上组织一些活动，坡地的坡度要在土壤的自然安息角（一般20%～30%）内。在公园工程建设中设置适宜的微地形，有利于丰富造园要素，形成景观层次，达到加强公园艺术性和改善生态环境的目的。微地形是专指一定园林绿地范围内地形微小的起伏状况。微地形景观必须与公园内的其他景观要素相协调，使建筑、地形、景观融为一体。不同的绿地有不同的微地形处理技巧。

道路微地形：可有适当的地形起伏，或形成台阶，对平坦地面做以缓冲，减缓游人的步伐，缓解疲劳。还可满足铺排地下管线、管沟的需要。

水体微地形：路堤处理成微倾斜状，采用沙滩、石滩或草地模式使路堤缓缓延伸到水面，再于坡地上种植水生树木过渡到水面。也可把路堤做成台阶式，并直接延伸到水面。

广场微地形：在广场中往往对地形进行抬升和下降处理，以体现多层次、多视点的景观。

② 陡坡地 25%～50% 游人不能在上面集中活动，但可以结合露天剧场、球场的看台设置，也可配置疏林或花台。

3. 山地

山地是自然山水园中的主要组成部分。不管公园的大小，山地都是竖向景观的表现内容。公园中的山地大多是利用原有地形、土方，经过适当的人工改造而成。城市中的平地公园多以挖湖的土方堆山。山地的面积应低于公园总面积的 30%。

山体的设计布局主要从位置、构成、坡向和通风等方面来考虑。

① 山体的位置 公园中山体的位置安排主要有两种形式：一种是属于全园的重心。这种布局一般在山体的四周或两面都有开敞的平地和水面，使山体形成大空间的分割，构成全园的构图中心，与全园周边的山体形成呼应的整体。另一种是居于园内一侧，以一侧或两侧为主要景观面，构成全园的主要构图中心，如北京的颐和园，一山北坐，南向昆明湖。

② 山体构成 公园须借用山体构成多种形态的山地空间，故要有峰、有岭、有沟谷、有丘阜。既要有高低的对比，又要有蜿蜒连绵的调和。山道设计须以"之"字形回旋而上，或陡或缓，富于韵律，并要适时适地设置缓台和休息性兼远眺静观的亭、台等休憩性建筑设施。山道要与山体植物绿化相结合，使游人在行进中时露时隐，视线时收时放。

③ 坡向和通风 坡向决定了太阳辐射量。在北半球，东南坡、南坡、西南坡为全日向阳坡；东坡、西坡为半日向阳坡；西北坡、北坡和东北坡为背阳坡。地形可以阻挡和改变气流方向。大多数地区的风向是季节性变化的，冬季，最冷的风来自北方或西北方，夏季的清凉微风则来自南方或东南方、西南方。在寒冷干旱的北方，坐北向南的山谷可形成良好的小气候。

二、水体

水体是公园的重要组成要素。公园中的水体具有调节小气候、自然排水、进行水上活动、增加绿化面积等功能特点，同时还具有动静结合、有声有色、扩大空间景观的景观特点。

1. **公园水体的表现形式**

公园水体的布局可分为集中和分散两种基本形式。但多数是集中和分散两种形式的结合。

（1）集中形式，又可分为两种：

① 整个公园以水面为中心，沿水周围环列建筑和山地，形成一种向心、内聚的格局。这种布局形式可使有限的小空间具有开朗的效果，使大面积的公园具有"纳千顷之汪洋，收四时之浪漫"的气概。如苏州网师园的大水面，建筑在周边布局，达到了扩大视域的效果。

② 水面集中于园的一侧，形成山环水抱或者山水各半的格局，如颐和园的万寿山位于北面，昆明湖集中在山的南面，只以河流形成的后湖在万寿山北山脚环抱。

（2）分散形式：是将水面分隔并分散成若干小块，彼此明通或暗通，形成各自独立的小空间，空间之间进行实隔或虚隔，如颐和园的苏州河。

对于水体的形状表现，不论是集中还是分散，均依公园的风格而定。规则式公园，水体多为几何形状，水岸为垂直砌筑驳岸。自然式公园，水体形状多呈自然曲线，水岸也多为自然驳岸，或部分采用垂直砌筑的规则式驳岸。

2. 公园水体的类型和名称

①水源：有泉眼、喷泉、涌泉、壁泉等。②水道：包括溪流、河流、水渠等。③水口：有瀑布、滑落瀑布、跌水等。④水尾：如游泳池、温泉、池塘等。

3. 公园水体景观的建筑与构筑物

公园中集中形式的水面也要用分隔与联系的手法，增加空间层次，在开敞的水面空间造景。主要形式有岛、堤、桥、汀步、建筑和植物。

① 岛　岛在公园中可以划分水面空间，使水面形成几种情趣的水域。岛居于水中，是欣赏四周风景的中心点，故可在岛上与对岸建立对景。岛的类型有山岛、平岛、半岛、礁。

岛的布局要注意：水中设岛忌居中和整形，一般多设于水的一侧或重心。大型水面可设1~3个大小不同、形态各异的岛屿，不宜过多。岛的分布自然疏密，岛的面积要根据所在水面的面积大小而定，宁小勿大。

② 堤　是将大型水面分隔成不同景色的带状陆地。堤上设道，道中间可设桥与涵洞，沟通两侧水面。堤的设置不宜居中，须靠水面的一侧。堤多为直堤，少用曲堤。堤上必须栽树，可以加强分隔效果。

③ 桥与汀步　小水面的分隔和近距离的浅水处多用汀步，连接岛与陆地或小水面的对岸连接也用桥。在岛与陆地最近处建桥。小水面则要在两岸最窄的地方建桥。

④ 水岸　水岸有缓坡、陡坡、垂直和垂直出挑之分。驳岸有规则式和自然式两种。规则式驳岸是以石料、砖或混凝土预制块砌筑成整形岸壁。自然式驳岸则有自然的曲折和高低的变化，驳岸线富于变化，但曲折要有目的，不宜过碎。

第七节　综合公园的给排水设计

一、综合公园给水设计

1. 综合公园给水设计概述

给水工程的目的和任务，就是经济合理和安全可靠地供应人们的生活用水、生产用水和消防用水，满足他们对水质、水量和水压的要求。基于综合公园的功能设施和服务人群，设计中除了要考虑供应生活、生产和消防用水外，还应充分考虑景观用水和灌溉用水的需求。

给水系统按照使用目的可分为生活给水、生产给水和消防给水等系统；按给水设施的组成可分为水源工程、输水工程、净化消毒工程、配水工程等。综合公园的给水包括饮食服务用水、生产消防用水和灌溉用水。

城市综合公园的给水设计首先应服从于城市总体规划，并根据场地的地质情况、水文条件、水体状况、气候特征及原有给水工程设施等条件，从全局出发、综合考虑确定。通常按下列设计程序：

①分析用水对象，计算用水量。对用水目的进行初步分析，将用水对象依照对水质的等级要求进行分类，分别计算用水量，以方便今后根据不同的需求选择水源。

②勘察场地，选择水源。勘察现场往往是在设计前期进行，因此在勘察时要注意对水文水体、地质地貌尤其是原有给水设施等信息的收集。在水源选择方面应遵循妥善选择、节约用地、节省劳动力的基本原则。

③ 综合考虑，提出给水方案。主要是在需水量确定后结合园区实际情况提出给水方案。

2. 综合公园用水量的计算

综合公园的用水组成不仅有生活服务用水，还有园内景观设施用水。因此，可将综合公园用水量按用水对象分成生活用水量和景观用水量两部分。

① 生活用水量的计算　首先分析用水对象，确定用水定额，根据用水人数和定额，计算生活用水总量。综合公园的主要用水对象为观光游客和员工；如果有餐饮服务等设施应统一考虑进去。

用水定额即游客或其他用水对象高峰用水季节每人每天全部生活消耗的水量，包括餐饮、冲厕、洗涤、洗浴等全部生活水量。由于气候、习惯、地区的差异，用水定额也不相同。以下是根据《室外给水设计规范》（GBJ 13—1986）推荐的用水定额（表 3-4），利用这个推荐的用水定额表，根据高峰季节日游客量和其他用水人员的具体数据，就可以计算出高峰日生活用水总量。

② 景观用水量的分析　景观用水量，主要是指人工水景的补充用水量。计算确定更新的补充水量是景观用水规划的主要内容之一。其方法是，先要确定该水景的自净周期，即在一定时间内水质不会恶化（超过规定的水质标准）的时间，其次确定每天自然损失（蒸发）水量，总水量就包括以上这两部分，如下公式：

$$景观总用水量(t_1) = 日蒸发量(t_2) + 景观总蓄水量(t_3)/自净周期(d)$$

3. 综合公园水源的选择

综合公园给水水源一般采用城市集中管网，还可依条件选择地下水、地表水体等水源。面积特别大的公园，可采用独立的供水系统或实行公园内部分区供水。为了实现节约用水，可根据用水目的的不同分别选用水源。

① 生活用水水源　综合公园距离城市集中供水系统较近，并且生活饮用水的水质必须符合现行的《生活饮用水卫生标准》的要求，故通常选择城市集中管网，水质安全，可直接使用。但设计时要充分考虑城市用水高峰时间的用水量，避免共用城市管网带来的不便。

② 景观用水水源　景观补充水源通常有三种来源：一是直接引用城市自来水；二是引地表水或提升地下水；三是利用污水净化处理后达标的水。其中第三种方法成为缺水地区越来越多被采用的方案，该方案能保护园区环境，有效利用资源，是最值得提倡的方式。另外，灌溉用水可取用地下水或其他废水，以不妨碍植物生长和污染环境为准。

4. 综合公园给水方案

根据公园的具体条件制定不同的给水方案，包括：水源的选择（地下水或地表水）和取水方式、净化消毒方案、输配水方案等。

水源地选择，如是地下水，应初步选择井位和井的类型，划定水源保护范围；如果是地表水，应选择取水口的位置和划定水体保护范围。如取用地下水，一般消毒后即可送出，消毒装置与水源井建在一起。如取用地表水，则要经过净化消毒后方可使用。

根据公园内植物灌溉、喷泉水景、人畜饮用、卫生和消防等需要进行供水管网布置和配套工程设计。输配水管网是由水源地或净化厂送到用户的管网。管网除要考虑直接铺设到用户（餐饮点、卫生间、住宿点、博物馆、管理用房、居民点等），还要考虑形成环形网络，以保证供水安全。管道口径根据供水量计算确定，主干管要考虑设置消火栓的要求，一般主干管不小于 100mm。管材的选择，目前 D200 及以下口径建议选择 UPVC 塑料给水压力管。供水压力保证管网末端水压超过建筑高度 10m 即可。其他按国家有关规范执行。

表 3-4　《室外给水设计规范》（GBJ 13—1986）推荐的用水定额

给水设备类型	室内给水排水无卫生设备从集中给水龙头取水			室内有给水龙头但无卫生设备			室内有给水排水卫生设备但无淋浴设备			室内有给水和淋浴设备			室内有给水排水卫生设备和集中热水供应		
分区	最高日/（升/人/日）	平均日/（升/人/日）	时变化系数	最高日/（升/人/日）	平均日/（升/人/日）	时变化系数	最高日/（升/人/日）	平均日/（升/人/日）	时变化系数	最高日/（升/人/日）	平均日/（升/人/日）	时变化系数	最高日/（升/人/日）	平均日/（升/人/日）	时变化系数
一	20~30	10~20	2.5~2.0	40~60	20~40	2.0~1.8	85~120	55~90	1.8~1.5	130~170	90~125	1.7~1.4	170~200	130~170	1.5~1.3
二	20~40	10~25	2.5~2.0	45~65	30~45	2.0~1.8	90~125	60~95	1.8~1.5	140~180	100~140	1.7~1.4	180~210	140~180	1.5~1.3
三	35~55	20~35	2.5~2.0	60~85	40~65	2.0~1.8	95~130	65~100	1.8~1.5	140~180	110~150	1.7~1.4	185~215	145~185	1.5~1.3
四	40~60	25~40	2.5~2.0	60~90	40~70	2.0~1.8	95~130	65~100	1.8~1.5	150~190	120~160	1.7~1.4	190~220	150~190	1.5~1.3
五	20~40	10~25	2.5~2.0	45~60	25~40	2.0~1.8	85~125	55~90	1.8~1.5	140~180	100~140	1.7~1.4	180~210	140~180	1.5~1.3

注：1. 本表所列用水量已包括居住区内小型公共建筑用水量，但未包括浇洒道路、大面积绿化及全市性的公共建筑用水量。

2. 选用用水定额时，应根据所在分区内的给水设备类型以及生活习惯等足以影响用水量的因素确定。

3. 第一分区包括：黑龙江、吉林、内蒙古的全部，辽宁的大部分，河北、山西、陕西的偏北的一小部分，宁夏偏北的一小部分，青海偏东和江苏偏北的一小部分。

第二分区包括：北京、天津、河北、山东、江西、安徽、广西、云南的大部分，四川、福建北部、湖北的东部、河南北部。

第三分区包括：上海、浙江的全部，江苏、广西、云南的大部分，湖南、湖北的西部、河南南部。

第四分区包括：广东、台湾的全部，广西、云南、湖南、湖北的大部分，福建，陕西和甘肃在秦岭以南的地区，广西偏北的一小部分。

第五分区包括：贵州的全部，四川、陕西和甘肃在秦岭以南的地区，广西偏北的一小部分。

4. 其他部分的生活用水定额，可根据当地气候和人民生活习惯等具体情况，参照相似地区的定额标准。

二、综合公园的排水设计

1. 综合公园排水设计概述

排水工程设计是综合公园设计的重要组成部分，排水系统直接影响整个公园的景观效果和使用，通过对场地地形地貌和气候条件的分析，合理地对排水系统进行设计，达到雨水、污水分流，雨水回收，污水集中处理，分散排放的目的是为了帮助创建节约环保、更为优美的公园环境。

排水体制主要是指污水系统和雨水系统分开排放还是合并排放的方式。由于综合公园依托城市发展，靠近城市，因此可以充分利用城市的排水和排污管网，尽量采用分散排放的方式，保护环境，减小对环境的影响。

2. 综合公园排水设计

公园排水系统按排水体制可分两大部分，分别为污水系统和雨水系统，雨水系统又可分为绿地雨水系统、硬质铺装雨水系统。

① 污水系统　综合公园人流活动区域、建筑基础设施等地方分布都比较密集，如餐厅、茶室、游乐场、喷泉区、公厕等，污水量不是很大。因此污水系统排水管网的布置常常较为集中。室内的生活污水通过室内污水管道收集后排入室外的化粪池，污水经化粪池预处理后通过室外的污水管道排入市政污水管道系统。

② 雨水系统　雨水采用地面、浅明沟、暗沟、盲沟相结合的排水方式，地面排水利用地形自然排除雨、雪水等天然降水，不仅经济实用，便于维修，而且景观自然。而在大面积绿地、广场等功能单一而又面积广大的区域，则多采用明渠排水，不设地下排水管网。暗沟排水的优点是：取材方便，可废物利用，造价低廉；不需要雨水井，地面不留"痕迹"，从而保持了绿地或其他活动场地的完整性，对公园草坪的排水尤其适用。盲沟排水具有极高的表面渗水能力和内部通水能力，价格低廉，施工简便。

③ 绿地雨水系统　综合公园中绿地占总用地面积的较大比重，为了避免花草内涝、雨水能够顺畅排入雨水系统，雨水系统设计显得尤为重要。通常利用绿地的地形坡度自然排水，对于地势低洼的绿地可采用地下盲管帮助排水，使过多的水分能透过地表渗透至地下排走或分散。

盲管在铺设时应满足以下几点要求：

a. 为了排除地下集水或抗浮，设计地下集水管，其设计间距为 5～10m；

b. 种植地表向盲管方向的排水坡度应大于 0.5%；

c. 栽植土层厚度>30cm，质量密度为 1.17～1.45g/cm^3，总孔隙度>45%，非毛细管孔隙度>10%；

d. 排水管采用 DN110 厚壁 UPVC 穿孔滤管；

e. 渗水层要求滤料整洁，层次分明，按滤料粒径级配大小分层铺设。经过几场暴雨的检验，按上述要求铺设的盲管排水效果好，未出现长时间积水现象。

④ 广场道路雨水系统　广场道路铺地由于地面较平坦，且场内不便于设置雨水口，雨水一般靠地面径流流向周边雨水口。雨水可直接排入公园的天然水面，也可排入周围市政的雨水管内（见附录中表 4.2.1）。

第八节　综合公园的植物种植设计

综合公园一般面积大，园内地形较复杂，功能分区较多，所以植物种植上不仅要遵循公园植物种植的一般规律，同时也应结合综合公园的特殊性因地制宜地进行。

一、基于各功能区的植物种植设计

综合公园在功能上划分为公园入口区、观赏游览区、文化娱乐区、安静休息区、健身活动区（老年、儿童活动区）、公园管理区，各分区以公园出入口、园路、广场连接成整体。必须依据各分区自身的条件要求进行植物配置，尽可能地发挥各自的功能特点。

1. 出入口区的植物种植设计

出入口是主要的交通要道，是公园的标志，也是公园与城市相衔接的地方。因此在植物种植设计时，一方面要突出入口区的标志性，则植物种植时不能阻挡视线，要更好地突出、装饰、美化入口区，使公园在入口区就能引人入胜，能向游人展示其特色或造园风格。可以利用植物的色彩与大门色彩作对比和衬托，或者用具有丰富色彩的花坛、花境等营造大门的高大或华丽氛围，突出入口景观标志性；也可以在入口处适当栽植绿篱植物，利用绿篱的边界创造出分隔、围合的空间效果，形成一定的区域感。另一方面要兼顾公园入口区与城市街道的联系，不能将公园入口绿化与城市街道绿化割裂，种植形式和风格上统一与变化并存，力求过渡合理、协调，突出大门特点并丰富街道景观。最后，公园入口区植物种植设计还要注意功能上的应用，如入口处停车场的庇荫和隔离等。

2. 观赏游览区的植物种植设计

观赏游览区是公园的主要组成部分，重要景点和景物都应规划在该区内。植物景观在该区中既是烘托主景的景观，同时植物本身也是主景。主景区的植物配置要相对弱化植物的存在感，以植物服务主景，尽量采用统一、大气的栽植手法来烘托气氛，此时任何植物景观都要与主体景观相协调。若是以植物作为观赏主景，则可把观花植物、形体别致的植物、观果植物等配置在一起，形成花卉观赏区或专类园，让游人充分领略植物的美；或利用植物组成不同外貌的群落，以体现植物群体美；或利用不同的种植形式表现植物创造的美感。

3. 文化娱乐区的植物种植设计

这个区域是公园中以人文景观为主体的区域，该区植物种植重在突出植物景观的人文内涵。植物不仅仅是简单的感观审美对象，更是以情动人的载体。利用植物可以寄托美好愿望，从而使人们加深对文化环境的了解。不同的植物材料，运用它不同的特征，通过不同的组合和布局产生不同的景观效果和环境气氛。同时，植物要和文化娱乐小品结合，还可用高大的乔木把区内各项娱乐设施分隔开，但不宜多种灌木以免妨碍游人的视线，影响交通；也可用花色、叶色或果色鲜艳的植物烘托热烈的气氛，或者用文化内涵丰富或地域性较强的植物营造一种文化氛围。

4. 安静休息区的植物种植设计

在安静休息区内，利用植物景观形成单独空间，给人们提供自然的休息场所。该区主要是专供人们休息、散步、欣赏自然风景的好地方。一般说来，安静休息区应选面积较大、游人密度较小、与喧闹的文化娱乐区有一定距离的地方。安静休息区植物的种类要简单，可用密林植物与其他区域分隔，密林内同时布置自然式小空地、林中小草地或疏林草地，给游人提供一定的自由活动空间；为了丰富景观，还应有几处以植物配置取胜的重点景观，可结合水面、休息亭榭或土丘等地布置。植物选择可结合生产，如用树林、开辟自然式果园、苗圃、花园等。

5. 体育活动区的植物种植设计

体育活动区是供人们外出追求健康活动的特定场所，在此区域中不必设计过多的人工景观，但需配植一定的植物景观作衬托和划分空间。一般地讲，采用疏林和草地相结合进行植物景观设计是最理想的方式；同时也应多用落叶阔叶林营造一种冬暖夏凉、季相丰富的环境景观。在体育活动区的周边可栽植高大乔木和防护灌木，起庇荫和防护功能，以利于运动员休息。

6. 老人活动区和儿童活动区的植物种植设计

老人活动区还可结合老人的怀旧心理和返老还童的趣味性心理，比如利用一两株苍劲的古树点明主题，种植各种观花树木烘托老人丰富多彩的人生。该区植物首先应选侧柏、肉桂、柠檬等能分泌杀菌素、净化空气的树种，或选择腊梅、米兰、茉莉、栀子等能分泌芳香性物质、利于老人消除疲劳和保持愉悦心情的保健植物。

儿童活动区周围应用密林带或绿篱、树墙与其他区分开，如有不同年龄的少年儿童区，也应有绿篱、栏杆相隔，以免相互干扰；游乐设施附近应有高大的、生长健壮的、树冠大的庭荫树提供良好的遮荫，也可以把游乐设施分散在各疏林之下。另外可利用耐修剪的植物整形成一些童话中的动物或人物雕像，以及茅草屋、石洞、迷宫等以体现童话色彩；或单纯利用植物色彩进行景观营造，如用灰白色的多浆植物配置于鹅卵石旁，产生新奇的对比效果；或者配置具有奇特的叶、花、果之类的植物，以引起儿童对自然界的兴趣，但不宜选用花、叶、果有毒的或散发刺激难闻气味的植物，如凌霄、夹竹桃、苦楝、漆树等；不宜选用枸骨、刺槐、刺玫、丝兰等有刺植物，因为有刺植物易刺伤儿童皮肤和衣服；也不宜选用杨、柳、悬铃木等有过多飞絮的植物，易引发儿童呼吸道疾病。

7. 公园管理区的植物种植设计

该区是公园工作人员进行组织管理、生产活动和生活服务的场所，其在公园中的面积并不大，绿化上应当首先满足管理功能的需要，同时还要因地制宜，并使其景观和公园整体相协调。植物配置多以规则式为主，多用高大乔木遮掩其办公建筑，以免影响游人视线。

二、基于公园景观的植物种植设计

在统一规划的基础上，根据不同的自然条件，结合不同的自然分区，将公园出入口、园路、广场、建筑小品等设施环境与绿色植物合理搭配形成景点，才能充分发挥其功能作用。

1. 建筑、小品植物种植设计

建筑物周围注意体量的协调，植物与建筑线条上的对比，垂直绿化（墙面绿化）等。在大型建筑附近，种植要结合建筑的使用功能，靠近建筑处的基础栽植、房屋近处宜用规则式，可设置花坛、花台、花境。沿墙可利用各种花卉，成丛布置花灌木，逐渐过渡，协调统一，与周围环境相适应。有的建筑有使用的季节性，如北方的露天剧场，可在使用集中的季节配植丰富多彩的植物。在游息亭榭、茶室、餐厅、阅览室、展览馆的建筑物西侧，应配植高大的庇荫乔木，以抵挡夏季西晒。

2. 道路、广场植物种植设计

公园中的道路除了组织交通之外，主要起引导作用，人行走时可以达到步移景异的效果。因此，在植物配植时，树种选择要灵活而有变化，与多层次的乔灌木、地被植物相结合，构成有情趣的引导景观，植物配置无论从植物品种的选择还是搭配形式（包括色彩、层次高低、大小面积比例等）都要比城市道路配置更加丰富多样，更加自由生动。

① 主要道路　可选用高大、冠大荫浓的乔木作行道树，一方面形成优美的纵深绿色植物空间，另一方面也起到遮阳的作用；道路两侧用耐阴花卉植物造成花境，但在布置上要有利于交通，并结合地形、建筑和风景的需要起伏变化。

② 次要道路　伸入到道路的各个角落，其绿化要丰富多彩、移步换景。

③ 散步小道　根据地形起伏曲折变化，可随意自然些，植物布局上做到种类、疏密、

层次有变化；配植上可形成色彩丰富的树丛，还可布置花境，创造一种真正具有游憩功能的幽雅环境。

园路交叉口是游人视线的焦点，于此点缀色彩艳丽或造型奇特的植物能起到引导游览的作用。

公园广场在功能上主要供游人休息、集会之用，空间布局上是公园整体布局中所谓"疏密有间"中"疏"的部分。因此，配置植物时，广场四周可配置乔木供遮阳之用，并用绿篱作必要的分区、隔离，广场中央可布置花坛、草坪、花灌木，形成宁静、区域感较强的休息空间。绿化既不能影响交通，又要形成景观。停车铺装广场应留有树穴，种植落叶大乔木，以利于夏季遮阳，但冠下分枝应高于4m，以便停车。

3. 地形、水体植物种植设计

无论是利用自然界原有地形还是根据景观需要改造的地形，植物景观空间必须依据地形环境特征、空间特征来进行，根据地形的高低起伏和天际线的变化采用自然式配置树木。凸出的地形可在山顶种植高大而茂密的乔木，在山脚或山坡种植低矮灌木，这样在一定程度上可突出山体的体量。凹陷的地形则利用植物使地形低处更低，此地形比周围环境的地形低，视线封闭，空间呈积聚性。将该地形的坡面以植物围合，低凹处视线形成聚集，以小的景观中心达到吸引游人视线的目的。

水给人以明镜、清澈、令人开怀的感受，大面积水面更可以形成连续的倒影，扩大和丰富空间。沿岸配植具有空间体量大的高大乔木如垂柳、毛白杨、丝棉木、水杉等喜水湿树种，形成强烈对比和整齐的轮廓，烘托水面。水边选用水生植物分隔道路与驳岸，强调边缘。

4. 植物特色景观种植设计

可以利用植物的形、色、味、果等特征创造特色植物景观。还可以用不同植物种类组成专类园，尤其花繁叶茂、花色绚丽的专类花园是游人乐于游赏的地方。在北京园林中，常见的专类园有：牡丹园、月季园、丁香园、蔷薇园、槭树园、菊园、竹园、宿根花卉园等。上海、江浙一带常见的花卉园有：杜鹃园、桂花园、梅园、木兰园、山茶园、海棠园、兰园等。在气候炎热的南方地区，夜生活比较活跃，通常选择带有香味的植物开辟夜香花园。利用植物不同的花色、叶色组成各种色彩不同的专类花园也日益受到人们的喜爱，如红花园、白花园、黄花园、紫花园等。

在娱乐区、儿童活动区，为创造热烈的气氛，可选用红、橙、黄等暖色调花卉植物；在休息区或纪念区，为了保证自然、肃穆的气氛，可选用绿、紫、蓝等冷色调花卉植物；在游览休息区，要形成季相动态构图：春季观花；夏季形成浓荫；秋季有累累的果实和红叶；冬季有绿色的丛林。

思 考 题

1. 我国综合公园的定义与分类是怎样的？
2. 综合公园规划与设计的内容主要有哪些？
3. 如何开展综合公园的分区规划？
4. 综合公园出入口设计的意义和主要内容有哪些？
5. 在进行综合公园的园路及广场设计时应遵循哪些要点？
6. 如何进行综合公园的地形设计？
7. 请思考如何进行综合公园植物种植的季相和色彩设计？

第四章　专类公园

专类公园是城市公园绿地的一大类型，且类型较多。专类公园不仅具有减轻污染、改善生态环境、提供休闲游憩场所等方面的作用，更能发挥体现特色、保护资源、延续文脉、传承个性的重任。作为城市公园系统里的专类公园，既带有综合公园等城市绿地的共性，也具有特殊性，其规划设计是涉及规划、园林、建筑、生态学等多学科交叉的复杂工作。

第一节　儿童公园

一、概述

儿童公园是单独或组合设置的，拥有部分或完善的儿童活动设施，为儿童创造和提供以户外活动为主的、适宜儿童娱乐、运动和开展科普活动的环境、使他们能在其中得到锻炼，学习科学文化知识、具有完善、科学、安全的设施的专类公园。其作用是使儿童在有益健康的自然环境中进行游戏、娱乐和体育活动、文化教育活动。儿童公园必须保证具备较好的条件来扩大儿童的眼界，通过儿童科普教育内容、游戏设施的设立、多种业余小组活动的开展，向儿童介绍科学、技术和艺术等各个领域的知识。

1. 儿童公园的产生和发展

在工业化革命以前，农业人口居多，城镇以外的儿童主要游乐环境是大自然，而城镇中的儿童活动主要集中在城镇中的院落里，大街小巷也是儿童结伴游憩的场所。

随着工业革命的来临，城市化进程加快，城市中儿童游乐场所缺失的问题逐渐显现出来。院落的狭小、街道的不安全性等因素，使得儿童游乐空间逐渐变小。应运而生的、最早的儿童公园以城市综合公园里的一部分——儿童游戏场的形式出现，深受广大家长和儿童的喜欢，也使得这种形式的儿童公园得到了快速的发展。而城市的快速发展，带动着居住区的发展，多层及高层住宅的普及，导致居住密度增加，在居住区内部建设儿童游乐场所成为必需。1933年在国际建筑师大会上通过的雅典宪章《城市规划大纲》中写到："在新建居住区，应该预先留出空地作为建造公园、运动及儿童游戏场之用"。这是首次在国际学术界提出在居住区建设儿童游戏场。

许多发达国家很早就开始重视儿童游戏场的建设。美国于1906年成立了"全美儿童游园协会"，推动了儿童游园的发展。英国自由团体"儿童救济基金会"发起大城市和工业区的"游戏班"运动，并于1962年成立了全国组织——"游戏班联合会"。

我国自1949年以来在一些城市中相继建成了儿童游戏场、儿童乐园，尤其是近几十年，我国城市化进程加快，居住区扩大，居住处及其附近出现了更多的适合儿童就近游玩的场所。

2. 儿童公园的分类

① **综合性儿童公园**　综合性儿童公园是为全市或较大区域内儿童提供休息、游戏、娱乐、体育活动及科普教育的专类公园（图4-1）。综合性儿童公园一般占地较大，园区内风景优美，设备齐全，其中包含游戏场、戏水池、球场、游戏器械场所、阅览室、展览馆、科技宫、餐饮服务中心等组成部分。

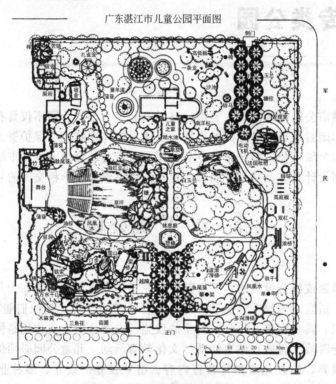

图4-1　湛江市儿童公园平面图

② **特色性儿童公园**　特色性儿童公园是在儿童娱乐、运动、学习等方面，突出一项活动内容，并加入其他儿童公园相应设施的专类公园。如2006年在日本东京开设的Kidzania职场体验儿童公园，公园旨在为2～15岁的孩子提供十分逼真的工作环境，让其身临其境的体验80多种成人职业，从而培养儿童的社会技能，形成正确的金钱观念。

③ **儿童乐园**　儿童乐园通常占地面积较小，仅能满足较小区域内儿童游憩的需求，可以是综合公园中的一部分，也可以是具有部分儿童设施的小型游乐场。设施简单，可以在居住区内安设相应的场所。

二、儿童公园总体规划设计

1. 儿童户外活动的特点

对儿童公园进行规划设计，首先要了解儿童户外活动的特点，只有掌握了这些，才能有针对性地的对儿童公园进行规划设计。儿童户外活动特点主要体现在以下几个方面：

① **年龄聚集性**　儿童户外活动往往以年龄为分组依据，年龄相仿的儿童多在一起游戏。游戏内容也因年龄不同而不同，3～6岁的儿童多喜欢玩秋千、翘板、沙坑等，但由于年龄小，独立活动能力弱，常需家长伴随；7～12岁，以在户外较宽阔的地方活动为主，如跳格、跳绳（或橡皮筋）、小型球类游戏（如足球、板球、羽毛球、乒乓球等），他们独立活动的能力较强，有群聚性；12～15岁，该年龄段的孩子德、智、体已较全面发展，爱好体育

活动和科技活动。

② 季节性　春、夏、秋、冬四季和气候的变化对儿童户外活动有很大的影响。一般春、秋两季儿童户外活动人数较多，冬季和夏季相对较少。同一季节中，晴天活动人数多于阴雨天。

③ 时间性　儿童游玩大多利用节假日，且多集中在上午9点到11点，下午3点到5点。小区内儿童活动场地，一天当中午饭和晚饭后人数最多。

④ 自我中心性　2~7岁的儿童，活动时注意力不受环境的制约和影响，表现出一种不注意周围环境的"自我中心"的思维状态。

2. 规划布置要点

根据以上儿童活动的行为特征，在规划设计时应注意以下要点：

① 按照不同年龄儿童使用比例划分用地。

② 为创造良好的自然环境，绿化用地面积应占50%左右，绿化覆盖率宜占全园的70%以上。

③ 儿童公园内的导游线和道路网宜简单明确，便于儿童辨别方向，寻找活动场所。道路设计应尽量少用台阶，以便幼儿行走和童车的推行。

④ 儿童公园中的建筑和小品应形象生动，颜色鲜明，并可适当运用易为儿童接受的民间传说故事和童话寓言故事为主题。

⑤ 儿童玩具和游戏器械是儿童公园活动的主要内容，必须按一定的分区组合布置。

⑥ 各活动场地中应设置必要的坐椅和休息亭廊等，供带孩子来园游玩的成年人使用。

3. 功能分区

儿童是尚处于成长阶段的群体，在每个年龄段都有其独特的心理特点，各阶段之间特点差异较大，呈现不同的游戏行为方式（表4-1）。

表4-1　不同年龄组的游戏行为

年龄＼游戏形态	游戏种类	结伙游戏	组群内的场地		
			游戏范围	自立度	攀、爬、登
1.5岁以下	椅子、草坪、广场	单独玩耍，或与成年人在住宅附近玩耍	必须有保护者陪伴	不能自立	不能
1.5~3.5岁	沙坑、广场、草坪、椅子等静的游戏	单独玩耍，偶尔和别的孩子一起玩，和熟悉的人在住宅附近玩耍	在住地附近，亲人能照顾到	在分散游戏场，有半数可自立，集中游戏场可自立	不能
3.5~5.5岁	秋千经常玩，喜欢变化多样的器具，4岁后玩沙坑时间较多	参加结伙游戏，同伴人逐渐增多，往往是邻里孩子	游戏中心在住房周围	分散游戏场可以自立，集中游戏完全能自立	部分能
小学一、二年级	开始出现性别差异，女孩利用游戏器具玩，男孩子捉迷藏、球类运动等为主	同伴人多，有邻居，有同学、朋友，成分逐渐多样，结伙游戏较多	可在住房看不见的距离处玩	有一定自立能力	能
小学三、四年级	女孩利用器具玩较多，跳橡皮筋、跳房子等等。男孩子喜欢运动性强的运动	同上	以同伴为中心玩，会选择游戏场地及多种游戏品种	能自立	完全能

资料来源：《城市园林绿地规划与设计（第二版）》（李铮生，2006）

通过以上的分析，儿童公园内的分区一般如下：
① 学龄前儿童区　以学龄前儿童为主，注重引导儿童的创造力，并注重儿童活动的安全性。
② 学龄儿童区　学龄儿童以结伙游戏为主，应提供较为宽阔的场地，并在其中引导儿童做出正确的游戏选择。
③ 体育娱乐活动区　以器械为主，以运动竞技的理念下，培养儿童加强身体锻炼的良好生活方式。
④ 少年科普活动区　区域内多提供能培养学习科普知识的活动，并适当准备一些可以让儿童自己动手的实践活动室（区），以满足儿童对知识的渴求。
⑤ 办公管理区　配合儿童公园进行相关管理的行政办公设施区域。
⑥ 公共辅助设施区　为儿童及家长提供在园内游乐时其他的辅助设施，包含卫生间、休息室、紧急医疗站、快餐店、商店等。

公园分区设施和场地的名目和数量，取决于儿童公园的规模。儿童公园的规模平均 3～20hm^2，公园面积在 10hm^2 以上时，才有划分功能分区的可能。

三、儿童公园设施规划设计

1. 游戏场地规划设计

① 尽可能按不同年龄儿童使用比例、心理及活动特点进行空间划分。

根据儿童年龄大小，合理对儿童游戏活动进行分类，安排不同的场地。学龄前儿童多安排运动量小、安全、便于管理的室内外游戏活动，如游戏小屋、室内玩具、电瓶车、转盘、跷跷板、摇马、沙坑、戏水池等简单的游戏活动。学龄儿童处在结伴游戏年龄，是对知识探索和运动偏好的时期，应多安排少年科技馆、阅览室、展览馆、障碍活动等集体性强的活动（图 4-2）。

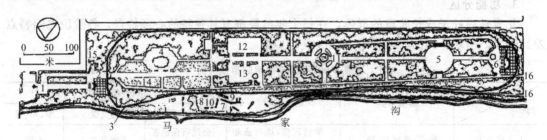

图 4-2　哈尔滨儿童公园平面图
1—大门；2—"北京"站；3—小火车铁轨；4—宣传室；5—露天剧场；6—"哈尔滨"站；
7—温室；8—管理处；9—车库；10—油库；11—喷泉；12—运动场；
13—儿童游戏场；14—植物品种园；15—公共厕所；16—次要入口
资料来源：《城市园林绿地规划与设计（第二版）》（李铮生，2006）

学龄前儿童游戏场，多为单一空间，多用小水池、沙坑、铺装、绿化、绿篱或矮墙围合，减少出入口，场内避免大量的视线遮挡。可设置一些成品器械，简单、安全，还可设置一些模拟材料器械，供儿童营造、拆卸。

学龄儿童游戏场一般也应分区设计，可划分为运动区、器械区、科学园区、休息区等，其间可以通过一些绿篱来分隔，并通过区域铺装的改变形成各区域特点。

构成儿童游戏场空间的要素是周围的建筑、小径、铺装、绿地、篱笆、矮墙、游戏器械、雕塑小品等。其中绿地是儿童游戏场空间的重点要素，设计需要突出游戏场的个性和趣味。

② 注意创造优良的自然环境，要求有较高的绿地面积及绿地覆盖率，并有良好的通风、日照条件。

③ 儿童公园内的建筑及各种景观小品应根据儿童的喜好和特点，选择造型新颖、色彩

鲜艳的作品。

④ 在植物种植上，选择无毒、无刺、无异味的树木和花草。

2. 道路与广场规划设计

儿童公园道路通常为环状，按照公园大小和人流的方向可设置一个主入口和相应的多个次入口。入口应稍加处理，以增加公园的吸引力，但要简单明了。园内道路分为主路和次路，其中主要道路要能通行汽车，次要道路为游憩小路，应平坦，以方便步行，避免用卵石式毛面铺装，以免儿童跌倒。此外，园路还应考虑童车推行以及小三轮车骑行的需要，一般不设置台阶和踏步。

广场分为集散广场和游憩广场两种。集散广场多设在大门入口和主要交通节点、主要建筑物附近，一般多为硬质铺地，供游人集散、停车。游憩广场主要供儿童或家长休息，应多设置绿化、座椅等。

3. 建筑设施规划设计

园区内建筑是不可少的，建筑与器械、绿化共同组成了儿童的景观视野，所以建筑的多样、美观等都直接对儿童在园中游戏的感觉起到重要的作用。园中建筑的功能多样性包含游乐、服务、管理、休息等，必须结合各种功能和场地的大小来整体规划这些特色用房。园内的建筑以它特定的环境和对象，限定了它所应有的建筑风格和特点——体型活泼多样，色彩对比鲜明，易于儿童识别和记忆，富有想象力，尺度适当，安全设施齐备等。可灵活采用多种结构形式和材料的建（构）筑物。

① 游艺性建筑　指内含游戏器械，使游戏项目不致暴露在室外而建的建筑，也包括那些本身极富游戏性、空间有趣味、样式别致的建筑。这类建筑一般体量较大，多用钢结构、钢筋混凝土结构修建，并提供较大的活动空间。

② 服务性建筑　指为儿童、游客提供商业、饮食业、卫生等服务的建筑，如商店、冷热饮店、小吃店及卫生间等，建筑规模一般属中小型。

③ 管理用房　指儿童公园管理、营业、服务、维修人员的办公用房，其中也包括与管理有关的维护建筑物，如围墙、办公室、值班室、售票室、仓库等。

④ 休息建筑　指为儿童、游客提供休息场所的建（构）筑物，如亭、廊等。

⑤ 综合性建筑　指具有以上几种功能的多功能建筑。

4. 儿童公园游戏设施规划设计

（1）游戏设施类型与设计

① 草坪与铺面　柔软的草坪是儿童进行各种活动的良好场所，同时还需设置砖、石、沥青、玻璃、棉砖等铺装材料的硬地面。

② 沙土　在儿童游戏中，沙土游戏是最简单的一种，学龄前儿童踏进沙坑立即会感到轻松愉快。沙土的深度以 30cm 为宜，每个儿童 $1m^2$ 左右。沙坑最好放置在向阳的地方，这样既有利于学龄前儿童的健康，又能给沙土消毒，要经常保持沙土的松软和清洁，定期更换沙土。

③ 水　在较大的儿童游戏场常常设置涉水池，在炎热的夏季不仅能吸引儿童嬉戏，同时也可以改善局部小气候。水深以 15～30cm 为宜，可设计成各种形状，也可用喷泉、雕塑加以装饰。池水要常换，冬天可改作沙坑使用。

④ 游戏墙　游戏墙、各种"迷宫"以及专用地面是儿童游戏场常见的设施。游戏墙可以设计成不同形状，便于儿童钻、爬、攀登，锻炼儿童的识别、记忆、判断能力。墙体可设计成带有抽象图案的断开的几组墙面，也可以设计成连成一体的长墙，还可以做成能在上面画画的墙面。游戏墙的尺度要适合儿童的活动，宜设在主要迎风面或噪声对住宅扩散的主要方向上（图4-3、图4-4）。

图 4-3　合肥政务新区儿童公园游戏墙效果图（一）

图 4-4　合肥政务新区儿童公园游戏墙效果图（二）
资料来源：《合肥政务文化新区儿童公园景观设计方案介绍》（萧晶、张佳晶）

（2）器械设施类型与设计

① 摇荡式器械　摇荡式器械以秋千和浪木为代表。秋千是在木制或金属架上系两根绳索，下面拴上一块木板，儿童利用脚蹬板的力量在空中前后摆动。浪木也称浪桥，用一长木两端设铁链，平悬在木架上，儿童站在木上来回摆荡（图 4-5）。

图 4-5　摇荡式器械

② 滑行式器械　这类器械中最有代表性的是滑梯。高 1.5m 左右的小滑梯可放在室内，供 3~4 岁学龄前儿童使用；高 3m 左右的可供 10 岁左右的少年使用；跨度比较大的可供几个儿童并行滑下。波浪形、曲线形、螺旋形等滑梯由于上下起伏或改变滑行方向更能增加儿童的游玩乐趣。制作材料可用木材、金属或钢筋混凝土等。形状上可塑造成不同形态的动物或神话传说故事中的人物（图 4-6、图 4-7）。

图 4-6　滑行式器械（一）　　　　　　　图 4-7　滑行式器械（二）

③ 回转式器械　转椅和转球用金属或木材制作圆盘，中心设立轴可以旋转，盘上设小椅 4～10 个，儿童坐在椅上，由成人施力旋转，使乘坐的儿童产生前进感，是学龄前儿童喜爱的器械。如果转动的主轴设在较高的立柱上端，可做成转伞或转环；以球状为主题则形成转球（图 4-8、图 4-9）。

图 4-8　回转式器械（一）　　　　　　　图 4-9　回转式器械（二）

④ 攀登式器械　一般常用木杆或钢管组接而成，儿童可攀登上下并在架上做各种活动，是锻炼全身的良好器材。传统的攀登架每段高 50～60cm，由 4～5 段组成框架，总高约 2.5m。攀登架可设计成梯子形、圆锥形、圆柱形或动物造型，可设计成能组接的元件，方便安装和拆卸，是游戏器械中形式最多的一种（图 4-10、图 4-11）。

⑤ 起落式器械　压板是最常见的起落式机械，用木或金属支架支撑于一块长木板的中心，儿童对坐两端，轮流用脚蹬地，使身体随木板上下起落。压板的水平高度约 60cm，起高约 90cm，落高约 80cm，每端可乘坐单人或双人。如果将支点提高，则成旋梯，儿童可站立手握梯把上下起落。其他如旋转式压板、悬吊式压板则是起落式器械与其他类型器械的组合（图 4-12、图 4-13）。

⑥ 组合式器械　将以上几种器械组合起来，联合制作，既可以节省空间和材料，也可以丰富器械的功能。通常的组合有：直线、十字和方形组合等。

图 4-10 攀登式器械（一）

图 4-11 攀登式器械（二）

图 4-12 起落式器械（一）

图 4-13 起落式器械（二）

四、儿童公园绿化规划设计

城市中的儿童公园以给儿童活动空间和阻挡城市喧嚣、使儿童回归大自然为目的，所以公园应创造良好的自然环境。园内各分区宜以绿化分隔，且需要特别注意儿童在活动区中的安全。

1. 绿化配置要点

① 儿童游戏场周围应种植浓密乔灌木，减少游戏场出入口数量，使其成为安全的封闭空间。

② 整个公园中的绿化面积应大于65％。

③ 在游戏场中应有一定的遮荫区、草坪和花卉，但应不阻碍场内视线，并使儿童便于记忆。

④ 绿化布置方面应适合儿童心理，应多采用体态活泼、色彩鲜艳的植物，以引起儿童的兴趣。

2. 树种选择要点

① 在树种选择上尽量选择生长健壮、便于管理的手工树种。它们少病虫害，耐干耐寒，耐贫瘠土壤，便于管理，具有地方特色。

② 乔木宜选用高大荫浓的树种，夏季庇荫面积应大于游戏活动的50％，树木的分枝点不宜低于1.8m，以避免儿童攀爬发生危险；灌木宜选用萌发力强，直立生长的中、高型树种，这些树种生存能力强，占地面积小，不会影响儿童的游戏活动。

③ 在植物的配置上要有完整的主调和基调，以形成全园既有变化但又完整统一的绿色环境。

④ 在植物的选择方面尽量避免选用有毒、有刺、有絮、有刺激性气味的植物。

五、优秀设计实例介绍

（一）杭州儿童公园

该公园位于西湖东岸，旧址是涌金公园，面积 3.2hm²。公园面临西湖，临近市区，交通方便，适于儿童游览、活动。1977年改建成为儿童公园（图4-14）。

图 4-14　杭州市儿童公园平面图

1. 内容和分区

① 园前区　宽阔的主园路两边布置 20 多米的带型花坛，前端有雷锋塑像，后端小广场上有圆形喷水池。

② 少年活动区　公园北部，以设有露天演出台的大草坪为中心，东边是由独木桥、铁索桥、雪山、滑索等游具组成的"万水千山"活动场地，北边是舞台、游船码头、休息亭廊；西南边是秋千、浪船及大型电动游具。东南部是游戏场。

③ 幼儿活动区　以原有的亭、廊、楼建筑为主体，设有游艺室、阅览室、陈列室等，室外场地上布置有降落伞、滑梯、风车、转椅等 10 多种游具 200 多件。还设有儿童戏水池及童车场。

2. 布局特点

从活动内容到空间组织，力求丰富多彩、生

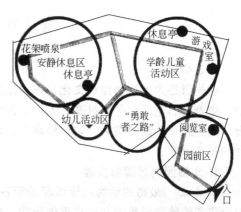

图 4-15　上海海伦儿童公园平面分区示意图

动活泼。原前区布置的形象显示其公园性质。原规划中拟建小火车,因此园路建有数个立体交叉和隧道,高低起伏,丰富了空间景观,迎合儿童兴趣。

(二) 上海海伦儿童公园

海伦儿童公园(图4-15、图4-16)建自1954年,面积仅有2hm²,1965年改建后增加了"勇敢者之路"、休息廊等,活动内容丰富,成为当时较为完善的全市性儿童活动园地。

1. 内容和分区

① 学龄儿童活动场地　是公园的主体部分,设有螺旋滑梯、秋千、跷板、攀登架等游具。场地北侧有儿童游戏室及花架休息廊,西侧有休息亭廊。

② 勇敢者之路　由爬网、高架滑梯、溜索、独木桥、越水、越障、战车、索桥等15种游具组合成的游戏场,有固定的游戏路线。

③ 幼儿活动场地　设有转椅、跷板、动物造型滑梯等游具,场地邻接安静休息区。

④ 安静休息区　公园南端堆筑大假山(结合人防工程),山上小径盘曲,山边建休息亭。

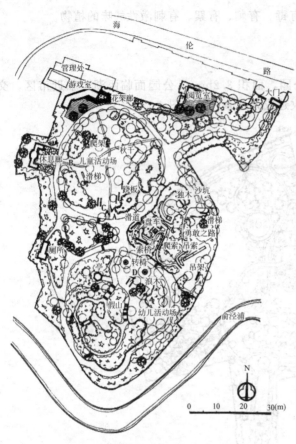

图4-16　上海海伦儿童公园平面图
资料来源:《城市园林绿地规划与设计(第二版)》
(李铮生,2006)

2. 布局特点

以环形路组织不同年龄组的活动场地,分区明确。"勇敢者之路"布局紧凑,充分利用园地,游具组合生动。安静休息区的设置可设置园景,改变活动场地的单一感。

第二节　动 物 园

一、概述

动物园是人类社会经济文化、科学教育、人民生活水平、城市建设发展到一定程度的产物。随着人们生活水平的提高,人们认识自然、保护自然、融入自然的渴望使动物园的规划设计上升到一个新的高度。如何协调人、自然环境和动物三者之间的关系成为动物园规划设计的重要课题。

1. 动物园的起源和发展

① 起源　最初的动物园雏形起源于古代国王、皇帝和王公贵族们的一种嗜好,将从各地收集来的珍禽异兽圈在皇宫里供玩赏。公元前2300年前的一块石匾上就有对当时在美索不达米亚南部苏美尔的重要城市乌尔收集珍稀动物的描述,这可能是人类有记载的最早的动

物采集行为。

据《诗经·大雅》记载，中国早在周文王时已在鄷京（现陕西西安沣水西岸）兴建灵台、灵沼，自然放养各种鸟、兽、虫、鱼，并在台上观天象、奏乐。《太平御览》引管子说："桀之时，女乐三万人，放虎于市，观其惊骇。"说明我国远在3600年前的夏桀时，奴隶主已经豢养猛兽取乐。

② 笼养式时代（Menageries） 笼养式动物园的目的仅仅是满足人们的好奇心。笼子的设计根本不考虑动物的健康，只考虑怎样让参观者看得更近、更清楚一些，笼子除了铁栏杆什么设施都没有，动物连藏身之处也没有，或者干脆把动物放到一个下陷式的大坑中供人参观。如1768年在奥地利维也纳开幕的谢布伦动物园（Schonbrunn）是目前世界上现存最古老的动物园。

③ 现代动物园初期（Zoological Gardens） 19世纪初，经济的发展带动城市的扩张，人们开始考虑建设公园、保留绿地以满足休闲娱乐之需。由于对保护自然的关注和对野生动植物进行深入了解的渴望，动物和植物被一起放到公园里展出。动物园这个英文词"Zoo"，源于古希腊语的"Zoion"，意为"有生命东西"，进而发展成"Zoology"，意思是研究有生命的东西（动物）的学问。1828年，在英国伦敦成立了历史上第一家现代动物园——摄政动物园，旨在人工饲养条件下研究这些动物以更好地了解它们在野外的相关物种。

④ 壕沟式动物园时期（Moat Zoos） 1907年，德国人卡尔·哈根贝克（Carl·Hagenbeck）的私人动物园引入了动物展区采用壕沟的理念，即根据动物习性设计壕沟的宽度和高度，再利用地形和植物把壕沟隐藏起来。设计把肉食猛兽和草食动物放在同一展区，使观众更容易了解野外环境中动物之间的关系（图4-17、图4-18）。

图4-17 卡尔和壕沟式动物园　　　　　　　图4-18 壕沟式动物园

资料来源：《动物园规划设计》（康兴梁，2005）

⑤ 景观式动物园时期 20世纪70年代，随着人们对动物园护理、动物标准认识的不断提高，善待动物园动物的呼声也随之急剧增长。在这种呼声中，西雅图Woodland Park Zoo的大猩猩馆设计中首次出现"沉浸式景观"展区的概念。这种展区把动物放在一个充满植物、山石甚至其他物种动物的、模仿动物生活的自然环境中，使观众能够体验到大猩猩生活的环境（图4-19、图4-20）。

2. 动物园的定义

目前有关动物园的定义，各个地区还存在一定的细微差异：

美国：美国的动物园侧重在教育活动的角色。透过教育活动扩展对动物知识的传播，宣传自然保护的重要性。目前，繁衍所饲养的动物以保持其种族的延续，是动物园的重要功能之一。

欧洲：动物园的地位相等于博物馆和美术馆，是极为重要的文化设施。多半采用有系统

图4-19 景观式动物园（一）

图4-20 景观式动物园（二）

的搜集与展示，是饲养有动物的庭院，也是儿童的乐园。

亚洲：动物园和游乐场处于相同的地位，饲养、展览、研究种类较多的野生动物。其展览主要目的是为了使参观者能够观赏到所有的动物。

总而言之，动物园是搜集饲养各种动物，进行科学研究和科学普及，并供群众观赏游览的园地。分专设和附设于公园内两种。园中有饲养各种动物的特殊建筑和展出设施，需按动物进化系统，并结合自然生态环境规划布局。

3. 动物园的任务

动物园是城市绿地系统的一个组成部分，主要饲养展出野生动物，供人观赏，并对广大群众进行动物知识的普及教育，宣传保护野生动物的重要意义，并进行科研工作。由于养好野生动物，特别是养好引进的外来物种和珍、稀、濒危动物是一个复杂的课题，因此，进行有关动物饲养管理、疾病防治和繁殖方法的研究已成为动物园的重要任务。

20世纪70年代以来，自然保护和生态平衡的问题日益引起人们重视，动物园在宣传和保护濒危动物的工作中起到了重要作用。动物园也进行人工授精和胚胎移植等冷冻生物学工程方面的试验研究，并已取得初步成果。如中国于1978年首次成功地进行大熊猫人工授精；纽约动物园和辛辛那提动物园还分别把白肢野牛及非洲大羚羊的胚胎移植到荷兰种奶牛的子宫里并使之孕育成功。

4. 动物园的类型

① 传统牢笼式动物园 传统牢笼式动物园主要以动物分类学为主要方法，以简单的牢笼饲养动物，动物园占地面积较小。中国许多动物园，尤其是中小城市动物园均属此类型。牢笼式动物园一般牢笼条件简陋，动物生活环境恶劣。

② 现代城市动物园 多建于城市市区，除了动物园本身的功能外，还兼有城市绿地的功能，是适应社会需求的动物园模式。在动物分类学的基础上，考虑动物的习性和动物生理、动物与人类的关系等，结合自然环境，主要采用沉浸式景观进行规划设计，故此类动物园为主流类型。

③ 野生动物园 多建于野外，根据当地的自然环境创造出最适合动物生活的环境，主要采取自由放养的方式，让动物回归自然。参观形式多以乘坐游览车的形式为主。此类动物园环境优美，适合动物生活，但较难管理（图4-21、图4-22）。

④ 专类动物园 随着动物园不断向专业化方向分化，目前出现了很多专业型动物园，如以海洋水生动物为主的海洋馆、夜间动物园等。这种专业性的分化对动物的研究工作很有益（图4-23、图4-24）。

图 4-21 野生动物园（一）

图 4-22 野生动物园（二）

图 4-23 北京海洋馆

图 4-24 新加坡夜间动物园

5. 动物园的选址　在确定动物园地址上要注意以下几点：

① 应考虑城市总体规划目标，并与之相一致。一般而言，动物园应要远离工业区、居住区和强烈噪声源等区域，要免受强冷寒风的侵袭，要有各种各样的地形、植物、天然水池和排水性能好的土壤等。充分考虑用地的分工，根据城市绿地布局综合确定。

② 在地形方面，考虑到动物种类繁多，动物所处的生活环境各不相同，因此应选择地形起伏较大、种类丰富的地区。一般动物园用地规模较大，在选址时应多考虑用废弃地、坡地等不适于建筑和耕地的用地。

③ 工程方面，应选择易于获得和施工、管理的土地，以便动物园建设笼舍和隔离沟等。

④ 交通方面，动物园游客量大，而且相对集中，货物运输量也较多，因此需要方便的交通联系。

⑤ 还应考虑到卫生安全问题，为防止动物逃逸、吠叫声以及多种疾病影响居民生活，动物园应尽量远离居民地，处在城市的下游或者下风地带，其附近尽量避免建立屠宰场、畜牧场、垃圾场等。

二、动物园总体规划设计

1. 动物园总体规划设计原则

① 规划和建筑符合城市总体规划及城市园林绿化规划，统筹安排、协调发展。

② 坚持环境优美，适于动物气息、生长和展出，保证安全，方便游人的原则。

③ 由园林规划人员、动物学家、饲养管理人员等共同参与规划设计，制定可行的方案。

2. 动物园用地和总体布局

(1) 用地规模和比例　动物园应有适合动物生活的环境；供游人参观、休息、科普的设施；安全、卫生隔离的设施和绿带；饲料加工厂以及兽医院等。检疫站、隔离场和饲料基地不宜设在园内。

动物园的规模大小主要取决于它所在城市规模大小和性质，园内动物品种和数量，动物笼舍的造型，整个园区的规划，自然条件、周围环境、经济条件等（表4-2）。

表4-2　各动物园面积参考表

动物园名称	用地规模/hm²	饲养动物情况(不包括鱼类)
北京动物园	87	近500种、6000只，其中珍稀动物208种近2000只
上海动物园	74	600余种，6000多只(头)
广州动物园	42	400余种，近5000只
杭州动物园	20	200余种，2000头(只)左右
武汉动物园	42	200余种，2000余只
昆明动物园	23	200余种，2000余只
郑州动物园	26	200余种，1500余只
福州动物园	7	100余种
成都动物与昂	23	250余种，3000余只
芝加哥林肯动物园	34	200余种，1200余只
纽约布朗克斯动物园	107	650余种，27000余只
伦敦动物园	15	约650种，逾万只
莫斯科动物园	22	800余种，4000余只
阿姆斯特丹动物园	14	700余种，6000余只
汉堡动物园	20	2500余只
东京上野动物园	14	360余种，1860余只
柏林动物园	33	近1500种，近11200只

资料来源：《城市园林绿地规划与设计（第二版）》(李铮生，2006)

根据我国《公园设计规范》的要求：动物园面积宜大于20hm²。专类动物园应以展出具有地区或类型特点的动物为主要内容，全园面积宜在5~20hm²之间。

为营造良好的公园环境，创造理想的游憩氛围，动物园设计要注意各种用地的比例。结合《公园设计规范》的有关要求，动物园的用地比例应符合下列要求（表4-3）。

表4-3　各动物园用地比例参考表

分类	规模/hm²	园路铺设/%	管理建筑/%	游览、休息、服务、公共建筑/%	绿化/%
动物园	>20	5~15	<1.5	<12.5	>70
	>50	5~10	<1.5	<11.5	>75
专类动物园	2~5	10~20	<2.0	<12	>65
	5~10	8~18	<2.0	<14	>65
	10~15	5~15	<2.0	<14	>65

资料来源：《园林设计》(唐学山，1997)

(2) 总体布局规划　动物园规划的作用很大一部分体现在对动物园未来发展、扩建、完善所起的指导作用上，因此，规划时应遵循用发展的眼光看问题、全面着眼、分期建设、局部着手的原则。总体布局上应注意以下几个方面：

① 动物园在整体环境上保持一致性，在突出各展区不同特色的同时，要注意动物园的整体性。

② 功能分区明确，各功能区之间既要互不干扰，又要相互联系，使动物园的管理工作和游客游览互不干扰，并保证动物园的有机整体性（表4-4）。

表 4-4　动物园主要功能分区面积参考表

功 能 区	占园区面积比例/%	备　注
展览区	50～70	
休息、娱乐区	25～35	
兽医卫生区	2～5	宜布置在公园边缘区
科学研究区	3～8	设有专用车辆出入口
经济管理区	2～5	用绿地将主区及各区隔开

③ 园内的游览线路应起到指引、建议和连接作用，设计时应符合游客的行为习惯，通过景物引导游客。园内道路能够很好地连接主要建筑、各区域和出入口，能方便游客游玩参观。游览道路应具有一定形式的变化和分级，如主要园路、次要园路、小径等，起到分散游客的目的。此外，游览道路和动物园内管理专用道路应尽可能分开，做到互不干扰。

④ 动物园内主要的展区和建筑应设置在主要出入口的开阔地段或主要景点上。各展区的笼舍应结合动物园的地形、景观的实际力求自然地布置在园内。各种服务设施要有良好的景观，并确保与展区等其他区域方便联系，以便游客使用。动物园的管理区尽量设置在远离游客游览参观的区域。

⑤ 动物园应与外部环境有良好的隔离措施，无论是使用围墙、隔离沟、林墙等何种方式，都应与外界隔绝，以防止动物逃逸。此外要有方便的出入口和专用通道，以便于在发生突发事件或动物逃出牢笼时游客能安全快捷地疏散。

三、动物园分区规划

1. 科普区

科普区是动物园内开展科普、科研活动的中心，在宣传教育和科研活动中具有很重要的作用。一般由标本区、化验室、研究区、宣传区、阅览室、放映厅等部分组成。且一般设置在出入口附近，或者与园内较为有特色的动物展览区相结合。

2. 动物展览区

动物园展览区是动物园内面积最大的区域，也是最主要的区域。无论是何种形式的动物园，其展览区的规划设计都要注意以下几方面的问题。

（1）陈列布局　动物园陈列布局主要有以下几种模式：

① 按动物进化顺序布局　根据动物进化的顺序，即由低等生物到高等生物，按照昆虫类——鱼类——两栖类——爬行类——鸟类——哺乳类顺序，安排园内动物陈列顺序。这种陈列方式的优点在于具有科学性，使游人具有清晰的动物进化概念，便于识别动物。缺点是同一类动物里，生活习性往往差异很大，给饲养管理造成不便。采用这种模式的动物园如上海动物园。

② 按动物原来生活地理区域布局　按照动物原来生活的地区，如欧洲、亚洲等，或者温带、热带等原产地的自然风景、人文建筑风格来陈列动物，如日本东京动物园。这种陈列方式的优点是便于创造不同的景区特色，给游人以明确的动物分布概念。缺点是难以使游人宏观感受动物进化系统的概念，成本较高，难以管理。

③ 按动物生态习性安排　按照动物生活环境，如水生、高山、草原、林地等陈列动物，北京动物园即采用此类方法。这种布置有利于动物的生长，园内景观显得自然生动，但人为创造这种景观的难度很大。

除上述三种主要的布局方式以外，还有按动物食性、种类布局和按游人喜好、动物珍稀程度等方法布局安排的。无论采用什么样的布局方式，都应根据动物园的用地特征、规模、经营管理水平等实际情况进行。

(2) 陈列方式

① 单独分别陈列　按每一种类单独占据一个空间陈列，较方便，但不经济，游人不易引起兴趣。

② 同种同栖陈列　可以增加游人的兴趣，管理方便，但对卫生要求非常严格，要注重避免传染疾病。

③ 不同种同栖陈列　可以节省建筑费用，但要在生活习性上有可能性，一般是将幼小、温顺的动物安排在一起同栖。

④ 幼小动物陈列　这类可引起儿童的极大兴趣。

3. 服务休息区

包括科普宣传廊、小卖部、茶室、餐厅等。此区域在规划设计时应考虑动物园的特色，根据园区的规划、游线和游客的习惯灵活安排，并非一定要分散布置在园内的各个区域。上海动物园就将此区置于园内中部地段，并配置大片草地、树林和水面，不仅方便了游人，也为游人提供了大面积的景色优美的休息绿地，这种布置方法比零散分布的布局要好得多。

4. 办公管理区

包括饲料站、兽疗所、检疫站、行政办公室等，其位置一般在园内隐蔽偏僻处，并要有绿化隔离，但要与动物展区、动物科普馆等有方便的联系。此区应设专用出入口，以便运输与对外联系。也有将兽医站、检疫站设在园外的。而职工宿舍等辅助区域一般多建于园外，设有专门通道连接至管理区域，以便职工的日常生活和工作。

四、动物园场地设施规划

1. 出入口和内部路线设计

动物园的出入口应设在城市人流的主要来向，应有一定面积的广场便于人流集散。出入口附近应设有停车场及其他附属设施。此外还应考虑专用出入口及次要出入口。

动物园的道路分为导游路、参观路、散步小路和园务专用小路等。主路是最明显、最主要的导游线，要有明显的导向性，方便引导游人到各个动物展览区参观。应通过道路的合理布局组织参观路线，并应避免游人过度拥挤在最有趣的展出项目处。

动物园道路的布置，除在出入口及主要建筑附近可采用规则式外，一般应以自然式为宜。自然式的道路布局应考虑动物园的特殊性，结合地形的起伏适当弯曲，便于游人到达不同的动物展览区。导游路和参观路既要有所区分，又要有便捷的联系，确保主路的人流畅通。在道路交叉口处，应结合具体情况设置休息广场。

常见的动物园道路布置方式有以下几种：

① 串联式　出入口与各区域内的建筑一一相连，游客游园线路选择性很小。适用于规模较小的传统型动物园。

② 并联式　建筑多位于道路附近，通过次级道路与主要道路连接。适合规模较大的动物园。

③ 放射式　从入口、接待室或者管理区域直接连接至园内各个建筑。一般用于管理专用道或者贵宾接待通道。

④ 混合式　结合以上所有方式，道路富有多样性。这种模式也是现代大型动物园多采用的。

整体上，路线的设计要本着一个基本原则：既达到教育游客的目的，也达到娱乐身心的目的。所以，全园的路线组织应避免单一的展览陈列方式，从而避免游览过程中游人疲劳感的出现。

2. 动物笼舍展馆规划设计

(1) 动物笼舍类型

① 建筑式　以动物笼舍为主体，适用于不能适应当地生活环境饲养时，需要特殊设备的动物。有些中、小动物为节约用地，节省投资，大部分笼舍也采用建筑式（图 4-25、图 4-26）。

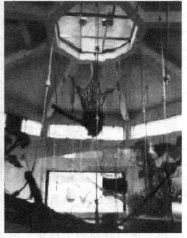

图 4-25　建筑式笼舍（一）　　　　　　　　图 4-26　建筑式笼舍（二）

② 网笼式　将动物活动范围用钢丝网或者铁栅栏围住，如上海动物园猛禽笼。网笼内也可以仿照动物的生态环境（图 4-27、图 4-28）。

图 4-27　网笼式笼舍（一）　　　　　　　　图 4-28　网笼式笼舍（二）

③ 自然式　即在露天布置动物室外活动场地，其他房间则做隐蔽处理，并模仿自然生态环境，布置山水、绿化，考虑动物不同的弹跳、攀缘等习性，设立不同的围墙、隔离沟、安全网，将动物放养其中，使其自由活动，这种笼舍能反映动物的生态环境，适于动物生长，能增加宣传教育效果，提高游人兴趣，但占地较大，投资较高（图 4-29、图 4-30）。

④ 混合式　即以上三种笼舍建筑造型的不同组合，如广州动物园的海狮池。

(2) 展馆设计

① 保证安全性是展馆设计的特点之一。展馆要使人与动物，动物与动物之间适当隔离，避免相互之间的伤害事件。要充分考虑动物的习性、体能，防止动物外逃。

② 展馆造型。动物展馆的设计应结合动物园地形，尽可能创造动物原产地的环境氛围。展馆的造型要考虑展出动物的性格，根据不同种类动物的特点加以设计，如鱼、鸟类笼舍应玲珑轻巧，大象、河马之类的大型动物笼舍应厚实稳重，老虎、熊舍应狂野有力等。并且，根据动物的自然状态，展馆应多选地表颜色和当地土壤相近或相同的颜色。

图 4-29 自然式笼舍（一）　　　　　　图 4-30 自然式笼舍（二）

③ 展馆环境的丰富化。尽可能消除牢笼单一圈养对动物行为产生的不良影响和退化，展出动物可以采用混养动物同时展出，展馆内部布置尽可能选择自然材料，展馆要素多样性，如为熊等提供稻草、木屑和树叶建巢；为树栖动物提供攀爬物等。并可以为动物提供多个取食点。

3. 相关配套基础设施

① 动物生命安全维持设施　包括必要的医疗保护、观察、驯化和检疫设施，为日常管理、维持动物园内动物的生活、生存状态提供必要的支持。

② 后勤管理设施　包括行政办公室、兽医院、动物科研工作室及其他日常工作所需的建筑。设计时应尽量与游览区分开，并应有专用通道连接到各个笼舍和展区，在方便日常管理工作的同时，不影响游客的参观。

③ 教育性设施　包括露天及室内演讲教室、电影报告厅、展览厅、图书馆、展览宣传廊、动物学校、情报中心等。根据教育需要和动物园实际情况，考虑设置独立场所或与动物展览区相结合。

④ 商业、服务设施　动物园内的商业、服务设施一般包括：向导信息中心、餐饮休憩场所、纪念品购物商店、厕所、垃圾环保点等。这些设施应根据游线组织进行布局，不仅要考虑游客的需求，更要注重动物园的特点，结合动物园功能上的需求。

4. 绿化设计

动物园的绿化设计总体上要以创造适合于动物生活的环境为主要目的，同时应注意以下几点：

第一，创造适合动物生活的绿色环境和植物景观。适合动物生活的环境包括遮阴、防风沙、隔离不同动物之间的视线等。

第二，不能造成动物逃逸。

第三，有利于卫生防护隔离。隔离动物发出的噪声和异味，避免相互影响和影响外部环境。

第四，植物的选择应有利于展现、模拟动物原产区的自然景观。

第五，应选择叶、花、果无毒的树种，树干、树枝无尖刺的树种以避免动物受害。最好也不种动物喜吃的树种，以防动物啃食破坏绿化。

五、优秀设计实例介绍

1. 多伦多动物园

多伦多动物园占地 30hm^2,原地形为岗峦起伏的高原,周围被纵深的河谷、凹地及茂密的森林包围。动物园的规划最大限度地使动物的生活条件近似它们生存的自然环境。全园分为 6 个主要的动物地理区——非洲、印度、马来西亚、澳大利亚、欧亚、南美和北美。在每个地理区内还规划有不同的分区,并设有代表性的陈列馆和露天展览区。创造了小型沙漠、山脉、高原、热带稀树草原、热带丛林、沼泽地、森林、湖泊、小溪等,使游人融于天然植物群落和植物群落的自然环抱之中(图 4-31)。

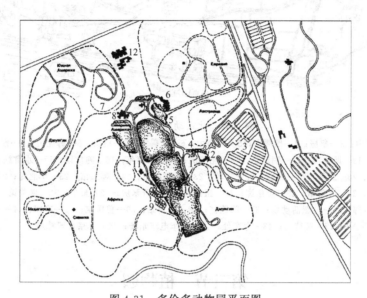

图 4-31 多伦多动物园平面图
1—主出入口;2—行政办公楼;3—停车场;4—海洋世界;5—澳洲区;6—亚欧区;7—南美洲区;
8—北自洲区;9—非洲区;10—印度、马来;11—饭店;12—服务区
资料来源:《园林设计》(唐学山,1997)

2. 北京动物园

北京动物园(图 4-32)占地面积约 86hm^2,水面 8.6hm^2。原来名为农事实验场、天然博物院、万牲园、西郊公园,是中国开放最早、动物种类最多的动物园,从清光绪三十二年(1906 年)正式建园,现在共饲养各类野生动物 490 余种,近 5000 头(只),是中国最大的动物园之一,也是一所世界知名的动物园。园内各种动物都有专门的馆舍,如犀牛馆、河马馆、狮虎山、熊山、猴山、鹿苑、象房、小动物园等。在此安家落户的有中国特产的珍贵动物大熊猫、金丝猴、东北虎、白唇鹿、麋鹿(四不像)、矮种马、丹顶鹤,还有来自世界各地有代表性的动物如非洲的黑猩猩、澳洲袋鼠、美洲豹、墨西哥海牛、无毛狗、欧洲野牛、狮虎兽等,共有动物 570 多种、7000 余只。两栖爬虫馆分上下两层楼,内有大小展箱 90 个,展出世界各地的爬行动物 100 多种,其中有一种世界上最大的鳄鱼——湾鳄。馆中部建立的跨两层楼的大蟒厅内展出了巨大的网蟒。北京动物园现有建筑总面积 7666m^2,其中用于展出和辅助展出占 38.8%,服务管理占 11.6%,办公后勤占 13.6%,其他占 36%。现状用地比例为动物展示区占 23%,辅助展出用地占 2.7%,水体 9.0%;绿化 42.5%,道路广场 7.7%。园内有小溪湖沼、假山曲径、绿林繁花以及儿童游乐园,动物活动场等以及餐厅、商亭等服务设施。

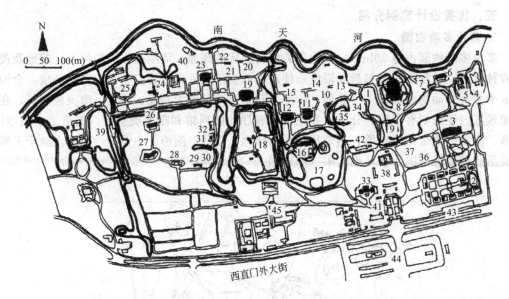

图 4-32 北京动物园平面图

1—小动物；2—猴山；3—象房；4—黑熊山；5—白熊山；6—猛兽室；7—狼山；8—狮虎山；9—猴楼；10—猛禽栏；11—河马馆；12—犀牛馆；13—鹈鹕房；14—鸵鸟房；15—麋鹿苑；16—鸣禽馆；17—水禽湖；18—鹿苑；19—羚羊馆；20—斑马；21—野驴；22—骆驼；23—长颈鹿馆；24—爬虫馆；25—华北鸟；26—金丝猴；27—猩猩馆；28—海兽馆；29—金鱼廊；30—扭角羚；31—野豕房；32—野牛；33—熊猫馆；34—食堂；35—茶点部；36—儿童活动场；37—阅览室；38—饲料站；39—兽医院；40—冷库；41—管理处；42—接待处；43—存车处；44—汽车电车站场；45—北京市园林局

第三节 植物园

一、概述

植物园是把植物科学研究、文化教育和城市居民休息等活动组合在内的多功能组合体。其主要组成部分是植物陈列区，这个区的面积通常占到整个园区总面积的 50%～70%（最小不得少于 35%）。园区内植物常按照一定的植物特征和观赏特点进行布置。

1. 植物园的起源和发展

植物园是源于植物药用作用的园林形式。无论东西方，最早的植物园都是栽培药用植物的药用植物园。

① 国外植物园概况　在欧洲，1535 年德国 Wittenberg 大学学者 Valerius Cordus 撰写了一本药草的书籍，该书出版 10 年以后，即 1545 年意大利的帕多瓦城诞生了第一座药用植物园，也是目前世界上现存最古老的植物园。以后欧洲陆续建立了许多植物园。1550 年意大利建立起佛罗伦萨植物园，1587 年北欧芬兰的莱顿建立了植物园，1635 年法国巴黎植物园建成，至于规模宏大的英国皇家植物园邱园是 1759 年初建，后经 1841 年扩建后才有如今的原貌。从 16 世纪初的药用植物园到 17、18 世纪的普通植物园，欧洲各国纷纷建立植物园，300 年间有 27 处。到 19 世纪，世界各国兴建植物园 96 处，是植物园发展的高峰时期。20 世纪末 21 世纪初，植物园的建设十分迅猛，总数已经超过 1000 座，进入植物园发展的辉煌时期。

② 中国植物园概况　中国很早就有了植物园的记载，宋代司马光所著《独乐园记》中

提到的"采药圃"，已类似现代的药用植物园，距今已经 900 多年了。我国由于长期处在封建统治之下，自然学科始终受到压抑，植物园的发展也是如此。直到 20 世纪初，我国在少数留学回国的植物学者们的倡导下才开始筹建我国最早的植物园，如 1929 年兴建的南京中山植物园，1934 年在江西庐山建造的植物园等。

20 世纪 50 年代先后成立的植物园有：南京中山植物园、昆明植物园、武汉植物园、沈阳植物园等，都是隶属于中国科学院的。后经多次调整，移交各省管理或科学院分院管理，变化很多。

各大城市园林局为实现该城市园林绿化的要求，各大专院校为教学的需要，也都纷纷设立植物园，如北京教学植物园、北京市植物园等。其他还有不少为专业研究的需要而设立的药用、森林、沙生、竹类、耐盐植物等比较专业的植物园。

2. 植物园的定义

500 多年来，植物园伴随科学发展与人类需求变化前进，"植物园"一词的含义也在不断变化。美国康乃尔大学 1976 年出版的《园艺大词典》中对"植物园"一词的解释为："植物园是在科学管理之下的研究单位，是人工养护的活植物搜集区，是与图书馆、标本馆一起进行教育和研究工作的场所。"

1988 年版《中国大百科全书》对植物园的解释是"从事植物物种资源的收集、比较、保存和育种等科学研究的园地。还作传播植物学知识，并以种类丰富的植物构成美好的园景供观赏游憩之用"。

3. 植物园的职能

① 科研基地　古老的植物园是以科学研究的面貌出现的。尤其在医药还处于探索性的时代，植物园是重要的药物引种试验场所，野生植物凡是有一定疗效的，很快即转入园内进行植物栽培研究。中世纪以后，农、林、园艺、工业原料等许多以植物为主要经营目标的行业，无不需要优良品种以达到较高的生产效益。除去各行业自己进行试验研究外，植物园时常是作为引种驯化单位及原材料供应基地。

② 科学普及　几乎大部分植物园均进行科学普及活动，因为国际植物园协会曾规定"植物园展出的植物必须挂上名牌，具有拉丁学名、当地名称和原产地"。这件事本身即具有科普意义。

③ 示范作用　植物园以活植物为材料进行各种示范，如科研成果的展出、植物学科内各分支学科的示范以及按地理分布及生态习性分区展示等。最普遍的是植物分类学的展出，使活植物按科属排列，几乎世界各植物园均无例外。游人可从中了解到植物形态上的差异、特点及进化的历程等。

④ 专业生产　大部分植物园都与生产密切结合，如出售苗木或技术转让等。专业性较强的植物园，如药用植物园、森林植物园等为生产服务的方向既单一、又明确。在科研、科普及示范的基础上进一步为本专业的生产需要服务。

⑤ 参观游览　植物园内植物景观丰富美好，科学内涵多种多样，自然景观使人身心愉快，是最能招引游人的公共游览场所，在城市规划中属于公园绿地。

4. 植物园的分类

(1) 按业务范围分类

① 科研为主的植物园　拥有充足的设备、完善的研究所和实验园地，主要在植物方面从事更深更广的研究，在科研的基础上，对外开放（图 4-33）。

② 科普为主的植物园　通过植物挂名牌的方式普及植物学的知识，此类植物园占总数比例最高。

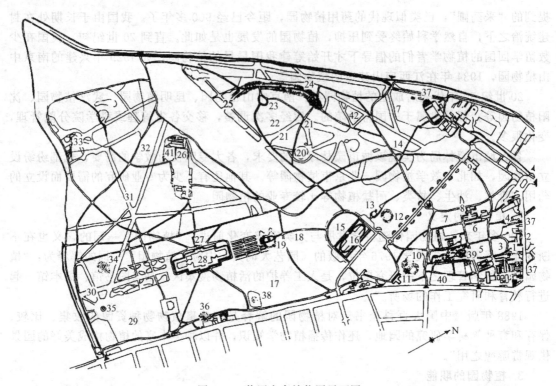

图 4-33 英国皇家植物园平面图
1—荷兰园；2—木材博物馆；3—剑桥村舍花园；4—主任办公室；5—鸢尾园；6—多浆植物园；7—温室区；8—日晷；9—柑橘室；10—林地园；11—博物馆；12—蟹丘；13—睡莲温室；14—水仙区；15—月季园；16—棕榈温室；17—小蘗谷；18—日本樱花；19—威廉王庙；20—杜鹃园；21—鹅掌楸林荫路；22—杜鹃；23—竹园；24—杜鹃谷；25—栗树林荫道；26—苗圃；27—大洋洲植物温室；28—温带植物温室；29—欧石楠园；30—山楂林荫路；31—橡树林荫路；32—睡莲池；33—女皇村舍；34—清真寺山；35—塔；36—拱门；37—停车场；38—旗杆；39—岩石园；40—药草地；41—厕所；42—木兰园

③ 为专业服务的植物园 指侧重于某一专业植物展出的植物园，如药用植物园。

④ 属于专项搜集的植物园 从事专项或者特定属植物搜集的植物园。

(2) 按归属分类

① 科学研究单位办的植物园 如各科学院、研究所的植物园，主要从事重大理论课题和生产实践中攻关课题的研究，是以研究工作为中心的植物园。一般在全国植物园系统中分别进行协作性的综合研究。

② 高等院校办的植物园 农林院校的树木园、大学生物系的标本园、医学院的药用标本园等。此类植物园以教学示范为主要任务，有时亦兼有少量研究工作。

③ 各部门公立的植物园 如国立、省立、市立以及各部门所属的植物园。服务对象比较广泛，多由各所属部门提供经费。这类植物园其任务也不一致，有的十分重视研究工作，有的侧重科普。

④ 私人捐助或募集基金办的植物园 这类植物园大多以收集和选育观赏植物为目的。

二、植物园的选址与面积确定

(一) 植物园的选址

1. 植物园位置选择

① 侧重于科学研究的植物园。一般从属于科研单位，服务对象是科学工作者。它的位

置可以选择交通方便的远郊区，一年中可以缩短开放期。

② 侧重于科学普及的植物园。多属于市一级的园林单位管理，主要服务对象是城市居民、中小学生等。它的位置最好选在交通方便的近郊区。

③ 侧重于某种特殊生态要求的植物园。如热带植物园、高山植物园、沙生植物园等，需要相应的特殊地点以便于研究。

④ 附属于大专院校的植物园。最好在校园内选择合适地点，方便师生教学。也有许多大学的植物园是在校园外另选地点的。我国重点大学如中国农业大学、北京林业大学等就建有附属植物园。

2. 植物园自然条件选择

① 土壤　植物园内绝大部分是引种的外来植物，所以对土壤条件要求较高：要求土层深厚、土质疏松肥沃、排水良好、中性、无病虫害等。一些特殊的植物，如沙生、旱生、盐生、沼泽生植物，则需要特殊的土壤。

② 地形地貌　植物最适于种在平地和背风朝阳的地形上。通常要选开阔、平坦、土层厚的河谷或冲积平原较好。植物园的地形稍有起伏也是可以的，一些缓坡也可以保留，但南方丘陵地带多，山石突兀，则并不理想。

③ 水源　植物园中的苗圃、温室、试验地、办公与生活等区域经常消耗大量的水，园中的水生植物、沼泽植物、湿生植物等均需生活在水中或低湿地带，所以植物园需要有充足的水源。建园时应调查水源的种类、供水量是否充足、水质情况、降水量的年分布等各项因素，综合考虑。

④ 小气候条件　引种国内、外不同气候条件地区的植物材料，其原产地的气候情况千差万别，如果植物园的地形复杂，地貌多样，水源充足，原有植被条件较好，将由于温度、湿度、风向、坡向、植被等综合作用的结果产生和出现不同的小气候，以满足各种各样气候条件下的不同植物的生境条件，利于引种驯化工作，并逐步改造外来植物的遗传性，提高其适应性。

⑤ 城市区位和环境条件　较理想的植物园区位应与城市的长远发展规划综合考虑。植物园要求尽可能保持良好的自然环境，以保持周围有新鲜的空气、清洁的水源、无噪声污染，所以应与繁华、嘈杂的市区保持一定的距离，但又要与城市有方便的交通联系。

（二）植物园的规模

植物园的用地规模，是由植物园的性质、展览区的数量、搜集品种多少、经济水平以及园址所在位置等多方面因素综合决定的。全园面积宜大于 $40hm^2$，专类植物园面积宜大于 $20hm^2$。

一般综合性植物园的面积（不含水面）在 $50\sim100hm^2$ 的范围内比较适宜，并应考虑到未来的发展，适当留有空地，空地可以暂时用于生产基地（表 4-5）。

表 4-5　几个世界闻名植物园的面积参考表

英国	皇家植物园邱园	$121.5hm^2$
美国	阿诺尔德植物园	$106.7hm^2$
德国	大莱植物园	$42.0hm^2$
加拿大	蒙特利尔植物园	$72.8hm^2$
俄罗斯	莫斯科植物园	$136.5hm^2$
中国	中科院北京植物园	$58.5hm^2$
中国	上海植物园	$66.7hm^2$

三、植物园规划设计的内容与要求

植物园规划设计要遵守以下原则：
① 功能性原则，体现其科研、教育、保护植物、认识植物、利用植物的功能性要求。
② 科学性原则，体现为科学布局、科普教育、科学研究等方面。
③ 艺术性原则，在植物园设计中充分考虑景观的艺术性。

1. 植物园的分区

植物园主要分为三大部分：以科普为主的科普展览区，以科研为主的苗圃试验区和生活服务区。

（1）科普展览区　这一区域的主要作用是展示植物界的自然规律，人类利用植物和改造植物的最新知识。

展览区的分区大体有以下类型：①按植物学学科分区，如树木园、植物分类区、植物地理区、植物生态区、植物形态区、水（荫、沙）生植物区等；②按用途分区，如经济植物区、药用植物区、芳香植物区、果树植物区等。其中有的采用简单的排列方式；③为城市园林绿化服务作示范的分区，如绿篱、草坪、地被、花期不断和花园庭院示范区、防污植物区以及专类花园、盆景植物区等，多为大学生物系、植物系、园艺系、园林系等附设；④其他分区（图4-34）。

① 植物进化系统展览区　该展览区按照植物进化系统，结合植物科、属分类布置，反映植物界由低级向高级进化的过程。以上海植物园为例，植物进化区是观赏植物、经济植物和植物系统分类融于一体的新型、多功能植物展览区。该区室内外相结合，宣传植物进化知识。植物进化馆以模型景箱、标本图片方式展示生命起源，演示植物的从无到有、从低等到高等的进化发展过程。室外展览区亦按同样顺序设置低等植物区、裸子植物区、双子叶和单子叶植物区。这里的裸子植物区采用我国植物学家郑万钧的系统；被子植物区采用国际上最新的被子植物分区系统——美国纽约植物园阿瑟·克朗奎斯特（A·Cronquist）系统，按木兰、金缕梅、石竹等11个亚纲，以目为基本单位，按植物生态和园林组景的要求进行植物配置。通过室内和室外的展出，给观众以轮廓性的植物进化概念。

② 植物地理分布和植物区系展示区　这种植物展览区的规划是以植物原产地的地理分布或以植物的区系分布为原则进行的。如第二次世界大战前德国柏林的大莱植物园即以地理植物园而著名。该园将全国划分了59个区域，代表世界各国具

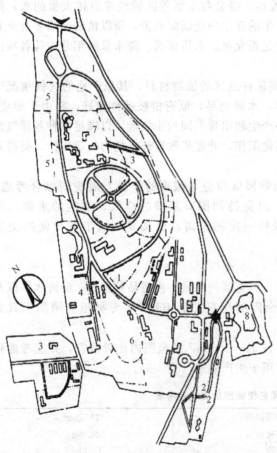

图 4-34　昆明植物园平面图
1—系统树木园；2—山茶园；3—杜鹃园；4—百草园；
5—木兰园；6—油科植物区；7—展览温室群；
8—单子叶植物及水生物区

有代表性的植物。或以亚洲、欧洲、大洋洲、非洲、美洲的代表性植物分区布置，各大洲中又可以按国别分别栽培。

也可根据区系植物的地理分布加以布置，例如前苏联的莫斯科总植物园的植物区系展览区，分为远东植物区系、俄欧部分植物区系、中亚细亚植物区系、西伯利亚植物区系、高加索植物区系、阿尔泰植物区系、北极植物区系7个区系。此外还有印度尼西亚爪哇茂物植物园、加拿大蒙特利尔植物园等。

③ 植物生态习性与植被类型展览区　把植物根据不同的生活型分别展览，如分为乔木区、灌木区、藤本植物区、多年生草本植物区、球根植物区、一年生草本植物区等展览区。由于这种展览区在归类和管理上较方便，所以建立较早的植物园多采用这种展览方式。如美国的阿诺德树木园，分为乔木区、灌木区、松杉区、藤本区等；前苏联的列宁格勒植物园，分为乔木区、灌木区、多年生草本区和一年生草本区等。但这种布置形式与系统展览区有许多类似的缺点。因为生活型相近的植物对环境的要求不一定相同，而有利于构成一个群落的植物又不一定具有相同的生活型，例如许多灌木及草本要在乔木的庇荫条件下生长，而藤本植物要攀附在乔木上生长。所以，绝对地按不同生活型分开展览在用地和管理上有很多矛盾。

④ 经济植物展览区　由于经济植物的科学研究成果将直接对国民经济的发展起到重要的作用，所以国内许多主要植物园都开辟有经济植物区，如华南植物园、杭州植物园、合肥植物园、海南热带经济植物园等。海南热带经济植物园，现有土地面积32hm^2，已建成6个展览区：热带果树区、热带树木区、热带药用、香料植物区、热带木本油料区、热带棕相区、热带花卉区等。在1979年以前收集了国内外各种热带经济植物500余种（1966～1979年遭到破坏），后来又从47个国家和地区及国内引种热带、亚热带经济植物1220种，隶属168科681属。

⑤ 水生植物区　根据水生、湿生、沼生等不同特点，喜静水或动水的不同要求，在不同深浅的水体或山石溪涧之中，布置成独具一格的水景，既可普及水生植物方面的知识，又可为游人提供良好的休息环境。

⑥ 树木区　用于展览本地区和一些从国内外引进在当地能陆地生长的主要乔灌木树种。一般占地面积较大，对用地的地形、小气候、土壤类型都要求比较丰富。

⑦ 专类区　把一些具有一定特色、栽培历史悠久、品种变种丰富、具有广泛用途和很高观赏价值的植物加以搜集，开辟专区集中栽培，如山茶、杜鹃、月季、玫瑰、牡丹、芍药、荷花、棕榈等都可以成为专类园。也可以几种植物根据生态习性要求、观赏效果等加以综合配置，能够营造更好的艺术效果。

(2) 科研实验区　科研实验区是研究植物引种驯化理论与方法的主要场所。

① 苗圃区　包括实验苗圃、繁殖苗圃、移植苗圃、原始材料圃等，用途十分广泛。苗圃用地要求地势平坦、土壤深厚、水源充足、排灌方便，地点应靠近实验室、研究所、温室等。用地要求集中，还要有一些附属设施如荫棚、种子和球根储藏室、土壤肥料制作室、工具房等。

② 温室区　主要用于引种驯化、杂交育种、植物繁殖、储藏不能越冬的植物以及其他科学实验等。

③ 标本馆、图书馆等安静区域　这一区域主要提供给植物学工作者和研究者使用，一般建立在园内安静处，尽量避开游园路线，以防被游客干扰。此外试验室、办公区域等也可包括在此区域内。

④ 生活服务区　为保证植物园的优质环境，一般情况下，植物园与城市的市区保持有

一定距离，多数远离城市，大多数职工在植物园内居住。游人到植物园参观游览，尤其离城市较远或面积较大的植物园，也需要一定的商业服务内容。所以，植物园的规划应解决游人和职工生活服务的问题，主要内容包括：职工宿舍、餐厅、茶室、冷饮、商店、卫生院、车库、仓库、托儿所等。

2. 植物园的规划要点

① 决定植物园的分区及其用地面积。一般展览区用地面积较大，可占全园总面积的40%～60%，苗圃及实验区用地占25%～35%，其他用地占25%～35%。

② 展览区是面向群众开放的，宜选用地形富于变化、交通联系方便、游人易于到达的地方。另一种偏重于科研或游人量较小的展览区，宜布置在稍远的地段。

③ 苗圃试验区是进行科研和生产的场所，不向群众开放，应与展览区隔离。但要与城市交通线有方便的联系，并设有专用出入口。

④ 展览建筑中的展览温室和大型植物博物馆是植物园的主要建筑，游人比较集中，应位于重要的展览区内，靠近主要出入口或次要出入口，并常常构成全园的构图中心。科普宣传廊（栏）应根据需要分散布置在各区内。

科学研究建筑包括图书资料室、标本室、试验室、工作间、气象站等。苗圃的附属建筑还有繁殖温室、繁殖荫棚、车库等，应布置在苗圃试验区内。

服务性建筑包括办公室、接待室、茶室、小卖部、食堂、休息厅、花架、卫生间、停车场等，这类建筑的布局与其他公园的情况类似。

⑤ 植物园的排灌工程。植物园的植物品种丰富，且要求生长健壮良好，因此，对养护条件要求较高，必须做出排灌系统的规划，保证旱可浇、涝可排。一般可利用地势起伏的自然坡度或暗沟将雨水排入附近的水体中。但在距离水体较远或者排水不顺的地段，则必须铺设雨水沟管来辅助排出。

四、优秀设计实例介绍

1. 北京植物园（北园）

北京植物园（北园）于1956年经国务院批准开始筹建，目前园内主要分区为：专类园、树木园、古迹游览区、森林游览区、科研实验区及办公区等。近年来，北京植物园（北园）又有较大规模的建设，相继建成了牡丹园、丁香碧桃园、集秀园、绚秋苑，树木园中的银杏松柏区及月季园等（图4-35）。

银杏松柏区：从20世纪50年代建园开始陆续收集种植了大量树木，80年代以来逐步完善了规划、设计并实施建设，于90年代初基本建成，是树木园的七个分区之一，搜集了栽培裸子植物7个科、20属、97种。该区的规划设计，充分利用、合理改造原

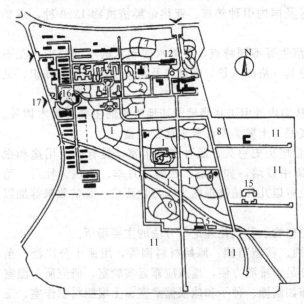

图4-35　北京植物园平面图
1—树木园；2—宿根花卉园；3—牡丹园；4—月季园；
5—药用植物园；6—野生果树园；7—环保植物区；
8—濒危植物区；9—水生与藤本植物区；10—月季园；
11—实验区；12—实验楼；13—国家之物标本馆
14—热带、亚热带植物区；15—繁殖温室、冷室；
16—种子标本库；17—主要入口

来地形地貌和原有植物，较好地解决了植物景观创造、生态要求以及科普展示的矛盾，基本实现了"因地制宜"的规划原则，达到地形与山势的协调，空间组织流畅有序，植物景观丰富多样，展示路线清晰的效果，形成了由红松、云杉、冷杉等大面积树林构成的雄浑粗犷、气势宏大的主格调，以及红松谷、杉坪、雪松路、杜松小径等各具特色的景点。银杏、落叶松和缀花草坪的穿插点缀，更增添了色彩、季相和空间开合的变化。

月季园：建于1992年，设计中巧妙地设置轴线，将玉泉山和香炉峰组织到园中，成为难得的背景。在因地制宜、充分利用现状的地形和原有植物的基础上，打破以往月季园小而全的框框，大胆创新。主要做法是：分区上种植与功能相结合，如丰花月季安排在较大面积广场处，便于开展活动。结合地形的下陷园，既适合有层次地将各种大色块表现出来，又正好把中心的喷泉广场与主干道相隔，提供良好的活动场所。全园的构图中心则选择花魂雕塑来点出主题。

2. 广州华南植物园

（1）概况

华南植物园位于广州东北郊的龙眼洞，距市中心仅6km。园地面积800多公顷，坐落在丘陵山地上。该植物园基本任务是研究植物引种驯化理论和技术，为农、林、牧生产和普及植物科学知识服务，并提供良好的游憩环境。该园于1956年开始建设，经历几十年的经营，展览区植物茂盛，人工湖畔景色宜人，已成为广州市游览胜地之一（图4-36）。

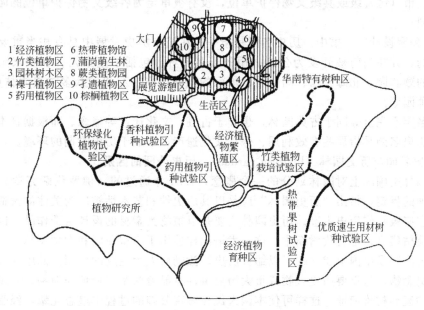

图4-36 广州华南植物园分区示意图

资料来源：《公园规划与建筑图集（第一集）》（同济大学建筑系园林教研室，1986）

（2）内容和分区

该园分苗圃实验区和展览游憩区两大部分。

① 苗圃实验区设有环保绿化植物试验区、香料植物引种试验区等，此外还有温室、荫棚、研究试验室及其他辅助服务设施。

② 展览游憩区现有9个植物区共引进植物3000多种，面积30多公顷。区内设有展览温室和荫棚、冷饮小吃、休息亭榭等设施。

（3）布局特点

该植物园展览区的面积不大，布置紧凑，内容丰富，便于参观游览。布局上以棕榈植物区居中，并用棕榈植物作为主要园路的行道树来表现出亚热带植物园的景观特征。区中心贯穿以较宽阔的湖面，临湖筑有亭榭、园桥等，形成景观优美的游憩环境。

第四节 历史名园

历史名园是中国公园行业中的重要力量，具有重要的历史、文化价值，在全国范围或一定区域内拥有较高的知名度和较大的影响力。

其重点工作是保护、继承与发展，不是设计，设计的也不是历史名园，至少相当长的一段时间内不是，因此，这一节的内容主要是介绍历史名园。

一、历史名园的概念

1. 历史名园（Historical garden and park）**的定义**

"历史名园"在《城市绿地分类标准》（CJJ/T85—2002）和《公园设计规范》（CJJ48—92）中的定义为：历史悠久，知名度高，体现传统造园艺术，并被审定为文物保护单位的园林。属于城市绿地分类中 G1 大类、G13 中类之下的 G134 小类。

《园林基本术语标准》（CJJT91—2002）中则明确规定：历史名园一定是国家级、省（自治区）级、市（区）级或县级文物保护单位，没有被审定为各级文物保护单位的园林，不属于历史名园。

《城市公园设计》一书中：历史名园是指一些在城市历史发展中具有相当重要的地位和历史价值的，并在当前被开发为公园之用的著名园林。包括了皇家园林和私家园林等，例如：北京的颐和园、北海公园、圆明园、承德的避暑山庄、苏州的众多古典园林如拙政园、留园、网师园等。

历史名园不完全等同于古典园林，也异于古迹、文化遗产等概念。而根据日本公园的分类系统，历史名园是指那些有效利用、保护文化遗产，形成于历史时期的环境。

2. 历史名园与历史园林（historic garden）**、历史公园的区别**

历史园林是国际上对园林划分的一个概念，1981年通过的《佛罗伦萨宪章》对历史园林做了详细的界定，指出"历史园林"应是以其历史性和艺术性被广为关注的营造兼园艺作品，同时它应被视作历史古迹。历史园林主要是以植物为素材的设计营造作品，因而是有生命的，有荣枯盛衰，也有代谢新生。这一术语同样适用于小型花园和大型园林。

历史公园则是由国家建立的、以缅怀历史、激励后人为主题的公园。园中保存有历史性建筑物、纪念物，与重要历史人物或重大历史事件有显著联系的遗址与遗物，以及反映历史演变过程的废弃村落遗址。这样可使本国人民在参观公园的过程中追思先辈，经受教育，对外来旅游者则通过游览促进其对东道主国历史的了解与鉴赏。

二、历史名园的主要特征

历史名园是一种特殊的历史文化遗产，具有丰富的文化内涵和历史底蕴，是具有创造力的造园家独创意匠的见证，反映着四季轮转、自然的兴衰与造园家和园艺师力求保持其长盛不衰的努力之间不断的平衡。其所表现出来的特征主要有以下两个方面：

① 文化性　文化性是历史名园区别于其他城市绿地的最主要的特征之一。历史名园作为这种园林艺术的遗留和见证，其千年沉淀下来的造园艺术、文化内涵、历史底蕴是我国宝贵的历史文化遗产，拥有世界上无可取代的历史、文化、艺术、科学的价值。

② 功能性　中国的历史园林，建筑占了很大的比重，其中非常重要的一个特征就是：

宅园一体。住宅和花园是不可分割的整体，在宅后或左右构建花园，体现出园居生活的真实特质。并且这个整体是丰富的精神生活的载体，皇家园林和私家园林均是如此。这种特点的缘由是古人造园不仅是为了观赏，更是为了居住，园林便成为可居、可游的实体空间。

三、历史名园的艺术特色

中国造园讲究的是含蓄、虚幻、含而不露、言外之意、弦外之音，使人们置身其内有扑朔迷离和不可穷尽的幻觉，这是中国人的审美习惯和观念使然。这种认知观反映在园林的造景上则力求大中见小，小中见大，虚中有实，实中有虚，或藏或露，或浅或深，从而把许多全然对立的因素交织融会，浑然一体。

1. 崇尚自然的艺术特色

"师法自然"不仅是在园林的形式上模仿自然的景观，更重要的是追求一种自然的生活。主要是通过追求自然的生活才对自然的美有所领悟。园林是作为自然的生活的场所环境，所以才被要求具有自然的风格。

2. 意境是我国传统园林艺术的最高成就

意境是主观的意、情、神和客观的境、景、物相互结合、相互渗透的艺术整体，是体现主观的生命情调和客观场景的融合，情景交融是美的创造。中国传统园林在意境的表现上有以下3个方面：

① 用诗词典故表达意境　中国古典园林是中国传统文化的重要组成部分，它与哲学、美学思想以及伦理道德等存在着密切的关系。因此，一些文化典故常被造园者引用到园林中来，以表达他们的理想和情操。

② 用比拟、联想来表达意境　中国园林景观的诗情画意，一在园林自身，一在赏园者的心中。人与自然在广泛的样态上有某种内在的同形同构，从而形成可以互相感应交流的关系，这种关系正是审美的一种心理特点。受"比德"思想的影响，园林中的山水泉石以及植物等都被赋予人的品格，也是对园林意境的一种表达。

③ 用时空意识来表达意境　园林艺术是一种空间的艺术。正如老子所说："凿牖以为室，当其无，有室之用。"园林的空间是随着人的心境而改变的。室内与室外，园内与园外，窗内与窗外，亭台楼阁、翠峦叠嶂相互掩映、衬托、渗透，使得整个园林没有室内与室外之分，内外融为一体。虚与实、动与静、远与近、藏与露相互消长、相辅相成，共同演绎着中国园林"虚实相济"的意境。

3. 创造富于诗情画意的空间

中国园林不仅利用自然山水创造某种真景，反映真境，同时还利用诗歌、绘画、书法等为园林增色，反映虚境。自从文人参与设计以来，追求诗的涵义和画的构图就成为中国园林的主要特征。

四、历史名园的主要要素

1. 园林建筑

中国园林中建筑的形式极其多样，如亭、台、楼、阁、榭、廊、厅、舫、轩等。园林建筑不仅指建筑物，还包括园林中的各种构筑物。其在园林中既有实用的功能，本身也是观赏的景观，起到造景、观景的作用，在园林中不仅可以做休息赏景的聚点，还常因其庄严雄伟、舒展大方或轻巧灵动的外形而成为观赏的对象。

园林中有以单体建筑独立布置的，也有以单体建筑为主体，附以一个或几个建筑物做附体的建筑群形式，同时各单体之间用廊连接，形成一个组合式建筑。这种方式不仅能突出中心景观，更可以划分园林空间，组织游览路线。

2. 堆山叠石

园林中的假山置石是对自然山石的概括描摹，师法自然又高于自然。不仅要形似自然山林，不能失了自然之神韵，更融入了造园者的感情。《园冶》有云："片山有致、寸石生情"。园林山石不仅是造园家的作品，也凝结了造园者深沉的感情。

在相对有限的小空间内叠山应考虑以下几点：一是主从分明，错落有致；二是位置选择要巧妙，主峰一般忌居中，应避免排列成一条直线；三是山石本身应玲珑剔透，即符合透、漏、瘦、皱、丑的原则。而在开阔通畅的空间中，则可以营造峰峦叠嶂、林壑幽深的山林之景。可开凿盘曲的山路，配以高大的植物，嶙峋曲径，柳暗花明。山石通常也可与水相配，堆叠溪流飞瀑、险滩明岸。也可与建筑相映，以墙为纸、以石为绘。这是体现中国园林诗情画意的最美妙手法。

3. 园林理水

在我国古代，园林有时会被称为"林泉"，造园中有"无水不成园，无水不灵"的说法，由此可知水景在园林中的重要作用，水是中国传统园林中不可或缺的造园要素。

园林中的水景有动静之分。瀑布的水景在历史名园中采用的次数并不多，环秀山庄及狮子林的瀑布便是其中佳作。另外一种动态水景，也是与山体相结合的水，即假山曲涧。涧是一种带状水面，如同自然界中溪流的形状，一般宜窄不宜宽、宜曲不宜直，以开合的变化增加其趣味性。

而所谓的静水，只是相对而言。中国传统园林中的水，几乎都是"活水"。而许多地势平坦不易掇山理水的地方，要创造飞瀑流涧的效果着实不易。因而古人又用了另一种方法来评定水的动静，即"来龙"和"去脉"，也就是"水头"和"水尾"之别，既要有来源也要有去处，如留园的水面。

4. 花木配置

植物是园林景观中不可或缺的组成部分，是营造天人合一自然景观的重要元素之一。花木是四时之景变化的重要见证，甚至阴晴雨雪都会改变所营造的意境。中国古代园林对植物的配置讲究花木的寓意，借花木抒发一定的情趣。花木同时也是调染园林色彩的最天然、最美妙的颜料，园林画卷中最容易凸显的亮色就来自于植物。

五、优秀设计实例介绍

（一）苏州古典园林

中国传统园林的特点是本于自然、高于自然，将建筑美和自然美融合起来，将诗词歌赋融入园林，达到情景交融的意境，实现"虽由人做，宛自天开"的效果。苏州的古典园林将中国园林具有的独一无二的特点发挥得淋漓尽致，其中，拙政园和留园是苏州古典园林中最为突出的，也是中国四大名园中的两大名园，下面从三个方面来简析这两大名园。

1. 整体布局

① 拙政园　拙政园位于江苏省苏州市，是苏州园林中面积最大、最为精彩的园林，与承德避暑山庄、留园、北京颐和园同为中国的四大名园，该园居于首位，同时也是全国重点文物保护单位、全国特殊游览参观点之一、世界文化遗产（图4-37）。

苏州的古典园林，园内一般以厅堂作为全园的活动中心，厅前设置山、池、花木等，并在其周围点缀亭台楼阁、回廊等，从而划分成不同的区域。拙政园布局也是如此，园中主要划分为东园、西园、中园，各园都有风景主题和特色，通过采用小中见大、大中有小、虚中有实、实中有虚的手法，适宜的尺度，园林要素的相互搭配，使占地面积只有 $4.13hm^2$ 的园林层次丰富起来。

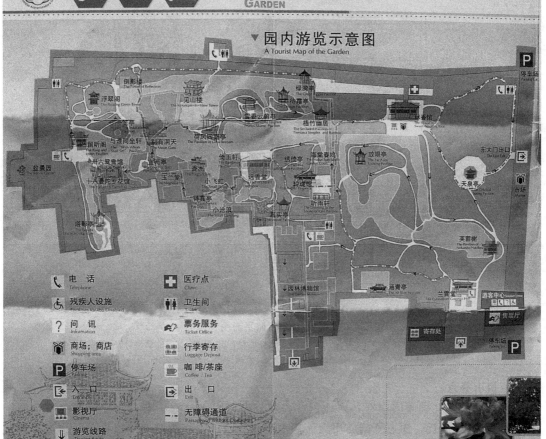

图4-37 拙政园游览示意图

其布局特点主要是因地制宜，以水见主。拙政园利用园地多积水的优势，浚治为池，望若湖泊。"凡诸亭槛台榭，皆因水为面势"，用大面积水面使园林空间豁然开朗；疏朗典雅，天然野趣——建筑稀疏，林木葱郁，水色迷茫，景色自然，建筑与自然山水融为一体，简朴、素雅；庭院错落，曲折变化——由于园内面积的限制，其布局多采用园中园方式，由廊、亭、墙、树木等连接，使空间层次丰富起来；园林景观，花木为胜——将植物拟人化是中国传统园林的一大特色，有松的苍劲、竹的挺拔、梅的傲雪、芍药的尊贵等。其布置多采用自然式，以植物名来命名景点，如：以海棠命名的海棠春坞院，以松命名的松风亭等，将植物的特色发挥得淋漓尽致。

② 留园 留园，占地 $2hm^2$，位于苏州阊门，集田园、山石、建筑、山林、树木于一身，集成了江南造园艺术特色，以建筑结构、特点见长，处处显示了咫尺山林、小中见大的造园艺术手法。

空间处理上，使用建筑来划分，运用大小、曲直、明暗、高低等方式，集合四周景色，形成一组组层次丰富、错落相连、有节奏、有色彩、有对比的体系。全园可分中、东、西、北四个景区，各景区之间通过墙、廊隔断和连接，又以空窗、漏窗、洞门使相邻景色相互渗透。中部以山、水见长，池水清澈晶莹，峰峦环抱，古木参天，为全园之精华；东部以突出冠云峰为主的建筑群体，重檐迭楼，曲折多变，疏密相适，并置有奇峰秀石，引人入胜；西部环境较为僻静，以假山为主景，漫山枫林，富有山林野趣；北部有竹篱小屋，身入其中颇有自然山村风味（图4-38）。

留园平面图

图4-38 留园平面图

1—闻木樨香轩；2—涵碧山房；3—远翠楼；4—五峰仙馆；5—西楼；6—曲溪楼；7—还我读书处；8—楫峰轩；9—佳晴喜雨快雪之亭；10—林泉耆硕之馆；11—冠云楼；12—伫云楼。

2. 假山叠水

① 拙政园 在拙政园中部，因地制宜，总体布局以水池为中心，水面广阔，占全园面积的3/5，蜿蜒曲折，深邃藏幽。用大面积水面造成园林空间的疏朗气氛，同时水边也配置各种花卉，平桥低栏，构成了一幅幽远宁静的画面。远香亭，面水而建，结构精巧，周围置秀丽玲珑落地玻璃窗，可以从里面观看到周围景色。其北面是宽阔的平台，平台连接着荷花池。每逢夏天来临，池塘里荷花盛开，微风吹拂，阵阵清香飘来，"荷风香溢清"。

② 留园冠云峰 留园内的冠云峰是太湖石中的极品，是江南园林最大的观赏独峰，峰顶似雄鹰飞扑，峰底若灵龟昂首，"瘦、皱、漏、透"四奇于一身，高耸意趣，纹理纵横、形态奇特，与冠云亭、冠云楼组成著名三冠。其周围点缀着花、草、竹，夕阳西下，倒影在浣云沼。

3. 园林建筑

苏州园林庭院的空间变幻曲折，建筑造型精致、生动，将各个空间相互连接起来，主要的建筑形式有厅、堂、楼、阁、榭、亭等，各有各的功能。如拙政园玉兰堂庭院，是一处独立封闭的幽静庭院，位于拙政园中部，高大、宽敞，院落小巧精致。南靠住宅，墙上攀援有藤草，墙下的花坛植桂花、竹丛，还有一棵高大的玉兰，配置有湖石、色、香宜人，厅堂位于北边，体形高大，透过室内的窗框，将室外空间的美丽画面引入室内，即框景，建筑和景点融为一体。又如：在拙政园中，水景较多，其周围的建筑都是临水而建，或深入水面，特别是一些亭子、廊，著名的小飞虹就是如此，其倒影与廊本身构成了很完整的画面，身处其中，欣赏着周围的景色，观看着池中鱼的游动。

（二）皇家园林

皇家园林的代表之一北京颐和园，建于清朝时期，作为帝王的行宫和花园。为了表达出皇家的气派和宏伟，彰显皇家的地位，其建筑和园林风格与苏州园林的风格截然不同。

1. 整体布局

颐和园主要有两大区域：宫廷区和苑林区。在宫廷区，主要是用于帝王接见大臣、商议政事、居住，建筑主要以仁寿殿为中心，殿后是三座大型四合院：乐寿堂、玉澜堂和宜芸馆；苑林区是用于游览景色、抒发情感的，以万寿山和昆明湖为主，可分为万寿前山、昆明湖、后山后湖三部分，前山以金碧辉煌的佛香阁为中心，组成了庞大的建筑群体。在万寿山南麓的中轴线上，由排云门、二宫门、排云殿、德辉殿、佛香阁、智慧海串成，层叠上升，气势磅礴（图4-39）。

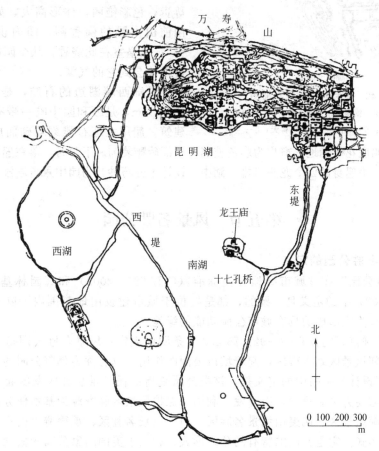

图4-39 颐和园平面简图

颐和园的布局主要是以水景取胜，即昆明湖，面积就占据了3/4，在当时北京所建的园林中其水面面积是最大的一个。在水周围的建筑和各景点都是临水而建。在昆明湖的北面，有座高达58m的万寿山，建园者因地制宜，抱山环湖，用长廊和石栏将两者紧密结合起来，各景物倒影在湖中，使整个构图完整、丰富，增加了空间的层次感，构成了一幅完美画面（图4-40）。

2. 山水格局

昆明湖是清代皇家诸园中最大的湖泊，布局应用了中国古老传说中的东海三神山——蓬

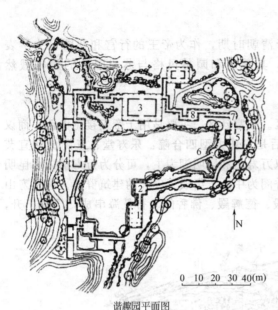

图 4-40 颐和园谐趣园平面图
1—洗秋；2—饮绿；3—涵远堂；4—澄爽斋；
5—知春堂；6—知鱼桥；7—小有天；8—兰亭

莱、方丈、瀛洲，将湖面划分成三个不同的水域，用长堤、石桥加以联系，从而增加了湖面层次，避免了单调。

万寿山前山濒临昆明湖，湖山相连，构成一个极其开阔的自然环境。万寿山中部建置了一组体量大的建筑群，以佛香阁为中心，从湖岸直到山顶构成中轴线。建筑群周围种植苍松翠柏，烘托出端庄的、有琉璃瓦屋顶和朱红宫墙的中央建筑群。

3. 主要园林建筑

皇家园林中的建筑，为凸显帝王的地位、尊贵，色彩艳丽，体形高大，如颐和园万寿山前山山腰的佛香阁，阁内供奉着"接引佛"，供皇室在此烧香，从全园的各个方向都可以体会到它的气派。

长廊西端湖边的石舫，是一条大石船，长达36m，是颐和园中唯一带有西洋风格的建筑。船用大理石雕刻堆砌而成。船身上建有两层船楼，船底花砖铺地，窗户为彩色玻璃，四角的空心柱子由船身的四个龙头口排入湖中，顶部砖雕装饰。下雨时，落在船顶的雨水通过设计十分巧妙，为园中景色增添了不少乐趣。

第五节 风景名胜公园

一、风景名胜公园的定义

"风景名胜公园"在《城市绿地分类标准》(CJJ/T85—2002) 和《园林基本术语标准》(CJJ/T91—2002) 中的定义是一致的，都是指位于城市建设用地范围内，以文物古迹、风景名胜点（区）为主形成的具有城市公园功能的绿地。

《公园设计规范》(CJJ/T 48—92) 第 2.2.6 条明确规定：风景名胜公园指随着城市用地的发展，把近郊风景区划入市区，起着城市公园的作用，也有称为郊野公园的。

《城市公园设计》一书中的定义是：该类公园是指依托风景名胜区发展起来的，以满足人们游憩活动需要为主要目的，以开发、利用、保护风景名胜资源为基本任务的游憩绿地形式，如杭州西湖风景区、武夷山风景名胜区、庐山风景名胜区、承德避暑山庄、黄山风景区等都属于此类形式。它是我国的特有的公园形式，相当于美国国家公园的概念，如美国的黄石国家公园、锡安国家公园、大盆地国家公园及大峡谷国家公园等。

二、风景名胜公园与风景名胜区对比

从上面对风景名胜公园定义的分析可知，风景名胜公园与风景名胜区有着千丝万缕的联系，但又不是完全的风景名胜区。风景名胜区也称风景区，是指风景资源集中、环境优美、具有一定规模和游览条件，可供人们游览休息、休憩娱乐或进行科学文化活动的地域。来源于广州市市政园林局网站的《广州市地方技术规范》中对于城市公园的分类则同样采用《城市绿地分类标准》(CJJ/T85—2002) 和《园林基本术语标准》(CJJ/T91—2002) 中的定义，同时规定风景名胜公园全园面积宜大于 40hm^2，不应小于 20hm^2，且公园绿地率应大于

80%，有一定的参考借鉴价值。由此可见，风景名胜公园与风景名胜区的主要区别应该是：风景名胜公园位于城市建设用地范围内，或者是把近郊风景区划入市区而成为城市里的公园，具有城市公园功能，或者起着城市公园作用，否则就应该属于风景名胜区。

我国的风景名胜区多数位于城市郊区，位于城市建设用地之外，而公园多数位于市区，位于城市建设用地之内。当二者在空间上交叉时，往往会形成风景名胜公园。位于或部分位于城市建设用地内，依托风景名胜点形成的公园或风景名胜区按照城市公园职能使用的部分属于此类。风景名胜公园的用地属于城市建设用地，参与城市用地平衡；属于风景名胜区但其用地又不属于城市建设用地的部分，不属于风景名胜公园。

另外，《园林基本术语标准》(CJJ/T91—2002) 中还规定：风景名胜区是经县级以上地方人民政府批准公布的法定地域。按照风景资源的观赏、文化、科学价值，环境质量和风景区规模、游览条件的不同，还分为国家、省和市（县）三级风景名胜区。我国的国家重点风景名胜区相当于海外的国家公园，与《城市公园设计》一书中的分类、表述不同。

三、风景名胜公园的规划设计

鉴于风景名胜公园脱胎于风景名胜区，其规划设计的内容宜以风景名胜区的规划设计内容为直接参考，因此，风景名胜公园规划设计的内容可参考风景名胜区教学的相关内容，不在本书中赘述。

四、优秀设计实例介绍

1. 瘦西湖

（1）瘦西湖概览

瘦西湖位于江苏省扬州西北郊，是我国著名的风景名胜区。瘦西湖原名保障河，或炮山河，为通向古运河的水道，起初，"河如长绳，阔不过二丈许"，以后经过历代的治理、经营，构筑园林，加以乾隆几次南巡的促进，逐步形成了景色秀丽的一方名胜。

比之杭州的西湖，它湖面瘦长；但是它同西湖一样婀娜多姿，显得十分清秀。因此众多诗人在歌咏瘦西湖时，都往往在"瘦"字上做文章。谢觉哉在《生日在扬州》诗中说："寺里琼花繁若锦，湖中西子瘦于秋"。

瘦西湖经过多次整修，更加妩媚。它由大虹桥、长堤春柳、徐园、小金山、四桥烟雨、钓鱼台、五亭桥、白塔晴云、熙春台诸胜组成。其中不少景点过去是私家园林，这些景点分布在瘦西湖沿岸，或湖中，俨如一幅秀丽的画卷，呈现在游人眼前，令人目不暇接（图4-41）。

（2）瘦西湖主要景点

"虹桥揽胜"，原是扬州二十四景之一。现在的虹桥，是后来扩建的，由一孔桥改成三孔桥，拓宽了水面，延长了桥身，拉平了坡度，显得更加壮观。

长堤春柳由虹桥西端向北，穿过瘦西湖正门即到。这条长堤，西侧是花圃，高岗上为丛林；东侧临湖，傍水密植垂杨。柳丛中建一方亭，半在岸上，半临水中。上悬"长堤春柳"匾额，为游人憩赏之地。

徐园在长堤春柳北端，有一圆门，上嵌石额一块，勒书"徐园"二字。这里原名"桃花坞"。1915年于此旧址上建立了徐园，为祀奉军阀徐宝山的祠堂。1949年后撤销了祠堂，经过一番修建变成了一处庭园，园中有听鹂馆、春草池塘吟榭、长廊、疏峰馆等。

小金山原名长春岭，是清代乾隆时期建造的。当时为了使乾隆皇帝能坐船直抵平山堂，便开挖了莲花埝新河，小金山就是用挖出的泥土堆积而成的。那时满岭遍植梅花，香气四溢，故其景曰："梅岭春深"。这里四面环水，为瘦西湖中心地带，内有琴室、月观、风亭、吹台诸胜。

图 4-41 瘦西湖游览平面图

五亭桥原名莲花桥，建于乾隆二十二年（1757年），距今已有二百多年的历史。在这座拱形的石桥上，耸立着五座亭子，中间一亭最高，南北两亭相互对称，恰如莲花盛开湖上。《望江南百调》说："扬州好，高跨五亭桥。面面清波涵月镜，头头空洞过云桡；夜听玉人箫"，颇能反映这里的诗情画意。

白塔建于清乾隆时，该塔是模仿北京北海的喇嘛塔建造的，但比其小巧，窈窕秀丽，与瘦西湖相衬，十分和谐。白塔晴云也是扬州二十四景之一。

熙春台原"在新河曲处，与莲花桥相对。"现在的熙春台就是参照《扬州画舫录》的记述和插图修建的。

二十四桥原在熙春台后，现在五亭桥东北边。二十四桥因杜牧"二十四桥明月夜，玉人何处教吹箫"的诗句而得名。

四桥烟雨是扬州的二十四景之一，位于瘦西湖东岸，与小金山隔湖相望，此处有楼，建于清康熙年间,为大盐商的私人园林。四桥烟雨原楼已不存,今楼为建国后在旧址上重建的。

作为国家重点风景名胜区,国家首批 AAAA 级旅游区,瘦西湖早在清代康乾时期就形成了"两堤花柳全依水,一路楼台直到山"的湖上园林群,融南方之秀、北方之雄于一体,风韵独具而蜚声海内外。

2. 大明湖

(1) 大明湖概览

大明湖在山东济南市旧城北部,这里地势低洼,由济南诸泉汇水成湖,郦道元《水经注》有"泺水北流为大明湖"的记载。清人刘凤浩有"四面荷花三面柳,一城山色半城湖"之咏湖名句。大明湖以水景为特色,"明湖秋月"、"佛山倒影"等都是著名水景,古来文人墨客多在湖上吟咏,为济南三大名胜之一。湖区有小沧浪、秋柳园、南丰祠、稼轩祠、铁公祠、历下亭、鸳鸯亭等名胜古迹(图 4-42)。

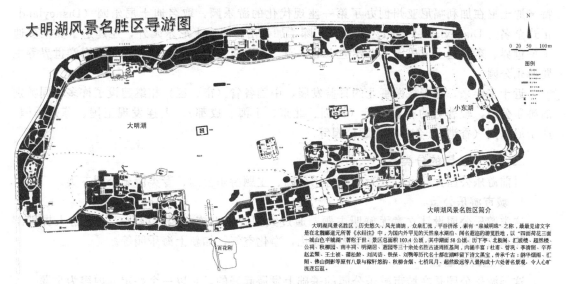

图 4-42 大明湖风景名胜区导游图

(2) 大明湖主要景点

小沧浪是湖西北的一处亭园,面山傍水,四周长廊曲栏,湖水穿堤引入园内池中。小沧浪亭三面荷花,环境清幽,登亭四眺,全湖在目。晴日在这里俯瞰大明湖,远眺千佛山,"仿佛宋人赵千里的一幅大画,作了一架数十里的屏风"(《老残游记》)。"明湖秋月"、"佛山倒影"是这里著名胜景,书法名家铁保所书之"四面荷花三面柳,一城山色半城湖"的楹联镌刻于园门两侧。

铁公祠原在其东,是为纪念明初兵部上书、山东布政使铁铉而建立,在燕王朱棣举兵南下时,铁铉坚守济南,屡败燕兵。朱棣破南京即帝位后,铁铉被处死,人以其烈,故为之立祠,此祠今已废祀。

历下亭位于湖中小岛之上,一称古历亭。唐天宝四年(公元 745 年)诗人杜甫与北海太守李邕相会于济南,留下了《陪李北海宴历下》诗句。现存历下亭建于清代,八角重檐,亭前回廊临水,岸有临湖阁,楹联上书杜工部名句"海右此亭古,济南名士多",亭后有名士轩、正厅五间,门前抱柱上有郭沫若所书一联"杨柳春风万方极乐,芙蕖秋色一片大明"。

稼轩祠在湖东南,为纪念南宋汉民族英雄、爱国诗人辛弃疾而建。该祠建于 1961 年,由陈毅元帅题匾,郭沫若先生题联。祠内陈列着辛弃疾生平事迹、诗词著作和其他一些文物。

南丰祠位于大明湖东北角,是为纪念北宋文学家曾巩而筑。

第六节 游乐公园

一、游乐公园概述

游乐公园,属于专类公园中的一种类型,是具有多种大型游乐设施,生态环境良好且单独设置的公园绿地,公园绿化占地比率按要求应大于等于65%;是随着近年来游乐设施的大型化、多样化,以及人们对更多游乐设施的需求,作为一种综合的娱乐场所,在人口稠密的大都市附近逐步发展起来的;是结合园林环境及相应的游乐设施于一体的游览空间,其内容给人以观赏性和趣味性,使游人在得到美的感受的同时,又可以体验到大型游乐设施的娱乐性。

公园发展初期,游乐设施没有单独设置在一个专类公园里,而是在综合性公园或者儿童公园中以一个区域的形式出现。1955年,富于想象力和创造精神的美国动画片先驱沃尔特·迪士尼在加利福尼亚州创办了第一座现代化的游乐园,取名迪士尼乐园(Disneyland,正式全名为Disneyland Park)。到今天,除了加州洛杉矶迪士尼乐园外,还建造了奥兰多迪士尼世界、东京迪士尼乐园、巴黎迪士尼乐园、香港迪士尼乐园、东京迪士尼海洋世界等主题游乐公园。

近十多年来,随着旅游事业的日益发展,中国各省(市、区)相继建设了许多不同类别的游乐公园,较著名的有欢乐谷(深圳、北京、上海、成都)、大连发现王国、苏州乐园、迪士尼乐园(香港)、金石滩主题公园等。

二、游乐公园的分类

目前游乐公园大致可以分为城市游乐公园、主题游乐公园、专类游乐公园三类。

1. **城市游乐公园**

这类游乐公园设计立意无鲜明主题,通过大型游乐设施与园林绿化区域为游人提供游玩、休息的场所,并且为城市提供大片绿化,净化空气,如新上海乐园等。

2. **主题游乐公园**

这类游乐公园是在城市游乐公园的基础上发展起来的,它以一个特定的内容为主题,人为建造出与其氛围相应的民俗、历史、文化和游乐空间,使游人能够切身感受、亲身参与一个特定的主题游乐地,如大连的发现王国、北京的欢乐谷、香港的迪士尼乐园等。

3. **专类游乐公园**

这类游乐公园是指拥有专类的大型游乐设施的游乐地,例如水上、野外等一些特别的大型游乐设施,如须知川河川水上公园(图4-43)等。

三、游乐公园规划设计

(一)规划设计原则

游乐公园作为一种人工的游乐环境,与人的游乐行为密切联系。从游乐行为的无规定性、不受约束性特征出发,游乐公园的规划设计原则应从以下几个方面重点把握:

① 多样性和变异性 包括游乐设施的多样性和空间环境的多变性。游乐公园重在突出其自身特点与其他游乐公园的变异以及本园各景区、功能区的多样性。

② 高度人性化 一切从人的需求出发是游乐公园规划设计中应重点突出的设计原则。公园的设计要有高度的人性化,充分考虑到游人的需求。游人的喜好不同,希望参与的活动各异,在公园中设置大量的可供选择的游乐设施、观赏景观,做到人人皆能选择到自己喜欢的项目和内容。

③ 围绕特色,强化特征 每个游乐公园的规划设计都应围绕着充分表现公园自身特点,

图 4-43 须知川河川水上公园景观

强化公园的游乐性、参与性、知识性、趣味性、休闲性等综合游乐活动特征来进行。

④ 生态环境和园林艺术相结合　随着时代的进步和生态意识的增强，游乐公园除了自身的游乐功能外，还需要对城市生态环境的改善起到相应的作用。因此，游乐公园的规划设计应注意围绕体现自然生态环境特征，运用园林艺术构图手法，巧妙布景，精心立意，将现代人们的情趣和爱好融汇于公园中。

⑤ 因地制宜，重视绿化建设　结合功能区的设置，在总体规划过程中做到因地制宜，利用原有地形条件、现状特征进行规划设计。绿地作为游乐公园中一切活动的载体，可以创造开展各种活动的空间与场地，并形成总的环境氛围；其植物配置应结合各景区特征和自然生态群落要求进行规划设计，形成绿色基体，保证游乐公园中绿地面积占公园总面积的65%以上，以充分发挥绿色植物的作用。

（二）规划设计重点

游乐公园的规划设计一般要考虑三个因素：美学、技术和功能。一个设计精致的游乐公园必然是在运用现代技术、提供娱乐功能的同时，又能满足游人的审美情趣和精神愉悦的需求。将这三个因素综合考虑，游乐公园的规划设计要素重点是以下三个。

① 空间营造　公园空间的层次、序列和节点对游人的影响至关重要。空间的起始、展开、收放、收尾，各分区内部和外部的造型，区域的围护，各区的景观组织等，与公园景观的连续性和整体风格密切相关。

② 技术手段　公园的内容必须通过一定的技术手段来表现。其中包括大型游乐设施的技术性以及先进的声、光、电等高科技手段的应用，可以使公园充满生动的游乐环境，是现代游乐公园中不可缺少的要素。

③ 游览交通　一般游乐公园的面积都比较大，小者几十公顷，大者几平方公里，而且景点众多，如何利用交通手段将这些分布于全园的景点有机的串连起来，使游人可以方便、有序地进行游览和参与，是公园交通必须重点解决的问题。合理的交通流线组织、有序的全园布局可以从整体结构上有助于游客迅速而顺畅地进行游览；多种形式的交通工具如马车、轨道车、游览专用车等可以节省游人步行时间，为各区间提供便捷的联系，同时也可以增加游园的趣味性和欢乐的气氛。

四、功能分区

（一）游览区

游览区是游乐公园的主要功能区，游人主要在此进行观赏景观、欣赏表演、参与活动等，是乐园中面积最大、内容和游乐设施最为丰富的功能区。一般把游览区又分为几个景区，其规划需注意：

1. 景区的独立性

即各景区应有自己的中心内涵，有一个围绕展开的景区核心，在内容上与其他景区有所不同，在环境上各区之间有相应的造景要素隔开；内容上可以按年龄层次、游乐设施类型或者景区主题等来区分。如迪士尼乐园的一个重要设计原则是避免游园过程如看动画片那样过于连续和一览无余。各个不同景区之间都有不同的分隔区隔开，如探险风格的冒险家乐园和怀旧风格的开拓乐园以一条相对封闭的街道隔开。

2. 景区的连贯性

作为整体环境的组成部分，各个景区是互尊的、共享的。各景区环境应注意其连贯性和协调性，游人从一个景区转到另一个景区仍能感到不突兀，这有赖于整体规模尺度的统一和富于趣味的空间序列组织。一般来说，连续的绿化、水体、空间序列、尺度关系、控制性标志物、交通手段有助于提高环境的凝聚力，增强环境的整体感。通过以上各要素的组合运用，使公园各个景区有机地统一联系在一起，共同构成整体公园环境。

3. 景区的主次关系

几个景区共同构成公园游览区，但这几个景区不可能平分秋色、分量均等；公园中必定有1~2个景区作为公园的中心主景区，起到公园的代表作用。主景区要有一定的统率力，从空间规模上、景观构成上、游览组织上起到主景的作用；其他几个景区或大或小与之相得益彰地进行组织布局。

4. 过渡区的布置

过渡区是指从主题公园的入口到主体游乐区之间的空间区域，是游乐活动的过渡区域，起到承前启后的作用，一般采用三种形式：

① 广场　是较为常用的一种形式。广场有多种形式，有的以主体雕塑为主，有的以喷泉为主，有的以露天剧场为主，有的以园林、绿地为主，有的则以建筑为主，也有以标志性游艺机为主的。

② 街　由景观性或功能性的要素围合而成的形式，游人通过街进入主体游乐区。景观性的街如林荫道（大阪纪念公园游乐园）、功能性的如食街（广州东方乐园）、商业街等。

③ 广场与街结合　东京迪士尼乐园的过渡空间就是由带玻璃顶的"世界市场"商业街和中央广场组成，游人经历了由室内到室外，由线性空间到开放空间的层次变化，获得了丰富的环境体验后进入主体游乐区。宽阔的广场、街道为人流集散提供了条件，也是各种交通系统的起始点和结束点。

另外，过渡空间也常与服务设施相结合，为游人提供综合服务功能；也常常是乐园点明主题的场所。广场中设置的建筑、雕塑等常常是乐园的"点睛"之笔，如迪士尼乐园过渡区中设计者和米老鼠的雕塑。

5. 游览区的节点设计

游览区的节点是各游览区之间的连接点或转折点，精心设计的节点可以"激活"周围的空间环境，使整个空间序列起承转合、变化丰富。节点主要有两类：控制类节点和连接性节点。

① 控制性节点　主要指有独特代表性的标志物，它是游园的导向性标志，也是象征性标志。其种类很多，有以建筑物作为标志物的，如洛杉矶迪士尼乐园中央广场上的灰姑娘城堡以及东京迪士尼乐园中的城堡。作为控制性节点，标志物的形象应独特且有一定的体量感和较强的代表性。同时要做到不仅整个公园有重点标志物，各游览区也应有自己代表特色的标志物。标志物在空间群体中应占据重要的位置，一般设于中央广场或主要道路的尽端、交

点、地形至高点或水面中央。

② 连接性节点　主要作用是提供导向信息，连接和过渡不同的游览空间以及活跃区域空间的环境气氛。连接性节点主要有雕塑、小型游乐机械、售票亭、一定面积的绿地等，具有形象精致、体量小巧的特点，一般分布在道路的转折处、交叉点、小片开阔地等处。

（二）服务区

大型游乐公园的配套设施内容较多，如餐饮、导游、购物、寄存、住宿、娱乐、安全保卫、救护、通信、清洁等，一般在进行功能服务区布局时多采用入口区域集中设置和全园网状散点设置相结合的形式。

1. 入口服务区

入口区域一般设置一些为全园服务的设施，如售票、接待、出租、医疗、寄宿、问询、导游、管理等。该区可使游人入园伊始即轻松上阵，解除不明之处及后顾之忧，方便游人在园内进行活动。

2. 园区服务设施

一些游人常用的服务设施如餐饮点、购物亭、洗手间等需在公园内多处设置，这就涉及如何布点的问题。由于各项设施的不同特点，布点时也应有不同的考虑，以便做到游人使用方便，且设施不会闲置或使用率过低。餐饮、商店、电话亭等应尽量靠近主游线，位置明显、引人注目、使用方便；而机房、污水处理、配电、垃圾处理等设施的布局则要做到避人耳目，"俗则屏之"，最大限度地减轻视线和噪声的干扰。位于游览线上的服务设施则应注意其对景观的影响，做到平、立面丰富，既是服务建筑，又是优美的景观建筑，可结合广场、建筑小品、绿地、水体等进行综合布局。

3. 停车场

游乐公园内容丰富、投资巨大、吸引的游人也较多，且一般远离城区，游人一般乘公交车辆或集体租车或自行开车前往，所以停车场的设置十分必要。国外游乐公园通常都拥有设施齐全、面积较大的停车场，如东京迪士尼乐园停车场不仅占地辽阔，而且功能完善，分为通道停车场（车辆只准在此停留10min）、残疾人专用停车场和公共停车场。停车场的设置主要考虑流量和游客交通方式两个因素。如果游乐公园位于地铁、火车干线附近，则无形中降低了驾车游客的比例；如果以公路作为主题公园交通途径，则需要有较大的停车容量来满足游客要求。

（三）植物景观观赏区

游乐公园与城市公园的植物景观规划有许多互通之处，其首要之处是创造一个绿色氛围。游乐公园的绿地率一般都应在65%以上，这样才能保证创造一个良好的、适于游客游玩、游览、活动的生态环境。目前世界上成功的游乐公园都是绿地最美的地方，规划可重点考虑以下几方面：

① 绿地形式采用现代园林艺术手法，成片、成丛、成林，讲究群体色彩效应，乔、灌、草相结合，形成复合式绿化层次，利用纯林、混交林、疏林草地等结构形式组合不同性格的绿地空间。

② 各游览区的过渡都结合自然植物群落进行，使每一游览区都掩映在绿树丛中，增强自然气息，突出生态造园。

③ 采用多种植物配置形式与各区呼应，如规则式场景布局则采用规划式绿地形式，自由组合的区域布局则采用自然种植形式与之协调，使绿地与各区域形成一个统一的、和谐的整体。

④ 植物选择上立足于当地乡土树种，合理引进优良品系，形成公园自己的绿地特点。

⑤ 充分利用植物的季相变化来增加公园的色彩和时空的变幻，做到四季景致各不相同，以丰富其游览情趣。常绿树和落叶树、秋色叶树的灵活运用，季相配置，以及观花、观叶、观干树种的协调搭配，可以使乐园中植物景观丰富多彩，增强其景观的变化。

五、游览交通组织

游乐公园游览交通的组织是规划设计中相当重要的一项内容。一般这类公园的面积都比较大、内容繁多，如何让游客选择一条最佳的游览路线去参观、游玩，而且不漏掉精彩的内容，是进行游览交通组织首要考虑的问题。

游乐公园的游览交通方式与一般公园有所不同，它在以步行游览为主的基础上，增加了许多游览交通工具以及专门的车行游览线。游人乘坐交通工具去参观游览，尤其是专用车行游览线，它不是运送游客从一处景点到另一处景点的交通工具，而是游客始终要在专用车上参观、欣赏并坐在车上参与活动，如美国迪士尼乐园的专用车行游览线。因此，游乐公园的游览交通组织重点在于游览路线、道路交通系统的安排。

1. **游览路线的组织**

（1）游览路线的节奏性　节奏性是乐园游览区空间序列布局的重要特点。为适应游人在游览参观、参与中情绪和体力的投入变化，休憩和放松必须组织在游乐活动之中。所以，任何一个游览空间序列都应包含序幕、高潮、松弛阶段，有节奏地组织环境韵律，保持游人的体力和激情。而高潮部分的恰当安排，全园内容的均衡设置，是实现空间序列节奏性的关键。如东京迪士尼乐园的空间序列是：入口—世界市场—中央广场—放射状道路—各游乐区序幕—发展—高潮—松弛过渡—高潮。

（2）游线组织　即各游览分区如何相连的问题。现代主题公园的游线主要有五种组织方式：

① 环线组织　将各游乐区域以环形游线相连，避免走回头路，一般始点与终点重合，如广州东方乐园。

② 线性组织　以线性游路组织游乐活动区域，一般始点与终点不在同一位置，如南京游乐园。

③ 放射状组织　由中心向四周辐射的流线系统，如日本东京迪士尼乐园。

④ 树枝状组织　由一般主流线向两侧分支出次流线，如上海锦江乐园。

⑤ 复合流线组织　由环线组织与其他3种流线分别复合而成。现在的游乐公园各游览区域的组合多采取这种形式。

2. **道路系统**

前面所述的游览区游览路线一旦确定，那么道路系统的结构也就基本确定了，它是游线结构的具体化。与游线系统一样，主要干道呈环形、线形、放射状、树枝状或复合型；主干道（一级路）与各景区中的次级路（二级路）、小路（三级路）相结合形成全园的道路网络系统。主干道是全园道路系统的骨架，一般宽8~10m，可通行较大型车辆；次级路指各游览区内的道路，宽度多在4~6m；小路为游览区各游乐点、景点之间的联系路，宽度1.5~3m，形式自由，铺装多样，是空间界面的活跃因素。

3. **交通系统**

现代游乐公园，尤其游乐园通常都提供几套交通方式。在大型乐园中，各活动区域之间的距离较长，长时间的步行易给游人带来疲倦，交通工具可以提供各游览区间快捷的联系方式。另一方面，交通手段还可以起到增加游园趣味、渲染游乐气氛的作用，通过乘坐交通游览车可以体会到步行无法达到的效果感受。交通系统主要有以下三种方式：

① 地面交通　是最为丰富的一种交通形式，从古老的交通工具如马车、人力车、老爷车到现代的新式交通工具如电瓶车、汽车，不同时代的交通工具汇聚在一起可带给人新鲜奇妙的感觉。地面交通工具种类有马车、人力车、电瓶车、火车、汽车五类，其共同特点是安静、低速、尺度小、污染少，是各主题公园中使用最多的交通类型。对于专用游览车，要把游乐观赏及参与式活动集中布置在游览线上，以使游人感受到游览车的特点。

② 水上交通　主要由各式木筏、皮筏、竹排、游船、游艇等构成，并需设置相应的游船码头。水上交通是较受欢迎的一种游览方式，尤其在北方地区，坐在船上欣赏乐园风光并参与一些水上活动更增加乐园游览的乐趣，迪士尼乐园中的游船与各主题区域风格相协调呼应，冒险家乐园中是一艘穿行在热带丛林河流中的敞篷探险船，开拓乐园中是豪华蒸汽客轮"马克·吐温"号，未来乐园中则有21世纪海底巡洋舰。

③ 空中交通　指高架缆车、单轨列车等空中交通工具。它提供观景和交通功能，在大多数乐园中，高架单轨列车主要提供观景功能，因而速度较慢，路线也尽可能多地覆盖园内各活动区域。但一般并不涵盖全部游览区，只选择比较精彩的一部分进行空中交通布置，做到少而精。

六、优秀设计实例介绍——新上海乐园规划

1. 规划背景

（1）建设地点　"新上海乐园"位于上海市杨浦区五角场南侧，东起营口路，西至黄兴路，南临走马塘，北靠兰花新树，占地88.73hm²。园内规划有国顺路和双阳路。

（2）项目定位　"新上海乐园"基地内80%的面积为绿化用地，功能定位为面向广大工薪阶层、以绿地为主、为市民提供具有良好生态环境和休闲娱乐功能的城市公共绿地（图4-44）。

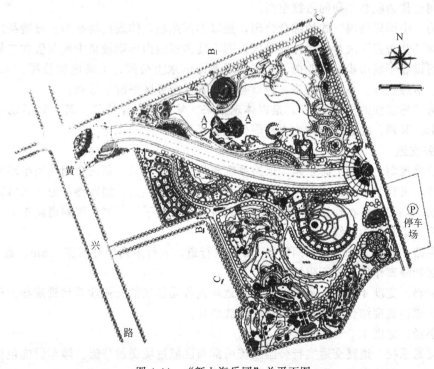

图4-44　"新上海乐园"总平面图
资料来源：《城市公园设计》（孟刚等，2006）

2. 总体规划

(1) 指导思想　"新上海乐园"设计指导思想以绿为主，并且是以高品位的绿化吸引游客，使游客身临其境地感受各种丰富多彩的绿化休闲环境，充分展现"新、奇、特"的现代城市公共绿地特征，同时也向游客提供旅游休闲、娱乐、餐饮、购物等服务功能。

(2) 游人规模　"新上海乐园"本身具有鲜明的特征，且地处内环线附近，10min可达浦东陆家嘴金融贸易区和金桥出口加工区，15min可达新客站，30min可达虹桥国际机场，并拟在附近建造轻轨、长途客运站，地理位置和交通可达性具有十分明显的优势。以一种国际上常用的预测游客人数的方法预测：

年参加人数：$A = 当地人数 \times 1\% \times F$

F 为综合评价 $= F_1 \times F_2 \times F_3 \times F_4 \times F_5 \times F_6 \times F_7$；

F_1 为城市旅游人数；F_2 为旅游项目所在地；F_3 为宣传促销；F_4 为游乐设施丰富度；F_5 为市民的教育、富裕度；F_6 为旅游设施吸引度；F_7 为接待能力。

由此可预测本项目开放接待游客人数在268～344万人/年之间。随着旅游人数、宣传传销手段等因素的变化，游客人数在一定的范围内波动。

(3) 地块划分　以"新上海乐园"内的规划道路国顺路、双阳路将规划区划分为三大地块，并以开发实施的先后分别用"一期"、"二期"、"三期"表示，以总体规划设计，分期实施为操作原则。

(4) 分区布局　一期为生态公园，是以高绿化比例为主导特征。一期的西北端部设置整个"新上海乐园"的主要入口区，作为一个导向和进入的空间。联系一、二、三期的主要道路将生态公园分为南北两个较为独立的公园空间。北部为以婚庆、婚纱摄影活动为主题的婚礼公园；南部为以健康、休闲为主的游乐园。两者之间布置一个公共的集散和出入口空间，同时该空间也作为联系二期的过渡空间。

二期为"中国好莱坞"式的综合公园，是以丰富热烈，体现高科技为主导特征。其东部和西南部均环绕布置了大片的绿化风景区，而丰富多彩的内容则较集中地布置在二期的核心部位。其间设置了城市步行商业街、加利福尼亚海滨水上公园、上海电影公园、未来世界、纽约街区、卡通别墅、乡村购物旅、野营基地、餐饮服务区等游乐活动。

三期为"标志性的主题公园"，是以体现未来、梦幻为主导特征。其主要活动空间集中布置在南部，其西、北、东部均为大片绿化风景区。

3. 道路交通

(1) 道路规划　"新上海乐园"道路系统规划的原则：以一条三个期块间半环形的主要道路为主线，贯穿整个公园。在一期地块西北端部——黄兴路、国顺路口为主入口区和期间主路的开端。期间主路在期块之间则用高架天桥或下穿式手法与城市规划道路相交。规划根据功能需要将道路分为四级：

期间主路：宽度33m，包括两侧各4m的人行道，人行道内侧种植宽1.5m、高1.2m的绿篱，既起到隔离作用，又不阻挡视线。

园内主路：宽度4～6m，主要解决各期地块内各功能区的交通联系和景观导向作用。

景观步道：宽度结合广场和轴线而有收放变化。

游览小径：宽度1.5～2.5m。

(2) 交通系统　道路交通实行公园系统内部与区域过境交通分流。停车设施包括期块间停车场与园内专用停车场。期块间集中停车场设置在二期地块双阳路东侧，约$1hm^2$，在一期东部入口广场下面设置一约$1.6hm^2$的地下停车场。专用停车场为园内具体各场所配制。

4. 公共设施

"新上海乐园"规划充分考虑了必需的公共设施的配置设置，以便给游客提供方便、周到的公共服务。内容包括有：售票处、公厕、电话亭、问询处、急救中心、路标路牌、果皮箱、饮水站等。

5. 一期生态公园

（1）总体构思　紧扣一期"生态公园"的性质。在总体布局的空间及形态设计和内容寓意上，均力图体现"环境观"和"生态观"。整个乐园以绿化、自然、生态为主调，适当开发地下空间，减少地面建筑量，形成以自然环境为主的整体风貌；在形态上结合具体功能，采用如表现DNA的双螺旋形；水体驳岸也以自然形为主，广场等空间形态也表现出太阳、月亮等自然元素之形；内容设置上则以植物、鱼类、鸟类、水源、土地等为主体，充分展示自然界的生态关系。

（2）婚礼公园婚庆主题活动

① 恋爱广场　设在整个婚礼公园的主入口附近，意寓幸福的新人们都是经过真心相爱才步入婚姻殿堂。广场由硬质的聚散场地和软质草地组成，硬地饰以心形图案，草地中设置弧形景墙，可让新人、友人留言、题诗等，以留纪念。广场中还放养白鸽，造成一种祥和热闹的气氛。

② 西式游线　营造一个富有浓郁欧式风光情调的环境。整个线路以传统的欧式马车为主行进手法，沿途穿越欧式雕塑区、《简·爱》场景、教堂婚礼区、日式风情区等各个景区、景点。

③ 中式游线　营造一个富有浓郁中国婚庆风俗特点的环境：热闹、喜庆、丰富，整个线路以传统的花轿为主行进手法。沿途贯穿各个民间传统的诸如佳偶天成、风中传情、绣球阁、十八相送、桃花仙岛等关于爱情、婚姻情节的场景。

④ 真爱广场　由地下喜宴餐厅、地上下沉式婚礼广场、草地阳光自助餐组成。可举行婚礼仪式和喜宴、各民族婚庆风俗表演等活动。亦作为中、西式两条游线的交汇、转换处，以及整个公园的高潮。喜宴餐厅有单独对外的出入口，增加其独立对外营业的功能。

（3）休闲公园娱乐活动

① 勇敢者之旅　设一悬崖嶙峋之峡谷山道，一道峭壁之上可设徒手攀岩运动。山石最高处设一蹦极平台，为勇者提供一试胆量的机会。

② 彩弹野战场　利用山坡地形，设置一地下彩弹射击场，制造一些迷宫般的重重机关险阻，参与者需斗智斗勇（以彩弹枪为主要武器），闯过一关又一关，才能到达地面胜利出口。

③ 青少年生态教育园　紧扣整个新上海游乐园"生态公园"的主题，开辟一个启发、教育青少年生态观的实践教育区，提供青少年亲自动手参与观察研究种种生态自然现象的机会，如观测水文状况（水温、水质）、观察水生动植物各季的生长状况、记录气象数据、种植各类典型植物、养护小动物等，形成一个小而相互关联的生态圈，以培养青少年的环境意识。

④ 纪念种植园　结合各类活动：如植树节、结婚、生子、学生毕业等有纪念意义的日子，选择适宜的有含义的树木花卉，由游人亲手种植栽培，标以文字碑文，以示纪念。

⑤ 微型高尔夫球场　设置一高尔夫练习场，提供游客联系和体验这种较为新兴的健身项目。

⑥ 休闲中心　该中心包括休闲俱乐部：它背靠山坡，面临高尔夫球场，是一处环境优美的休闲去处。俱乐部是个综合的休闲娱乐中心，包括餐饮、健身、桑拿、茶艺、温水游泳、多功能厅等各种娱乐功能，满足游客各种娱乐要求，而且以满足"家庭型"游客为主要服务对象。

⑦ 翔之乐园 设一有透明顶盖的构筑物,并人造由水体、树林、草地等组成自然环境,放养各种鸟类。游人在其中游走,鸟儿在身边栖息欢唱,塑造出人鸟同乐的场景。同时在室外还设一清音广场,让养鸟爱好者可在此互相交流心得。

⑧ 植物迷宫 以修剪的植物绿篱围合成迷宫道,游人穿行其中,可产生捉摸不定的空间感觉,平添很多趣味。

⑨ 儿童游戏场 兼顾游人中少年儿童人群的需求,设置了一些儿童游戏设施,使孩子们在园中也有自己一块快乐的小天地,同时也可活跃公园的气氛。

⑩ 健康步道 结合"全民健身"的宗旨,设计了涉水池、卵石步道、梅花桩等健身设施,提供各年龄层次的健身爱好者在此一试身手。

第七节 工业遗址公园

随着后工业时代的到来,全球的经济结构产生了巨大的变化,以信息产业为主的新型产业正逐步取代传统工业,不少传统的工业区被闲置。这些一度辉煌的旧工业区因噪声、工业垃圾、有害气体等环境问题逐步成为被人们遗忘和厌恶的城市生活的禁地(图4-45)。然而,城市化进程势不可挡,在可持续发展思想的指导下,人们对工业弃置场地又重新开始予以关注(图4-46)。

图4-45 旧工业区景观

图4-46 工业遗址公园景观

一、工业遗址公园概述

美国西雅图煤气厂公园是世界上第一个正式的工业遗址公园。1975年美国西雅图煤气厂公园对外开放,这是工业遗址公园确立的标志性开端。工业遗址公园作为一种新兴的公园类型,从诞生开始就因其在生态、社会等方面的价值受到人们的关注,并在世界多个国家得到尝试,德国鲁尔工业区的杜伊斯堡北部天然公园、法国巴黎的拉·维莱特公园、贝西公园、雪铁龙公园、加拿大维多利亚布查特花园以及美国的波士顿海岸水泥总厂公园等都是其中的典范。

我国工业遗址公园的雏形可以追溯到广州番禺莲花山风景区内的莲花山石风景区和浙江绍兴东湖风景区,这两个工业遗址公园都成型于古代的工矿采石场,近年来辟为采石场遗址风景区和公园,展现了中国古代劳动人民的勤劳与智慧。

二、工业遗址公园的定义和特点

1. 工业遗址公园的定义

工业遗址公园是新型的公园类型,是随着工业的发展变革而派生出来的一种特殊形式的公园,是在全球对世界遗产保存乃至对工业遗产保存改造的提倡下,在人类对环境污染问题的日益重视下，由于全球经济转型、第三产业经济提升、工业生产模式改变，将产生的大量剩余弃置的工业基址进行改造利用，使其成为公园，成为城市开放空间的一部分，将这些由已经闲置的工业设施与工业人造物遗留以及矿山开采遗址等基址改造利用，即工业遗址公园。

工业遗址作为发展工业文明、保留历史记忆的载体，以工业遗址公园的形式保留下来，不仅有利于工业遗址生态修复、循环利用，还对城市生态与经济的可持续发展有着重要的影响。

2. 工业遗址公园的特点

工业遗址公园，在规划模式上与一般遗址公园有所区别。一般遗址公园注重的是对基地遗迹的保存与保护，而工业遗址公园注重的是对基地的记忆和对遗迹及人造物适当保留、改造利用，强调保护与再生，在尽可能保留工业建筑及长期特性的基础上，通过转换、对比、镶嵌等多种手法将场地重构，形成适合现代发展需求的空间。因此，主张因地制宜，在清楚工业遗址意义的基础上对保留的工业遗存进行评估，同时添加新的使用功能及其所需要的构成要素，通过与场地中原来部分在视觉上的对比关系和空间上的融合关系形成独特的当代景观文化。

三、优秀设计实例介绍

1. 美国西雅图煤气厂公园

公园位于西雅图市联合湖北岸、突入水中的岬地上，占地面积 $8hm^2$。基地原先为荒弃的煤气厂，地面大面积受到污染，而且煤气厂杂乱无章的各种设备，从城市很多地段以及交通流量很大的湖岸边都可以看到，有碍观瞻。西雅图市政府原先打算将煤气厂旧址改成传统自然风格的城市树木园景观，但是对大面积污染的处理以及各种设备的拆除需要花费大量的费用。1970年理查德·哈格事务所接受总体规划任务，设计师采用了与原先政府设想完全不同的处理方法，因地制宜，保留了部分陈旧的工厂设备。哈格认为对待早期工业，不一定非要将其完全从新兴的城市景观中抹去，相反，可以结合现状，充分尊重基地原有的特征，为城市保留一些历史。这构思与方案引起了激烈的争论，但是最后因其经济型与可操作性而受到市政府的肯定。

公园建设初期主要是铲除严重污染的表土和去除严重损坏的管道与制气设备。表土铲除后，从附近调进无污染的土壤。表层以下的污染物主要是二甲苯和汽油，哈格建议利用土壤中的矿物质和细菌以及种植吸收油污的酶和其他有机物来处理，同时辅以污泥清浚、高强度剪草等手段。尽管时间较长，但是却节省了很多费用。

在公园东北部新建了一组谷仓式建筑来存放旧机器，其东面坡下为面向湖面的野营区。公园西部有一处15m高的土山丘，丘顶为一大日晷，是园中最受欢迎的地方，游人可在此登高远眺城市景色，也是城市中市民放风筝的理想地。山坡向湖的一面也是公园夏日纳凉和日光浴的好去处。园中部向南为旧工厂煤气生产流水线，塔与设备的存留是经过较细致的空间分析与设计后确定的。为了安全，哈格去掉了这些制气塔低矮易攀爬的部分，并规划了一处防护沟以保证安全。公园最主要的景观是一组裂化塔，深色的塔身锈迹斑斑，表明工厂的历史，旁边一组涂了明亮的红色、橘黄、蓝、紫色的压缩塔和蒸汽机组，可供游人攀爬与玩耍。

理·哈格的煤气厂公园设计没有囿于传统公园的风格与形式，充分发掘和保存基地特色，以少胜多，巧妙地简化了设计，节省了费用。这一设计思路对后来的各种类型旧工厂改造成公园或公共游憩设施的设计产生了很大的影响（图4-47）。

2. 中山岐江公园

公园位于广东省中山市区，总面积 $11hm^2$，其中水面 $3.6hm^2$，与岐江河相联通。原为

图 4-47 美国西雅图煤气厂公园景观

粤中造船厂旧址，场内遗留了不少厂房及机器设备，包括龙门吊、铁轨、变压器等。始于20世纪50年代至改革开放的90年代后期。作为工厂，它不足称道。但几十年间，粤中造船厂历经新中国工业化进程艰辛而富有意义的历史沧桑，特定年代和那代人艰苦的创业历程也沉淀为真实且弥足珍贵的城市记忆。

经过激烈的争论和广泛的公众参与之后，中山岐江公园设计组提出的以产业旧址历史地段的再利用为主旨的设计方案终于在当地领导的果断决策下得以实施。此方案是由北京大学景观规划设计中心、北京土人景观规划设计研究所俞孔坚教授主持设计实施的。这一城市景观建设骄人的作品，在2002年美国一年一度的景观设计师协会年底大会上荣获景观设计的荣誉设计奖，这是该大会设计类的最高奖项，亦是目前为止我国首次获得的这类大奖(图4-48)。

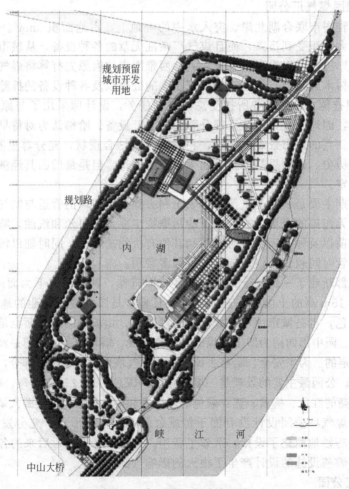

图 4-48 中山岐江公园平面图

历史特色和现代性交融是岐江公园的一大特色。公园以原有树木、部分厂房等形成骨架，采用原有船厂的特有元素如铁轨、铁舫、灯塔等进行组织，反映了历史特色。同时，又采用新工艺、新材料、新技术构筑部分小品及雕塑如孤岗长影、裸钢水塔和杆柱阵列等，形成新与旧的对比、历史与现实的交织。公园路网的设计采用若干组放射性道路组成，既不用中国传统园林的曲线型路网，又有别于西方园林规整的几何图形，手法新颖，独树一帜。可见公园在设计上既有新意又具内涵，既能反映出中山工业化进程的历史，又具有现代社会的特征，使公园充分体现了自己独特的个性。

亲水、保护生态是岐江公园的第二个特色。公园的设计保留了岐江河边原有船厂内的大树，保护原有的生态，采用绿岛的方式以河内有河的办法来满足岐江过水断面的要求，既满足了水利要求，也使公园增加了一景——古榕新岛。公园还较好地处理了内湖与外河的关系，将岐江景色引入公园。尤其值得称道的是，公园不设围墙，巧妙地运用溪流来界定公园，使公园与四周融洽和谐地连在一起。亲水是人的天性，这条水流的设计正是要让人们尽情挥洒人之天性。

充满现代感的景观装置是岐江公园的第三个特色。岐江公园的"红色记忆"就是一个具有观念艺术的景观装置，它是一个由红色的钢板装配的"盒子"，剪开的两端放射出两条通向水塔和灯塔空间控制点的笔直通道，盒子无顶，内置清池，外种柔草，周围是红硕花朵的木棉树。设计隐约含着对原场所的直觉体验，以及由此而唤醒的岁月回味。来到这里的人们，真切地证明了这一点：无论是活蹦乱跳的孩子、热恋中的男女、孤独的失意者、曾经战斗在此的老人，似乎都在穿越盒子的瞬间有所感悟。公园旧址里有一处保留下来的旧烟囱，现在外围增加了一圈"脚手架"，形成了一个景观装置。脚手架下和几米上方分别有超写实真人大小的工人铜雕，模拟搭建脚手架的劳动情形。装置里存在三种元素——旧烟囱、新的钢管脚手架和雕塑工作者。公园里旧龙门吊也有类似的处理。工人的雕塑被放置在劳动的真实环境中，雕塑脚下的机器也是真实保留下来的场景，仿佛戏剧式的道具的真实，在细节上增加了现场气氛。钢塑水塔是公园内另一个引人注目的装置，它是一个工业语言的"雕塑"。原址为一个普通的旧钢筋混凝土水塔，本拟保留，终因结构安全问题拆除。目前的设计，仿佛旧水塔的"骨架"，又仿佛旧水塔的X光影像，减去混凝土因素后，产生了一种意想不到的形象陌生，对人们已形成的某种视觉规范，达到解除和再认识，产生了新的语境(图 4-49)。

(a)

(b)

图 4-49　中山岐江公园景观

第八节 其他专类公园

一、雕塑（公）园

1. 雕塑（公）园的性质与任务

雕塑公园，是以雕塑为主体，艺术欣赏为中心，以收藏和展示环境雕塑、城市雕塑、架上雕塑等各类雕塑作品为主要功能的雕塑集中摆放场所。

雕塑公园并不见得以公园的形式出现，可能没有公园所必需的边界。雕塑公园可能是面状的、线状的，可能以"某某雕塑街"、"某某雕塑路"、"某某雕塑林"的形式出现。但只要其中的作品在风格、题材上都带有一定的关联性，就仍旧可以被看作是雕塑公园。最重要的是，雕塑公园是将原本在室内进行的雕塑展览移到了更为广阔、更具公共性的室外，起到了"露天雕塑博物馆"的作用。

2. 雕塑公园的类型

雕塑公园的建设可根据主办方的要求分为材料导向型、风格导向型、主题导向型。材料导向型雕塑公园的特点体现在主办方强调参与创作的雕塑家都必须选用规定的材料，如石材、铜、钢等。这种类型的雕塑公园最常采用的材料主要有：石材、铸铜、钢材、陶瓷。风格导向型雕塑作品根据表现形式可以分为具象、抽象、变形雕塑。而根据雕塑公园建设的主题进行分类是最常用的分类方式，即策划方要求所有艺术家的作品都必须围绕这一主题创作，主要可分为三种：历史主题雕塑公园、地域主题雕塑公园、人文主题雕塑公园。

① 历史主题雕塑公园　以个体形式出现的主题性雕塑在城市的文化建设中是十分普遍的现象，其功用包括纪念伟人、缅怀历史等。当一座雕塑公园的策划主旨就带有历史性、纪念性，并由多件纪念重大事件、英雄人物的雕塑组成时，这座雕塑公园就可以被称为历史主题雕塑公园。

② 地域主题雕塑公园　以反映地域文化、自然特色为主题导向的雕塑公园被称为地域主题雕塑公园。在这种情况下，主办者对雕塑公园内作品的要求，一般是要能体现出该地区的自然风光与人文特色，并能和该地区的总体规划发展和旅游策划结合起来，为当地经济建设做出贡献。

③ 人文主题雕塑公园　在主题选择上不包含特定历史与地域因素，而是以不受时间和空间限制的特定文化、概念、信仰、精神为主题的雕塑公园属于人文主题雕塑公园。

3. 雕塑（公）园规划设计

雕塑公园在设计时需要考虑的问题很多，主要表现在公园主题的定位、公园的选址、公园的主体——雕塑的材质及风格的选定、公园如何与环境相融合等问题。这些问题不是孤立存在的，要想建造成功的雕塑公园，必须统筹考虑这几方面。

（1）主题的确定　雕塑公园的建设不能是漫无边际的，必须有一个大的方向、框架，以确保雕塑公园的作品存在明确主题、使用基本统一的材质、呈现近似的风格或具有某些方面的一致性。只有主办方通过各种方式对创作者进行约束，也就是有一种明确的导向，才能使观众在心理反应、视觉感受上体会到雕塑公园所应呈现的统一性。

① 历史主题雕塑公园　历史主题雕塑公园既有全部由肖像雕塑组成的情况，也有全部由抽象雕塑组成的情况。

历史主题雕塑公园比较典型的例子出现在中国。1987年，雕塑家程允贤配合江西井冈山市市委，在井冈山革命烈士陵园的基础上建立了井冈山雕塑公园（图4-50）。雕塑公园建立在茨坪的北山，松柏之间布置着20余尊革命烈士的塑像，园林和道路也经过精心设计，

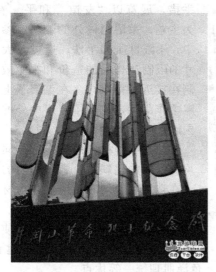

图 4-50　井冈山雕塑园

图 4-51　双枪女将伍若兰纪念像

令前来拜谒烈士的游人也能得到视觉上的享受（图4-51）。在这个例子中，所有的作品都统一在缅怀革命先烈的明确主题之下，体现了井冈山作为革命根据地的光荣传统。

② 地域主题雕塑公园　在地域主题雕塑公园的建设中，对表现主题的要求程度有宽泛与严格之分。相对来说，大城市、大的区域由于人口数量多、文化特色不鲜明并呈现多元化趋势，因此，当地雕塑公园的主题导向就不能太过狭窄，主办方对表现主题的要求自然比较宽泛。相比之下，一些范围更小的地区，往往有着比大城市更为准确的定位和更为鲜明的人文内涵。在扩展地区知名度、发展旅游业、弘扬地区文化传统的指导思想下，这类地区的雕塑公园往往主题明确，比如天津西青区杨柳青精武雕塑园就是如此。杨柳青是津门著名武术家霍元甲的故乡，有着相当悠久的习武传统，地域特色鲜明，文化积淀深厚。因此，如何突出这一"武术之乡"的特征，就成了杨柳青建设雕塑公园首要考虑的问题。雕塑公园面积不大，主要是作为沿河景观绿化带的一个有机组成部分出现。公园的主雕塑表现的是霍元甲在格斗中举起俄国大力士的一瞬间，身后是四个半抽象的人体，分别代表一种武术（图4-52）。整座雕塑公园无论从设计思路上还是雕塑局部刻画上都突出了"精武"的概念，意义深刻，效果强烈，根据游客与当地居民的反馈来看，取得了相当好的效果。

③ 人文主题雕塑公园　若是一些大城市主办雕塑公园，由于地域特色不明显，不能按地域主题雕塑公园的标准来要求艺术家。但为了保证作品都能有相对统一的视觉效果，往往限定一个范围宽广的人文主题，诸如"和平"、"自然"等，比较典型的例子是：从1997年开始，长春市人民政府和中国城市雕塑建设指导委员会共同主办了"中国长春国际雕塑作品展"。作为提高城市文化艺术含金量的重要

图 4-52　天津西青区杨柳青精武雕塑园

举措,展览以"友谊 和平 春天"为主题,邀请国内外的雕塑家参与其中,不限材质和手法,通过对大小尺寸的限制让作品的造价和视觉效果控制在接近的范畴内。在汇聚了上百件雕塑作品后,建成了蜚声中外的长春国际雕塑公园(图4-53、图4-54)。

(2)雕塑材料的选定 不同材质均有各自的优缺点,雕塑公园的建设者在选址和策划时就应该考虑材质的筛选。

① 石材 石头易得的特点使石材被广泛运用于雕塑公园的建设中

图4-53 长春国际雕塑公园

(图4-55)。此外,石材还有蕴含量大、价格较低廉、色泽肌理统一等优点。

图4-54 奥林匹克雕塑公园　　　　　　　图4-55 石材雕塑

石头是天然材质,用石头建设的雕塑公园可以和大自然更和谐地相处。这种和谐一方面是物质的,也就是从环保的角度出发,石质雕塑不会对土壤、空气和水造成任何损害。更重要的是,从视觉角度去看,石质雕塑,尤其是白色或灰色大理石与绿地、蓝天在色彩上有互补性,同时在肌理上也可以略显粗糙,显出一种未经雕琢的朴拙之美。当然,全部以石雕组成的雕塑公园,在有诸多优势的同时也不可避免地会造成单调、缺乏变化的视觉效果。这种单调一方面来自色泽,另一方面是石雕的特性使得雕塑形态较为单一,难以产生金属雕塑那样巨大的变化和奇巧的构图。

② 铸铜 铜是人类较早开始可以掌控的金属之一,但无论是原材料还是铸造工序,铸铜都需要较多的资金,比石材和不锈钢的雕塑公园建设起来要更昂贵(图4-56)。

铸铜多采用青铜,即铜锡合金,也有少数采用黄铜,即铜锌合金。其深色调与团块体积结合,在视觉上会极富重量感。另一方面,由于采取了铸造工艺,青铜可以逼真地再现雕塑家原始的塑痕,不会让艺术魅力在加工过程中有大的损失,这是采用打制和锻造工艺的石材和不锈钢达不到的。

与石材导向型雕塑公园不同的是，铸铜导向很难与地区特色和自然资源结合起来，目前似乎也还没有主办方强制要求艺术家采用铸铜材质的范例。但是，由于铸铜的特性，使得高度具象的作品（尤其是人像）往往必须选择铸铜工艺，才能表达完整的艺术效果。因此，但凡主办方要求雕塑公园全部是具象作品或人像时，实际上就奠定了采用铸铜为主的基调。

③ 钢材　要求艺术家利用一个地区特产的钢材进行雕塑创作，从而建成雕塑公园。这种情况多出现于有着发达钢铁工业的城市，主办者的目的很大程度上是为了扩大本地区和本地企业的知名度。

图 4-56　铸铜雕塑

以钢材为主建设雕塑公园有很多可见的优势，首先，钢材价格低廉，尤其很多时候以报废钢材为材料创作焊接雕塑，更能体现出这一优势，经济上的可承受性使利用钢材制作大尺度雕塑成为可能。其次，钢质雕塑重量远较同体积石质或铸铜雕塑轻，便于运输。

但钢材也有自身的弊端，钢材不适于表现具象作品，只适合大块面的抽象作品，这一特质使得钢材导向雕塑公园在选择主导风格时限制性很强。另外，不锈钢抛光后闪亮无比，这种强反光性恰当运用会产生镜面效果，十分富于意境。但有时不锈钢会扭曲光线影响观赏效果，不适于雕塑细节的表现。在一定的阳光照射角度下，刺眼的反光也会造成人视觉上的不适（图 4-57）。

④ 陶瓷　陶瓷是陶与瓷的合称，是一种包含有金属与非金属成分的化合物，属于硅酸盐类，现泛指以土为原料，经过配料、成型、干燥、焙烧等一系列步骤制成的器物。陶土与瓷土良好的可塑性又给雕塑家发挥才能与想象力以极大的空间，在先进科技和全新理念的支持下，现代陶艺发展十分迅速，并成为向大众普及艺术实践教育的媒介。

陶质地可以细腻可以粗糙，从来不会带给人冰冷的手感。瓷质地坚实，敲之有清脆声响，色泽造型多变。用陶瓷制作雕塑，会比金属显得更亲人、亲环境。而且，在塑形上也有着比其他材质更大的优越性，在上色方面，陶瓷基本没有局限。但是，在烧制前的塑形阶段，陶土或瓷土易变形或塌陷，在烧制中，如果火候掌握不好，也会出现变色开裂等问题。

(3) 雕塑风格的选择　由于雕塑公园中的雕塑大多放置在较近的距离内，因此最好能在风格上有所统一。

① 具象风格的雕塑公园　全部由具象雕塑构成的雕塑公园，具有风格统一的优势，且多以铸铜为技术手段。如天津的友好城市——神户，对于具象雕塑十分热衷，分别于 1973 年和 1981 年将两条主要道路进行整修，改为开放式的雕塑公园，密集布置具象作品，前者名为"绿化与雕塑路"，后

图 4-57　钢材雕塑

图 4-58　雕塑路演化成的雕塑公园

者名为"花卉与雕塑路"。从 1983 年,神户市又集中将综合运动公园、森林植物园进行整理,集中放置雕塑作品,成为名副其实的雕塑公园(图 4-58)。

② 抽象风格的雕塑公园　抽象风格的雕塑公园十分常见,尤其是在规定以石材或钢材制作雕塑的公园中。宇部市对抽象雕塑的支持始于 1962 年向井良吉的《蚁城》,从此,"宇部市雕塑展览会"就以收集抽象雕塑为主,并集中设置在常盘雕塑公园,将其建设成了日本最大的、历史最悠久的、风格最统一的抽象风格雕塑公园。公园面积超过了 150hm²,其内的作品不限题材、材料、尺度,但全部是抽象风格。公园格调清新明快,而且反映出一种诙谐的味道,可以带给漫步其间的游人一种都市中难得的轻松(图 4-59)。

图 4-59　常盘雕塑公园

4. 雕塑公园的选址

雕塑公园从选址来看主要有两大类:一类在城市(镇)之中,与高楼大厦、柏油马路、玻璃幕墙并存,甚至就在每天上班族步履匆匆经过的街角;一类则与森林、湖泊、高山和睦相处,在都市生活中疲惫不堪的人们驱车来到这里,感悟一份放松与恬静。

① 雕塑公园与自然环境　与自然环境关系密切的雕塑公园主要是以森林公园、环湖公园为基础进行建设,或完全在自然环境中建设,如桂林愚自乐园。

首先,自然环境中的雕塑公园在材质上多使用天然石材,甚至使用木材等可降解材料,以求和草坪、树木融为一体。

其次,在艺术风格和造型语言上,只有含蓄、内敛风格的作品才能在宁静和谐的自然环境中不引起观众的突兀之感。尽管不能对雕塑公园中的每件作品都做出风格流派上的归属,但是处在自然环境中的大部分雕塑作品,在造型上都呈现多曲线、多弧面的特征,在风格上以抽象风格为多,因为具象的铸铜雕塑视觉上并不适于放置在森林里。

在雕塑的安装方式上,主办者和艺术家都争取采用最少破坏自然的方式。许多公园中的雕塑作品甚至没有永久性的地基,只是将其自然放于平地,时间一长,便与周边环境几乎完全融为一体。

② 雕塑公园与人造环境　城市人造环境中，直线、平面、坚硬材质、强反光表面较多，这就要求城市人造环境中的雕塑公园在建设中要考虑材质、风格、造型特点的问题。

在人造环境的雕塑公园中，作品的风格同样是多样的，没有太明确的限制，这同样与人造环境的复杂多样有关。但在很多情况下，城市雕塑公园中的作品呈现向抽象和具象两个极端发展的趋势。城市雕塑向抽象方向发展，是当代艺术发展的一个缩影，是以大都市为代表的人类现代文明的表象。

建设于人造环境的雕塑公园往往要比自然环境中的同类雕塑公园小，雕塑数量也少，但地点往往是在寸土寸金的城市里，以带状雕塑公园或雕塑步行街的形式出现，因此出现了在整顿街区、清理旧河道的同时建设城市内部雕塑公园的情况。日本富山市有一条流经市中心的小河，1981年市政部门在整顿沿岸景观的同时合理利用空间和资金，建设了松川畔雕塑公园，结合清澈的河面与成荫的绿树，为市中心贡献了一处难得的优美景观。

5. 优秀设计实例介绍

(1) 上海南京路雕塑展——雕塑公园与人造环境相结合的案例

① 概况　"上海南京路每年都有大型雕塑展举行，就像一个流动艺术展示平台，让更多人在日常外出间与艺术亲密接触。"第八届南京路雕塑邀请展则邀请了中国雕塑家余积勇先生和荷兰雕塑家吴静茹女士前来参加，这些中外艺术家的30余件雕塑作品在南京路上依次摆开接受游人的评判。此次作品代表了两种不同的风格——一部分是大型抽象雕塑，简洁刚毅，充满男性力量；另一部分则以具象为主，传递出女性优雅柔美的肢体语言，体现了艺术思想的相互碰撞。百姓与艺术的零距离接触，不仅增加了大众的雕塑欣赏水平，也为商业街营造出浓郁的艺术氛围。

② 上海雕塑艺术家余积勇的作品——"门、结系列"　"门系列"主要立意为：门只有常开常关，才不至于腐朽，不至于陈旧，不至于破败，才能保持旺盛的活力。世间万物，包括人在内，只有在交流中才能进步和发展，而门就成了人和外界交流的重要通道（图4-60）。

"结系列"主要立意为："绳结"年代久远，漫长的文化积淀使得"绳结"渗透着中华民族特有的文化精髓和丰富的文化底蕴。"绳"与"神"谐音，又因绳像盘曲的蛇龙，还有记载历史事件的作用，因此"绳结"备受人们的崇拜和尊重。用"绳结"的变化来体现力量、和谐，无论是结合、结交、结缘、团结、结果，还是结发夫妻，永结同心，"结"给人的都是一种团结、亲密，温馨的美感（图4-61）。

(a)

(b)

图4-60　"门系列"雕塑

图 4-61 "结系列"雕塑

（2）广州雕塑公园

广州雕塑公园是以不同题材建立起的专题雕塑公园。该公园的羊城雕塑区是以广东省雕塑家创作的反映羊城风貌的雕塑作为主题造景题材，再通过园林艺术的造景手法，将雕塑、园林和建筑等多种景观要素有机结合起来，形成了一个富有艺术感染力的主题性雕塑公园。羊城雕塑区由以"华夏柱"为主题的喷泉雕塑广场、以"古城辉煌"为主题的山顶平台、以"南州风采"为主题的摩崖石刻壁雕、以"羊城水乡"为主题的云液湖景区及以休憩为主题的休闲区五大部分组成（图 4-62）。

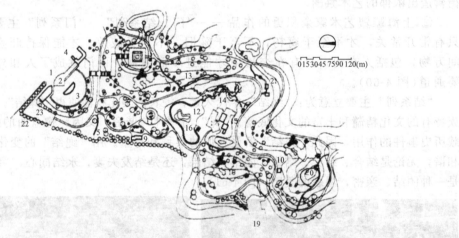

图 4-62 广州雕塑公园平面图
资料来源：《城市公园设计》（孟刚，2006）
1—大门；2—华夏柱；3—雕塑广场；4—票房；5—管理室；6—古城辉煌；7—踏芳；
8—洗手间；9—餐英小筑；10—洗手间；11—"平衡"雕塑广场；12—云液湖；
13—南洲风采；14—云溪；15—雕塑馆；16—思瀛；17—羊柱；18—绿茵雕塑区；
19—西门；20—延翠亭；21—休息亭；22—配电房；23—停车场

二、盆景园

盆景园是我国从 20 世纪 60 年代逐渐在公园中出现的一种园中园的形式。近年来，不仅在一些古典园林中单辟出盆景园，如苏州拙政园、留园中的盆景园，而且在各类公园中也出现了盆景专类园，如上海植物园、石家庄植物园中的盆景园等。

1. 盆景的分类

盆景艺术，是从植物栽培和造园艺术发展而成的民族瑰宝。作为一种边缘艺术，其综合吸收和运用园艺、绘画、书法、诗词、制陶、雕塑等艺术手段，利用活体植物和山石等物质材料，在盆钵一类的器皿中，通过对自然情景再现的艺术形象来表达人们的审美意向和艺术情感。

根据周政华先生提出的中国盆景系统分类方法，在彭春生先生的分类方法的基础上，按照"类——型——组——式——号——名"六级分类体系，可把中国的盆景分为三大类、七型、十六组、一百零一式、五号及不同景名，感兴趣者可查阅相关文献，在此不再赘述。

2. 盆景艺术的特点

① 盆景具有"小中见大"的特点。造园是把自然景物缩小在一定的范围内，而盆景是把景物缩小于咫尺盆中，谓之微观造园。因此，它比一般造园更概括、更集中，因而也更有利于表现大自然的风光面貌。

② 盆景是"活的艺术品"。树木花草作为盆景造型的主要材质，具有生长发育的生命特征，这决定它在制作加工上的连续性、艺术欣赏的可变性。由于季节的更换，可以看到春花、夏绿、秋果、冬姿规律性的四季景观。

③ 盆景形式多样。由于各地盆景艺师巧匠的艺术构思和表现手法不同，促进了推陈出新，使盆景造型千变万化。

④ 盆景艺术的个性。由于盆景作者的生活阅历、思想性格、艺术才能及文化素养的不同，其作品往往会出现与众不同的个性，即所谓"个人风格"。中国盆景历来讲究诗情画意，追求意境深远，其中就包含了个性的表现。这个优秀的传统正推动着现代盆景艺术不断创新发展。

⑤ 盆景艺术的自然性。作为大自然景物缩影的盆景艺术，某种程度上正好迎合了人们趋向于自然的心理需求。当然，这种对自然的趋向并不意味着不要人工，而是不可让人工占据太大的比例，即所谓"七分自然，三分人工"，而这三分人工，也须尽量做到"虽由人作，宛自天成"。

⑥ 盆景创作的艺术性。这是创作盆景的最基本要求。盆景造型要具有艺术美，而内涵意境更要深远，使人们在欣赏的时候不仅能看到景，还能通过景激发出感情，因景而产生联想，从而领略到景外的意境。

3. 盆景园规划设计要点

盆景园是以盆的形式陈列展出，适合静观细赏，需要创造清净、幽雅的环境。同时，由于盆景类型众多，需要根据不同类型的盆景特征进行环境的布局。而且游览过程需要有一定的规律性，因此，盆景园的规划设计要注意以下几个方面：

① 出入口规划设计　为了保证游览能按顺序进行，一般盆景园都设置比较明确的出口和入口。入口应和道路有较好的联系，同时体现偏、小、幽的特色，还要能点出盆景园的主题和地方特色，如石家庄市植物园盆景园入口（图4-63、图4-64）。

② 分区规划　可根据地形、地势、面积大小以及盆景的种类进行分区规划。通过景区、景点的组合，体现丰富的景色，而且不至于凌乱。分区规划因内容而决定主次，应地形来创造特色，以营造一种有机的空间序列。通常以不同类别和流派进行分区规划，或采用两者相结合的方式进行规划。

③ 空间处理　利用造园要素，创造丰富的空间类型，以形成参差错落的空间布局，同时也体现盆景艺术"小中见大"的艺术特征。

④ 建筑与园林小品规划设计　盆景园中的建筑与园林小品除可以分割空间、形成景点之外，主要还是为盆景展出服务，因此，比例不宜过大，以免喧宾夺主。

图 4-63　石家庄市植物园盆景园入口　　　　图 4-64　主入口对景体现盆景园主题

⑤ 植物配置　应与盆景的展出有机结合，通常以自然式种植为主，局部可以采用规整式。而且种植的植物比例、尺度应和盆景园空间相结合，也多采用具有一定造型的植物（图 4-65）。

图 4-65　室外植物配置宛如一组大盆景组合

4. 优秀设计实例介绍——北京植物园盆景园

北京植物园盆景园所在的地段位于公园入口至卧佛寺之间，在几乎笔直的中轴路的东侧，属绚秋园的范围，与公园的温室区隔路相望。中轴路与盆景园相邻的路段长约 150m，北高南低，高差约 2m。地段的地势虽也是北高南低，但基本平坦。其地段南部低于路面约 1m，北部低于路面近 3m，高低分界之处有一段挡土墙。

盆景园入口位置主要是根据人流情况确定的，由于大量人流集中在中轴线上，盆景园的主要入口就选在地段与路面高差比较小的西南部。为了缓和建筑和主入口低于路面的不利因素，也是为了改善中轴路太长太直的感觉，设计者将盆景园的主体退离路边 25m，园和路之间形成了一带宽阔的绿地和门区。再利用北部园内外的高差因势利导，以挡土墙为园界，上面设一道 1m 高的石栏杆，让游人从栏杆外侧的绿地即可俯瞰最精彩的园景，这块绿地被称为"园中园"。这样设计者使园内外真正融为一体，化解了公园中单辟禁区的感觉，而且能起到吸引游人的作用。

除主入口外，根据植物园全园游览路线的需要，在盆景园东北角面向绚秋园处开了一个次要的入口，并把两园之间的围墙设计成非常通透又比较新颖的形式，使它们形成因借关系。盆景园地段南侧是北京植物园的变电站，在它和盆景园之间留了近 $800m^2$ 的养殖基地，其作用是养护展品和制作供销售的小型盆景。

盆景园北部的主庭园完全可以说是一个中国传统风格的自然山水园林（图 4-66）。它与建筑之间隔着面积有 600m² 的水池，水源设在东北的假山之内，水从半山间涌出，一路叠落经过曲桥汇入主池。假山近旁有一座小敞厅与建筑斜对，并连接绚秋园。西北部占主庭园 2/3 以上是绿化地和供人游憩观赏的小广场和园路。这些都是中国式自然山水园林一般所具备的内容，而这个庭园通过精心设计细部，特别是通过以地栽桩景为核心的绿化配置，与周围较为粗犷的自然环境形成了对比，产生了一种比通常园林更为精致的艺术效果。

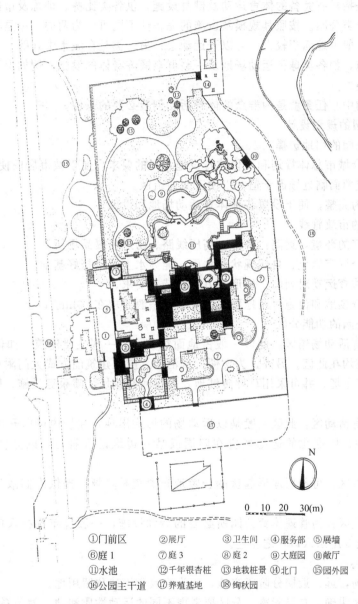

①门前区　　②展厅　　③卫生间　　④服务部　　⑤展墙
⑥庭1　　　⑦庭3　　　⑧庭2　　　⑨大庭园　　⑩敞厅
⑪水池　　　⑫千年银杏桩　⑬地栽桩景　⑭北门　　⑮园外园
⑯公园主干道　⑰养殖基地　　⑱绚秋园

图 4-66　盆景园总平面图

盆景园于1995年5月建成后各方面的反映较好，被评为北京市第八届优秀工程设计一等奖，并获得1998年度城乡建设部优秀勘察设计二等奖。该设计基本上达到了预期的效果，有些地方比预期的还好，比如在设计时想不到能找来像古银杏桩那么出色的一批桩景。

第四章　专类公园

三、体育公园

体育公园的出现是应合现代大都市的需求，是以运动为主的公园，主要供人们进行体育锻炼，参加体育游戏，从而起到医治和预防疾病的作用。它超越了一般公园的功能，有机结合了绿地与运动，同时也为市民提供更多的、充满情趣的、参与体育活动的机会，是市民身心健康的"充电器"。

1. 体育公园的类型与任务

体育公园是指具有完备的体育运动及健身设施，供各类比赛、训练及市民日常休闲健身及运动之用的专类公园。按照其规模及设施的完备性不同可分为两类：一是具有完善的体育场馆等设施，一般占地面积较大，可以开运动会；另一类是在城市中开辟一块绿地，安排一些体育活动设施，如各类球类运动场地及一些群众锻炼身体的设施，例如上海闵行体育公园即属于此种类型。

体育公园的中心任务就是为群众的体育活动创造必要的条件。

2. 体育公园的规划设计

（1）体育公园的用地选择

① 位置符合城市总体规划和文化体育设施布局的要求，便于城市居民使用。交通方便，应至少有一面或两面临近城市干道，以便于交通疏散。

② 用地较为完整，便于设置各种体育活动场地和设施。

③ 有方便的市政管线。

④ 应有良好的环境，远离污染源、高压线路、易燃易爆品场所。

⑤ 考虑结合城市绿化、自然现状和水面，能为水上活动打好基础。

⑥ 应满足体育运动对朝向、地形等方面的特殊要求。

⑦ 满足体育场地和设施对用地面积的要求，一般要求在 $10hm^2$ 以上。

（2）体育公园的功能分区

① 室内体育活动场馆区：此区一般占地面积较大，一些主要建筑，如体育馆、室内游泳馆及附属建筑均在此区。另外，为方便群众活动，应在建筑前方或大门附近安排一处面积相对比较大的停车场，并可采用草坪砖铺地，安排一些花坛、喷泉等设施，同时起到调节小气候的作用。

② 室外体育活动区：此区一般是以运动场的形式出现，在场内可以开展一些球类等体育活动。大面积、标准化的运动场应在四周或某一边缘设置看台，以方便群众观看体育比赛。

③ 体育游览区：可利用地形起伏的丘陵地布置疏林草坪，提供人们散步、休息、游览之用。

④ 后勤管理区：为管理体育公园所必要的后勤设施，一般宜布置在入口附近。如果规模较大，也可设专用出入口与之相连。

（3）设计要点

① 全面规划，远、近期分阶段实施，并为修改和扩建预留用地。

② 功能分区明确，布局紧凑，分区要考虑不同的运动性质和动、静关系。

③ 人流量大的运动场地和设施应尽量靠近城市内部，并设有足够面积的人流集散场地（不少于 $0.2m^2/人$），以便于人流集散。同时要避免人流、非机动车、机动车流的相互干扰。

④ 停车场面积的设置应符合有关规定和停车场设计要求。机动车与非机动车停车场分开，并位于体育场地和设施的一侧，避免穿越城市干道而造成交通拥堵。在某些大型比赛设施和场地边需设置独立的小型停车场，供贵宾、运动员及工作人员使用。

⑤ 要有合理的交通组织，方便的市政管线配合，便利的管理维修。

⑥ 满足有关体育设施和内容在朝向、光线、风向、风速、安全、防护、照明等方面的要求。

⑦ 充分利用自然地形和天然资源，如：山体、水面、森林、绿地等，设置人们喜爱的体育游乐项目，如：攀岩、跳伞、蹦极、跳塔、骑马、游泳、垂钓等内容。

⑧ 出入口和道路应满足安全和消防的需要

总出入口应不少于2个，并以不同方向通向城市道路。观众出口的有效宽度不应小于室外安全疏散指标（0.15m/百人），并应不小于5m。为满足消防通行要求，道路净宽度应不小于3.5m，上空净高应不小于4m。

⑨ 应设置相应的服务设施，如餐厅、体育用品商店、游人休息场所等。

⑩ 停车场地应同绿化相结合，保证绿化覆盖率。

(4) 绿化设计

① 注意四季景观，特别是人们使用室外活动场地较长的季节。

② 树种体型的选择应同运动场地的尺度相协调。

③ 植物的种植应注意人们夏季对遮荫、冬季对阳光的需求。

④ 树种选择应以本地区观赏效果较好的乡土树种为主，以便于管理。

⑤ 树种应少污染，尽量少用或不用落果和飞絮的种类。落叶宜整齐，易于清扫。

⑥ 露天比赛场地的观众视线范围内不应布置阻碍视线的植物，如观众席铺栽草坪，则草坪应选用耐践踏品种。

3. 优秀设计实例介绍

(1) 北京 2008 奥林匹克运动公园

① 概况　北京奥林匹克公园位于北京市区北部城市中轴线的北端。分为三个区域：北端是680hm²的森林公园；中心区315hm²，是主要场馆和配套设施建设区；南端114hm²是已建成场馆区和预留地。奥林匹克公园的规划着眼于城市的长远发展和市民物质文化生活的需要，是一个集体育竞赛、会议展览、文化娱乐和休闲购物于一体的，空间开敞、绿地环绕、环境优美，能够提供多功能服务的市民公共活动中心。公园是北京举办2008年奥运会的心脏，容纳44%的奥运会比赛场馆和为奥运会服务的绝大多数设施。其中奥林匹克公园中心区是整个公园的核心部分，布置有国家体育场、国家游泳中心、国家体育馆及国家会议中心等赛时比赛场馆、20余万平方米的地下商业建筑，以及庆典广场、下沉花园、龙形水系等景观设施。

② 总体设计　奥林匹克公园坐落在老北京城中轴线上，与北京古城相呼应，也成为现代北京的重要组成部分。奥林匹克公园中心区位于明清北京的中心——故宫的正北方向。明清的北京以故宫为中心，中轴线是旧城的重要特色，奥林匹克公园正是其中轴线向北的高潮区，这条通向奥林匹克森林公园的轴线延续了北京的中轴线，也延续了北京的人文与历史。中心区的景观设计延续了北京城市的棋盘格网布局，设计风格"简约、现代、宏大"，三条相互渗透的轴线和一座下沉花园成为设计的最大特征。三条轴线分别是体现庄重理性的中轴、体现人文自然的绿轴和体现生态科学的水轴，三条轴线在一个相对紧密的空间内相互联系、互相交触，形成统一整体。

北京传统的中轴线是实轴。它南起永定门，贯穿正阳门、天安门、故宫、景山等许多大型建筑，北抵钟鼓楼。奥林匹克公园的中轴则是不摆放建筑的虚轴。2.4km长、60m宽的中轴景观大道贯穿中心区，延续北京中轴线平缓开阔的空间形态，北面奥林匹克森林公园的仰山稳稳地压于轴线之上，颇具北京古城之内景山之于故宫的神韵。国家体育场、国家游泳

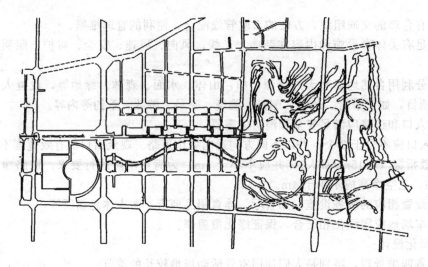

图 4-67 奥林匹克公园中心区平面简图

中心、国家体育馆等体育设施分布两侧；北端的湖泊与轴线东侧的龙形水系组成一条巨大的水龙，与北京古城区内中轴线西侧的水龙——什刹海、中南海遥相呼应，形成对称式布局。这样，已延伸至26km长的北京城市中轴线成为了一个人文与山水相融的整体。

根据中心区景观设计特点，可将中心区景观分为中轴景观大道（北京城市中轴线的延长，宽度60m）、树阵景观区（位于中轴景观大道西侧）、庆典广场（位于国家体育场和国家游泳馆之间、中轴景观大道西侧）、下沉花园（位于公园中部，国家体育场北侧，中轴景观大道东侧）、北侧休闲花园（位于下沉花园北侧，中轴景观大道东侧）、龙形水系（位于国家体育场下沉花园、休闲花园东侧的带状水系）、东岸自然花园（位于龙形水系东侧的带状水边绿地）等不同的特色景观区域（图4-67）。

(2) 世纪华阳体育休闲公园

公园位于河南省洛阳市，占地约41300m²，是城市街区与居住社区之间的体育休闲公园。综合性的区域条件使其有别于许多传统体育公园，公园以研究人的行为方式的改变为前提，崇尚自然，强健体魄，引入植物健身、娱乐健身的概念，追求最休闲、最放松的生活方式（图4-68）。

体育休闲公园的建设将绿地与运动场所有机地融为一体，在创造出自然景观的同时，也使公园成为体育健身场地。引入了"绿肺"与"绿肾"的概念，以大量的绿色植物促进生态循环，完成了城市的绿氧渗透，既创造了优美、有内涵的环境，又提供了健身娱乐的场所。

① 动静区的划分　身体、生理和心

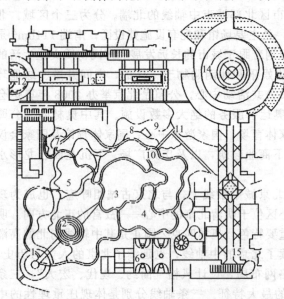

图 4-68　世纪华阳体育休闲公园平面简图
1—航海广场；2—锦绣华阳；3—芳草竞鸢；4—草暖花坞；
5—蝴蝶岛；6—体育运动区；7—静思潮；8—生命之源；
9—红叶谷；10—次入口广场；11—次入口；12—阳光西海岸；13—西入口商业街；14—中央广场；
15—钻石风情街

理的健康需要通过不同功能区域的划分来实现。将动区集中在东南侧，如篮球场、羽毛球场、乒乓球场，提供竞技运动；将静区集中在西侧，如水中小岛、平台围合起的静谧空间。动静区的划分使得整个公园的使用功能更完整。

② 水元素的运用　公园中的水串联起了东北角的居住社区入口和西南角的城市街区入口，水位由东北汇至西南层层跌落，形成了溪流、跌瀑、湖泊等多种水体形态。在此基础上，植物群落有效规划，使得生态得到有效平衡。水贯穿始终，也使得公园的休闲活动更加丰富，如春秋可举行水上航模比赛，冬天则可以利用结冰的湖面进行有组织和管理的溜冰活动。

③ 岛屿的设计　有了水，就会形成岛屿，每个岛屿都成为一个独立区域，丰富了景观结构。如蝴蝶谷上以芬芳植物来吸引蝴蝶环绕，并形成了蝴蝶广场；红叶谷上可以观赏湖沿岸的红叶，层层起伏的色叶植物形成了色彩丰富的风景林带；钓鱼岛则安静平和，可供人们钓鱼、赏鱼。

④ 夜景照明　都市中工作的人们朝九晚五，更多时候只能利用夜晚华灯初上之时进行适量的锻炼，因此晚上开辟适当区域进行运动休闲也极为必要，如散步赏月、在广场上进行文艺表演都是不错的活动。

四、纪念性公园

（一）概述

1. 纪念性公园的性质

纪念性公园是人类以技术与物质为手段，通过形象思维而创造的一种精神意境，从而激起人们的思想情感，如革命活动故地、烈士陵墓、历史名人活动旧址及墓址。这类公园既可以供人们瞻仰、凭吊，有一定的纪念教育意义，同时也是城市居民休息、游览的好去处。

2. 纪念性公园的任务

纪念性公园是颂扬具有纪念意义的著名历史事件和重大革命运动，或纪念杰出的科学文化名人而建造的公园，其任务就是供后人瞻仰、怀念、学习等，另外还可以供游人游览观赏。

3. 纪念性公园的类型

纪念性公园在城市绿地系统中，或附属于综合公园之中，或独立于公园之外。大体有以下类型：

① 烈士陵园（公园）　为纪念缅怀先烈，在烈士牺牲或就义地建造的公园，如朝鲜的中国人民志愿军烈士陵园、南京雨花台烈士陵园、广州烈士陵园、长沙烈士公园等。

② 为纪念历史名人或某一历史事件而建造的具有纪念性的园林如日本长崎和平公园、上海的虹口公园、长沙的橘子洲公园等。

③ 为纪念伟人而在其墓地（或遗体、骨灰存放处）建造的供人瞻仰、缅怀的园林如前苏联的列宁陵墓、我国北京的毛主席纪念堂、南京中山陵、广州中山纪念堂等。

④ 小型纪念性园林　又可分为两类，一类常以公园的一个分区（或景点）的形式出现，如日本人民为缅怀周恩来总理为日中友好做出的丰功伟绩而在京都市郊风景胜地岚山山麓的龟山公园内建造的"岚山周恩来总理纪念诗碑"。一类则独立于公园之外，如在美国首都华盛顿市建造的"华盛顿纪念碑"，在厄瓜多尔首都基多城北赤道线上建造的"新赤道纪念碑"。

（二）纪念性公园规划设计的原则与要点

1. 纪念性公园规划设计的原则

① 纪念性公园的布局形式宜采用规则式，不论地形高低起伏或平坦，都应有明显的轴线和干道，主体建筑、纪念形象、雕塑等应布置在主轴线的制高点上或视线的焦点上，以利突出主体，其他附属设施对称布置在轴线两侧。

② 以纪念性活动和游览休息等不同的功能特点来划分不同的空间。在纪念区，地形为规则式的平地或台地，除纪念区外，还应该有一般园林所应有的园林区，但要求两区之间必须以建筑、山体或树木分开，二者以互不通视为好。

③ 在树种规划上，纪念区应以具有某些象征意义的树种为主，如松柏等，休息区则应创造一种轻松的环境。

2. 纪念性公园规划设计的要点

（1）功能分区　纪念性公园在分区上不同于综合公园，根据公园主题及内容，一般分为两个区。

① 纪念区　一般位于大门正前方，游人数量相对较多，通常应有集散广场，并应与纪念物周围广场用规整的树木、绿篱隔开。一般也要根据纪念的内容不同而有不同的建筑和设施，如为纪念碑，则纪念碑应为建筑中最高大的，且位于纪念广场的几何中心，且纪念碑基座应高于广场平面，同时在纪念碑体周围应有一定的空间作为纪念活动使用，例如摆放花圈、鲜花等。纪念馆应布置在广场一侧，馆前应留出足够场地为人们集散所用，特别是遇逢具有纪念意义的日期，群众活动会增多。

对于以纪念性墓地为主的纪念性公园，一般墓地本身不会过于高大，因此，为了使其在构图中突出，墓地周围应避免设置高大建筑物，同时，还应使墓地三面具有良好的通视性，而另一面则应布置松柏等常绿树种。

② 园林区　该区主要是为游人创造良好的游览、观赏内容，为游人休息和开展游乐活动服务。全区地形处理、平面布局都要因地制宜、自然布置，亭、廊等建筑小品的造型均宜采用不对称的构图手法，以创造活泼、愉快的游乐气氛。

（2）道路系统规划

① 纪念区　该区的道路一般所占比例相对较小，因为本区常把宽大的广场作为道路的一部分。结合规则式的总体布局，道路应以直线为主，特别是在出入口，主路轴线应与纪念区的中轴线重合。道路两侧应采用规则式种植方式，常以绿篱、常绿行道树为主，使游人视线集中在纪念碑、雕塑上。

② 园林区　该区道路宜自由式布置，关键是本区与纪念区道路连接处的位置选择，应选择在纪念区的后方或纪念区与出入口之间的某一位置，最好不要选择在纪念区的纪念广场边缘，那样一是会破坏纪念区的布局风格，二是会影响纪念区庄严、肃穆的气氛。

（3）种植设计　纪念性公园的植物配植应与公园特色相适应，既要有严肃的纪念性活动区，又要有活泼的园林休息活动部分，种植设计要与各区的功能特性相适应。

① 入口处　纪念性公园的入口在城市主干道一侧，一般在门口两侧用规则式的种植方式来强调公园的特殊性，还可以做适当的修剪整形，以与园内规则式布局协调一致。出入口广场中心的雕塑或纪念形象周围可以花坛来衬托。主干道两旁多配植排列整齐的常绿乔灌木来创造庄严肃穆的气氛。

② 纪念区　纪念区包括碑、馆、雕塑及墓地等。在布局上，以规则的平台式建筑为主，纪念碑一般位于广场几何中心，其周围宜以草坪为主，可以适当种植具有规则形状的常绿树种，如桧柏、黄杨球等，并以松柏等常绿树种做背景，适当点缀红色花卉，以与绿色形成强烈对比，也寓意先烈用鲜血换来今天的幸福生活，激发游人的爱国热情。

纪念馆前多用庭院绿化形式来布置，与纪念主题一致，用常绿树按规则式种植，树形可适当增大。在常绿树前可种植大面积草坪，以达到突出主体建筑的作用，并可考虑配植一些花灌木。

③ 园林区　园林区在种植上要结合地形按自然式布局，树木花卉种类的选择要丰富多彩，注意季相变化。该区树种的选择要与纪念区有所区别，应多选择观赏价值高、开花艳

丽、树形树姿富于变化的树种。丰富的色彩可以创造欢快的气氛，自然式种植的植物群落可以调节人们紧张、低沉的心情，创造四季不同的景观。如广州起义烈士陵园大量使用了凤凰木、木棉、刺桐、扶桑、红桑等，南京雨花台烈士陵园多用红枫、檵木、茶花等，体现了游览、休息、观赏的功能需要。

（三）优秀设计实例介绍——唐山大地震遗址纪念公园概念设计

1976年7月28日凌晨发生在唐山的里氏7.8级地震是20世纪世界十大灾难之一。为了铭记这场人间浩劫，纪念地震中遇难的同胞，中国建筑学会和唐山市规划局于2007年5~8月共同举办唐山地震遗址纪念公园国际设计竞赛。竞赛地位于唐山市南湖区域，原为百年老矿——唐山矿的采煤沉陷区。竞赛中需要保护的地震遗址——唐山机车车辆厂铸钢车间建于1959年，在唐山地震中几乎全部倒塌。遗址位于约40hm²公园基地西侧，紧邻铁路。基地南侧为岳各庄，北侧为民房，东侧为几十家工厂的临时厂房和苗圃。设计内容即是对这个约40hm²范围的用地进行概念设计。

1. 引入遇难者纪念墙和纪念之路

一条通向地震遗址的"纪念之路"和总长近400m的纪念墙（图4-69、图4-70）把水体和树林分开。这条新的线性元素与旧的线性元素——废弃铁轨分别贯穿基地南北和东西两个方向，并在交叉节点设纪念馆和科普馆，从而把整个基地分为四个部分：遗址区、水区、林区、铁轨区。设计师希望通过不同类型的景观并置和强烈对比实现空间以及场景的戏剧性变换，并在此基础上体现纪念性。

图4-69 瞬间的永恒

图4-70 刻满遇难者姓名的碑墙

墙的一侧，大面积的水体和坡地呈水平开阔的形态，凸显纪念墙在高度和长度上的巨大尺度。纪念路尽端的遗址废墟在宁静水面的倒影中突出了它在整个公园的核心地位。墙的另一侧是树的海洋。四排高大的杨树和墙体平行种植，强化了这条主轴，并形成高耸深远的空间透视感。刻满名字的黑色花岗岩墙体"切割"了整个基地，以最"暴力"的手段强化了墓地东西方向纵深的特征，正确地定义了出入口的位置，并给公园的纪念活动以明确的方向感。同样，这也是最"不暴力"的手段，最大限度保持基地的原有特征和完整性。纪念墙的景观屏蔽作用，纯化了墙体两侧的景观元素，一面开阔辽远，一面密不透风，通过墙体之间的缝隙渗透少量景观和人流。当人站在纪念主路上仰视纪念墙上的名字时，能从墙体顶部看到后面高大杨树的树梢，风掠过，沙沙的声音，仿佛呜咽。

2. 景观的隐喻和陌生化

"一沙一世界"，"一草一木皆有情"。在这样一个需要表达丰富情感的场所里，除了通过仪式性的尺度和空间处理体现纪念性外，景观的隐喻和陌生化也是绝对不能忽视的。隐喻是无法言说的，一棵树的力量往往令任何语言望尘莫及。通过隐喻和陌生化，一些景观细节上的微妙处理能让人感到心灵的震撼，这种纪念性更意味深长，让人在惊鸿一瞥中体会生命与自然的本质。

3. 建立建筑与景观的对话

地震纪念馆与科普馆是地震公园中的关键建筑，由于其位置紧邻遗址，如何处理其与遗址和周围景观的关系成为设计的重点。过于自我的形态会与废墟的形态发生冲突，过于谦卑也会减弱该建筑自身应有的特征。于是设计师规定了以下原则：①建筑不应高于废墟的平均高度；②形态应单纯有力，符合整个公园的纪念性特征；③在功能上与纪念墙和纪念路统一考虑；④在空间和视觉上与景观发生对话。在此基础上，纪念馆和科普馆被设计成两个长方形的盒子，一个"埋藏"在地下，一个"漂浮"在空中，两个馆在地下连通。纪念馆紧邻纪念墙，在纪念路下方，顺纪念墙沿坡道向下进入纪念馆。科普馆底层通透，使得其北侧铁轨区和南侧广场在空间和视觉上贯通，当参观者从铁轨区穿过低矮幽暗的架空层向充满阳光的遗址广场走去，视觉上渐渐明亮开阔，当走出架空层，废墟、广场、水面和天空以完全不同的尺度突然呈现，会使人的情绪在压抑多时后瞬间得到释放。这个过程中，建筑和景观都不是孤立的，而是在对话中建立了统一的空间系统。看似对立的建筑与景观通过戏剧化的方式展现了一种张力，互为因借，相得益彰，纪念性的主题因此而升华。

思 考 题

1. 儿童公园有哪几种类型？
2. 儿童公园规划时应考虑哪些问题？
3. 如何从儿童公园的心理及行为特征进行儿童公园的规划设计？
4. 儿童公园绿化应注意哪些方面？
5. 如何进行儿童游戏设施的规划设计？
6. 动物园有哪几种类型？
7. 动物园选址时应考虑哪些问题？
8. 动物园展馆与环境设计有哪些特点？
9. 动物园绿化应注意哪些方面？
10. 如何进行动物园牢笼的规划设计？
11. 植物园的分区有哪些内容？
12. 植物园选址时应考虑哪些问题？
13. 植物园规划设计要注意哪些问题？
14. 如何进行植物园分区规划设计？
15. 历史名园的概念是什么？
16. 历史名园有哪些特征？
17. 历史名园的现代景观意义是什么？
18. 风景名胜公园的概念是什么？
19. 风景名胜公园和风景名胜区的区别是什么？
20. 试举出几个风景名胜公园的实例？
21. 游乐公园是如何分类的？
22. 游乐公园的规划设计应该注意什么？
23. 试举出几个游乐公园的实例？
24. 工业遗址公园的概念是什么？
25. 试举出几个工业遗址公园的实例？
26. 雕塑公园的类型有哪些？

第五章 带状公园

一、城市带状公园概述

1. 城市带状绿地概述

城市带状绿地（Linear green space）是城市绿色景观的重要组成部分，其建设创造了自然演绎的良性城市生态环境，形成了以人为本的生活空间和最理想的城市户外人性场所（图5-1、图5-2）。

图 5-1　城市生态防护绿带
资料来源：河北建设网

图 5-2　带状公园
资料来源：北京明城墙遗址公园网

城市带状绿地构成现代城市景观空间的骨架，是控制和协调城市开敞空间景观的重要结构和组分，如香港的维多利亚港海边绿带、上海黄浦江滨江大道绿带和世纪大道绿带等。城市带状绿地景观已成为现代城市中最为重要的景观之一，它有机地融合并调和了人与路、人与水、人与污染区等的关系，合理处理了城市容量、用地范围、人口密度、交通结构等元素与城市景观的冲突。根据城市带状绿地形成条件与功能的不同，可分为城市生态防护绿带和带状公园两种类型（表5-1）。

表 5-1　城市带状绿地类型

名　　称	特　　点
城市生态防护绿带	在城市各组团之间或周边，为削弱风向和各种产业的污染等不利因素，完善自然生态系统和物种的迁徙交流而建立的林带，如防护林、城市中的楔型绿地等
带状公园	城市中具有相当宽度的（8m以上）的狭长形公共绿地，它沿城市道路、城墙、水系等分布，是具有一定的游憩和服务设施的带状绿地

2. 带状公园的定义

《城市绿地分类标准》（2002）将带状公园定义为：沿城市道路、城墙、水系等，有一定游憩设施的狭长形绿地。具体解释说明为：带状公园常常结合城市道路、水系、城墙而建设，是城市绿地系统中颇具特色的构成要素，承担着城市生态廊道的职能。

带状公园的宽度因受到用地条件的影响，一般呈现狭长形。其形式多以绿化为主，辅以简单的设施。上述标准虽未对带状公园提出宽度的规定，但指出在带状公园的最窄处必须满足游人通行、绿化种植带的延续以及布置小型休息设施的要求。

3. 带状公园的分类

从以上定义来看，带状公园的建设常以道路、水系、城墙作为依托条件，故可据此将带状公园划分为：滨水带状公园、道路带状公园以及城墙带状公园（表5-2）。

表 5-2 带状公园主要类型

名 称	特 点
滨水带状公园	运用带状的水系，恢复其原有的自然式的生态结构，营造丰富的景观结构，包括人工与自然结合的滨水景观、湿地景观等
道路带状公园	依附于街头道路的休闲性的开放空间，它与道路绿地一同构成城市中的绿色廊道，其中还包括城市中废弃的铁路绿色景观
城墙带状公园	在结合城墙遗迹的历史保护或在城墙遗址的基地上，恢复建设的有一定游憩设施的带状公园绿地

这三种类型的带状公园虽然在功能、形态上具有许多共性，如都具有游憩的功能和带状的公园形态等，但由于它们所依托的基础不同而有着更多不同的个性特征，各公园突出的重心和设计的重点也有所不同。例如：滨水带状公园的最大特征是其亲水性的设计，亲水性设计的成功与否是滨水公园的关键；道路带状公园的突出重心应该是它的游憩功能和动态景观的营造等；而城墙带状公园的突出重点是对城墙等历史文化要素的利用和保护，对城墙地段所承载的历史信息的挖掘和表达。

4. 带状公园的功能

带状公园是城市空间构成中不可缺少的元素之一，它与城市道路、水系等共同构成了城市开敞空间（open space），为人们提供相互交流、公共活动以及私人活动的场所，改善建筑与建筑之间的空间和人们的生活环境，形成建筑物与自然相结合、空间构成元素多元化的城市空间组合，从根本上拉近了人与城市环境的亲近关系。城市带状公园是城市中绿色的"线"形结构，建立和完善城市生态廊道，联系城市中的各个斑块，营造适宜人们生存的人性场所和领域。

二、国内外城市带状公园发展概况

1. 国内发展概况

早在周定王时（公元前606年~公元前586年），我国就有了过境道路两旁栽种行道树的做法，《国语·周语中·单襄公论陈》记述道："……火朝觌矣，道不可行，侯不在疆，司空不视涂，泽不陂，川不梁，野有庾积，场功未毕，道无列树，……"。《周礼》上说，公元前5世纪周朝自首都至洛阳的街道中有许多行列树，可供过客在树荫下休息。秦始皇统一六国后，道路绿化就有栽植的距离指数、功能体现和树种的选择，《汉书》有记载"为驰道于天下，东穷燕齐，南极吴楚。江湖之上，滨海之观毕致。道广五十步，三丈而树，厚筑其外，阴以金椎，树以青松"。

隋唐洛阳城的洛水、伊水和大运河是典型的滨河带状景观。在这以后的各朝各代中，先后进行了城市带状绿地景观建设，直至清代乾隆年间，建立了 50hm² 左右、长 6km 左右的锦带型的扬州瘦西湖，标志城市带状绿地景观发展到了高度成熟阶段，它们在功能、视觉艺术、形体结构、树种配置和绿色景观元素的多元化方面都有了极其完善的表现。

20世纪80年代中期掀起了把公园搬到街头的绿化运动，也掀开了城市带状绿地建设的新篇章。如规模较大的西安环城公园，绿地宽达200～300m，保护了古城墙，体现了古氛旧制特色。

21世纪，各城市在环境不断恶化的情况下，注重对水环境的保护，对滨水绿带的建设有了可持续的生态规划设计，如黄浦江两岸绿带和世纪大道绿带的建成、天津海河两岸绿带的建设等。

2. 国外发展概况

公元前10世纪，在喜马拉雅山麓，连接印度加尔各答和阿富汗的主干道中央与左右，栽种了3行行道树，这是人类历史上最早的道路绿带，也是城市带状绿地最原始的雏形。日本的道路绿化起源于奈良时代明治以后，以横滨、东京为首开始行道树种植活动。

13世纪，沿流经维也纳东北边的多瑙河岸建立了古城墙。1857年，奥皇决定拆迁建路，修建了长4km、宽57m的花园环路，沿河和河道布置了各种公园、花坛、柱廊、雕塑小品等。另外，各种建筑点缀于林荫大道和花园之中，气势宏大，环境优美。欧洲有许多大中城市，如科隆、莱比锡等情况都与维也纳相似，小城市中利用水系、道路、城墙等开辟带状公园的也不乏其例，如荷兰的纳尔登。

国外对城市带状公园的建设十分重视。1865年，美国景观之父弗雷德里克·劳·奥姆斯特德（F·L·olmsted）在伯克利的加州学院与奥克兰之间规划的穿梭于山林的休闲公园道是带状公园的具体应用实施，成为公园的延伸，这种做法后来被应用到城市街道等带状公园中。20世纪中叶，汽车成为北美道路上主要交通工具，这使得汽车尾气、噪声和安全的威胁日趋严重。在20世纪60年代，威廉姆·怀特（William H. Whyte）提出绿道（Greenway）的概念；70年代，在丹佛（Denver）实施了北美第一个较大范围的绿色道路系统工程。1972年，日本出现购物树荫大道（Shopping mall）——旭川平和通日本购物公园。

三、带状公园规划设计

1. 带状公园规划设计原则

城市带状公园是自然、安全、舒适的生态型现代城市绿地系统中的"线型"景观空间。与城市规划设计相比，带状公园的规划设计更偏重于人、植物、建筑及建筑空间等元素之间的交流，以及整个公园系统的完善与协调。其规划设计是在有一定宽度和相对长度的空间中，利用多学科融合的方法，研究适合人和周围其他环境相互控制与协调的整体，营造有机的"带状"公园景观空间。

① 尊重城市上位规划的原则　带状公园的规划设计，除参考相应公园设计规范外，还要将其置于城市绿地系统规划和城市总体规划设计中，遵从国家和地方有关城市园林绿化的法规。优先考虑并尊重城市设计、城市各类规划，优化城市景观，展示城市形象。从实际出发，紧密结合实地的自然条件、地质地形、原有植被，充分认识城市的规模、性质、产业结构、人口结构等，统筹安排。

② 保证基本功能原则　通过带状公园疏通城市中的气流、噪声以及交通通道，协调人与路、水、污染区之间的相互关系，使各要素之间和谐、持续地发展，进而保证满足带状公园的基本功能。

③ 以人为本，力求多样性、高效性原则　带状公园是提供人休养生息的人性化场所，通过完善人们各类行为功能来满足游人休闲、娱乐、游憩等功能的需求。多样的带状公

园元素组成，高效的公园景观系统的建立，是完成人与城市从创造到适应再到融合的良好途径。

④ 突出特色的原则　城市带状绿地作为城市的"名片"，设计时要从人文、历史等角度入手，抓住城市的特点，挖掘城市的特色，以使公园给人留下深刻的印象。

2. 带状公园规划设计手法

① 以点带线、以线控面布局　带状公园是城市中的重要景观廊道。在城市中，带状公园能够有效且系统地组合各个景点和景观元素，促使各个景观元素相互融合，使各景点互相贯穿、互为关联、融为一体。"以点带线、以线控面"的布局模式能有效地把握与控制带状公园景观的综合效果。在具体的设计中，以节点为点，用园路、景观视线和水岸线等组成线，进而形成景区，整体有效地体现"以点带线、以线控面"布局的规划设计手法。

② 人车分流的交通方式　交通组织适度体现人车分流的交通方式，将车行道路和人行道路有机的结合与分离，形成便于人与车安全、高效和生态运行的交通系统，为整个带状公园营造出动静结合、安全与观景结合、休息与工作结合的场所。

③ "百叶窗"模式布局　在带状公园的规划设计中，用"百叶窗"的外形特点来组织景观元素，可形成景观元素的互融和优良的视觉景观效果。同时，以这种模式来种植植物能有效地组织道路两旁的视线和景观空间，形成安全行车和观景的空间环境，从而有效地组织交通和游览。

④ "网络式"空间布局　带状公园的形体布局多以城市各类规划设计为基础，体现带状绿地的轴线——视觉景观轴线和布局轴线、在空间布置上，用轴线串联各个景点，优化各个景区的空间结构，组织各个景观元素网络，并形成乔、灌、草结合、落叶与常绿树种相结合的植物网络空间，从多方面构筑多层次的"网络式"空间，以形成可持续的带状公园景观空间。

3. 带状公园功能分区

带状公园和其他类型的公园一样，要满足不同年龄、不同爱好等的游人的多种文化娱乐和休闲游憩的需要，因此，要对带状公园进行合理的功能分区。

公园的功能分区常根据公园所处地域的地理环境、地域文化、生活习惯和公园内自然条件等的不同而有不同的划分，同时，还具有较强的时代性，因此，公园功能分区的内容也会随着人们对娱乐、休闲需求的改变而不断发生变化。另外，公园的功能分区还要注意到各个分区之间的相互关系，使各功能区之间既有独立性，又有联系性，做到紧凑合理，动静得当。

带状公园的功能分区同样也受到上述条件的约束，虽然不及综合公园的复杂、全面，但一般情况下，结合带状公园的特点进行功能分区要着重注意以下几个问题：

① 带状公园的形态　带状公园的形态使公园的空间向长度方向发展，同时也使功能分区沿公园长轴方向呈线性分布，这样就可能需要进行较长距离的穿越才能到达相应的功能区。因此，带状公园的功能分区要考虑与公园出入口之间的距离关系，尽量将服务特殊人群的功能区接近出入口布置，如将儿童活动区、残疾人活动区等结合公园的环境设置在出入口附近。

② 带状公园的主题　主题是公园的灵魂和主线，影响和制约着整个公园的景观，不同类型的带状公园由于依托的元素不同会形成各具特色的主题。所以，带状公园也可以围绕着公园的不同主题特征进行功能区域的划分。

③ 带状公园的开放性与易达性　带状公园的开放性和易达性带来了使用人群的广泛性，无论何种年龄层次、无论希望进行何种活动的人群，都能够找到与之相适应的空间和场所。且在带状公园的规划设计中，应尽量增强功能分区使用的兼容性，以提高公园的利用率。

四、带状公园详细设计

1. 带状公园设计要点

根据带公园所处空间环境、地域背景等的不同,可以归纳为具体的五种类型带状公园的设计要点(表 5-3)。

表 5-3　不同类型带状公园设计要点

名　称	设　计　要　点
城市轴线带状公园	1. 必须留出完整的视线通廊(其形式可以是轴线大道或是开阔的自然空间) 2. 空间序列围绕廊空间或位于两侧展开,注重人性化空间的形成,必须提供足够的活动场地 3. 具有明显的空间等级,以构筑物、变化的植物景观等手法给予强调,要标志性突出 4. 出入口常与城市干道结合紧密 5. 植物选择以体形较大的乔木形成成片的树群,体现气势和整体感
滨水带状公园	1. 以通透性的要素组合把河景、江景引入城市,且临水区域以绿化空间为主 2. 布局多靠近城市生活区,临水区域设置滨水步道,公共活动空间小而分散地布置在滨水步道沿线,并与植物配合,避免给水岸造成生硬之感 3. 植物配置要满足生态防护的要求,要不影响滨水透景线,能营造半私密空间,并为这些空间提供良好的视线
道路带状公园	1. 是构成城市廊道的重要组成部分,有遮阴、防尘、降噪功能 2. 使廊道与廊道、廊道与斑块、斑块与斑块之间相互联系成一个整体 3. 在生态学上,为动植物的迁移和传播提供有效的通道
城墙带状公园	1. 以保护有历史价值的城墙或墙基为目的,沿其一侧或两侧建设的有一定宽度的带状公园 2. 结合历史文化因素设置景观,达到保护古迹、抚今追昔的景观场所
覆盖体上带状公园	地下隧道、高压走廊、河涌等在穿过城市居民区的区段不宜有建筑处形成的高压走廊上带状公园、覆盖涌带状公园,其设计要点: 1. 空间布局以活动内容、场地的安排,通行的舒适性、便利性,以及为居民提供清新整洁的环境是为前提 2. 内部空间有较强的易达性,各种设施尽量平均分布,要求有照明设计 3. 营造中心或标志性景观,使带状公园具有个性和可识别性 4. 植物配置要求丰富多样,多体现自然野趣

2. 景观要素设计

① 地形设计　带状公园的地形设计要充分结合公园总体的形态走势,把握公园的整体关系。首先要处理好地形与地形、地形与水体以及地形与公园总体布局之间的关系。对于带状公园地形的整体把握,要在基址地形条件、公园功能分区、景色分区的基础上,本着合理利用用地形态和丰富公园空间的原则,考虑地形山脉的走势、地形的主次、山水的关系以及与其他景观要素的关系,例如古城墙之间的影响与冲突等问题。

带状公园的空间受公园形态的影响而呈线性,要通过地形设计削弱这种过强的"线"性空间感。如地形主要走向不与公园的长轴平行,以避免地形对公园的再次线性分隔。同时,利用地形的高程变化增加层次、结合植物等要素营造小空间,增加公园短轴方向上的空间和景观层次,以使长轴方向上的景观富有节奏韵律的变化,并应营造出起伏变化的公园风景轮廓线和层次丰富的立面景观。

② 园路设计　带状公园的形态使其内部道路不具有一般公园的网状道路结构,虽然带状公园的宽度能够形成环形主干道,但是道路的发展始终改变不了沿长轴方向简单延伸的趋势,从而只能形成单一的环线。根据公园其他要素将带状公园划分为若干段落,并在划分的段落内分别进行独立道路网络的设计,能够改变这种单一形式,并削弱公园较大的长宽比对路网的制约。再从公园的整体交通出发将这些独立的路网串联起来,构成复合的带状公园道路结构,以使整个道路更具变化。

增加道路在公园短轴方向上的弯曲来不断改变游人的方向,结合地形增加道路的行走难度来改变游人的步速等都可以改变道路的单调性,增加公园在宽度方向上的纵深层次和游赏的趣味性,从而改变游人的心理。按一般人的体力,步行300~500m是最为轻松愉快的距离,超过1km就开始感到吃力;而对于骑自行车的人来讲,2~3km是较为轻松的距离,超过5km就会感到费劲。因此,对于带状公园的交通组织,每隔500m左右应设置一个交通节点,如休息小广场、公园的出入口或沿路休息设施等,供游人休憩或结束游园活动,避免由于道路设置不当对游人造成被迫性劳累。

此外,公园的出入口对带状公园的道路形式也有一定的影响。公园出入口的设计依赖于对公园周边环境和人流的分析,包括通达公园的市政交通状况、公园外部的公共设施,如公交站点、商场和企事业单位等。如果带状公园的旁边有相对集中的商场、写字楼、学校等大型的人流集散地,就有必要在此附近设置适当的出入口;带状公园中的主路应该和城市中的市政道路相互联系,它们相互交接的位置应该是公园出入口所在。同时,在公园的出入口处要合理解决高差、方向等问题,做到公园内外道路的合理交接,且不影响城市市政道路的正常通行。

③ 种植设计　带状公园的种植与其他公园绿地一样,在植物种类的选择上要遵循适地适树原则,了解植物的生长习性、遵从植物的自然生长规律、多以乡土树种为主,以确保植物群落的稳定性。其次,种植形式以营建复合群落为宜,乔灌草搭配,以丰富群落的多样性。

带状公园的种植设计在空间上具有连续性,它不仅受到公园主题和功能分区的影响,还要受到游人和观赏者行进速度和视角、视距的影响。当观赏者离边界的距离较远时,会注意到边界轮廓的进退和波动之美;而距离边界较近的观赏者会比较注意植被的细节,如花色、叶形、香味等。观赏者行进的速度不同也会对边界产生不同的观感,如步行者常常会注意边界植被的细部——植株的形状、花色、叶形等。所以,公园边界的种植设计要考虑步行者的观赏效果,多用树形较好的花灌木等作为边界植物,以便构成变化较丰富的边界立面,同时,边界植物的变化又不能过急,过于复杂。

五、优秀设计实例介绍——北京东便门明城墙遗址公园

北京东便门明城墙遗址公园位于北京崇文门至东南角楼一段,该段城墙始建于明代嘉靖年间,是北京城内仅存的两处明城墙遗址之一,也是北京城历史发展的重要标志。城墙全长1540m,占地15.4万平方米。它不但把现存的明城墙与全国重点文物保护单位——北京东南角楼连成一片,还与现代带状绿地、避灾绿地相融合,体现出一个现代城市注重生态环境、人文环境、古都风貌的思想。

(1) 设计思想　北京东便门明城墙遗址公园在设计上紧紧围绕明城墙遗址展开,注重环境氛围营造,准确地体现了"尊重历史,再造历史,发扬人文精神"的主题,并以保护城墙为出发点,以展现明城墙的真实风貌为目的,给城墙提供一个最自然、简洁的环境。使环境安静、和谐地衬托着古城墙,更凸显出了古城墙所经历的沧桑变迁与历史文化,成为北京城市景观的有机组成部分。

(2) 景点规划　公园共分为4个景点,自东向西依次为老树明墙、残垣漫步、古楼新韵、雉堞铺翠。

整个公园的南侧西段城墙保护较好,结合现状古树,形成"老树明墙"景点。古树城墙相互映衬,营造古朴、沧桑的环境氛围。公园南侧东段,城墙遗址只有0.8~1.6m高,在此建成"残垣漫步"景点。东便门角楼保存较好,依托角楼作背景,可以唱戏、听戏,也可以遛鸟、晨练,形成体验老北京城墙根文化的休闲区,即"古楼新韵"景点。遗址公园东段结合二环路景观改造，以种植大树为主要景观，形成"雉堞铺翠"景点。各个景点以带状绿地有机地连接在一起，形成独具特色的城墙遗址带状公园。

(3) 设计手法分析

① 地形设计　公园整体地形在政府地块整治的基础上没有过大的变化。公园南侧的竖向设计以保护大树为目的，以少动土方为原则，注重微地形设计，使流畅的地形、草坡与城墙相互呼应。公园城墙北侧的地形则适当加高，大量种植高大乔木，进而形成观赏城墙的背景林（图5-3）。

② 园路设计　在道路设计上，为了很好地突出对城墙景观的保护作用，公园城墙南侧的道路力求简洁。全园由一条宽度仅为2.2m的人行步道贯穿东西，整个道路柔和曲折，以自然曲线的形式体现，并结合崇文门东大街的人行步道，形成循环道路系统。道路线形看似极为简单，但是每一处转折曲线的弧度都结合城墙及现状大树的位置、高度等影响因素进行了认真的视线分析，使游人行走在路上能有最佳的观赏角度，使景观更好地展现给游人。

③ 种植设计　在植物种植方面，首先考虑到要保留和复壮现状的所有大树，因为只有这些苍劲的老树才能给明城墙增添古朴、沧桑的韵味。在此基础上，新增的树木大多选择了能很好地烘托明城墙气氛的品种。现状树木较多的位置则考虑结合现状树木的品种进行进一步设计。乔木以北京乡土树种国槐为主，点缀以银杏、油松。花灌木选择大量种植花色淡雅的山桃、山杏、海棠，并点缀以碧桃、紫薇等。地被植物则以沙地柏、萱草、马蔺为主。整个种植设计，在朴素中蕴含古韵，给人以古韵古香的氛围（图5-4）。

图5-3　起伏的地形
摄影：纪思佳

图5-4　城墙边缘绿化
摄影：纪思佳

北京东便门明城墙遗址公园作为城墙带状公园，遗存的城墙是主体，设计上更多考虑了公园与城市、城墙与古树等因素之间的关系，进而形成更具独特文化韵味的城市绿带，以挖掘人们对城墙历史的记忆。

思　考　题

1. 带状公园的定义是什么？其功能主要有哪些？
2. 带状公园是如何分类的？
3. 带状公园的设计要点有哪些？

第六章 其他类型的城市公园

第一节 郊野公园

一、郊野公园的概念

郊野公园（Country Park）是在城市的郊区，城市建设用地以外的，以自然景观或经过生态修复后的良好生态环境为主体，以防护、游憩、生产为主要功能，以防止城市建成区无序蔓延为主要目的，兼具保护城市生态平衡、提供城市居民游憩环境、开展户外科普活动场所等功能的绿化用地。

二、郊野公园的历史

1. 国外郊野公园的起源

郊野公园（Country Park）这一名称起源于英国。1929年，英国阿迪森委员会（AddISON Committee）预设了两种国家公园的形式，一种是全世界普遍认同的国家公园形式，即有显著意义的自然资源和文化遗产地区，另一种是城市周边的乡村自然资源区，即郊野公园。1968年，乡村法（Countryside Act）再次提出了设立郊野公园，由此，英国政府开始了最早的郊野公园建设。至1995年止，英格兰和威尔士地区充分利用林地、草地、丘陵、湖泊、河岸等自然资源，建立了约250个郊野公园，每年接待3000多万游客。

2. 我国郊野公园的起源

我国郊野公园的起源可追溯到古代王公贵族为野游射猎而在郊外修建的苑囿，如周文王的灵囿，囿里树繁草茂、水秀鱼丰，野兽众多，具有郊野公园的雏形。此后，东汉时期近郊的宅第、园池、郊野的庄园也融入了一定分量的园林化经营，表现出一定程度的郊野园林特征；魏晋南北朝时期，文人名流经常在新亭、兰亭这样的近郊风景游览地聚会游玩、诗酒唱和，这些风景游览地具有最初的郊野公共园林的性质；唐朝盛世时期，长安城外利用凹地开挖池沼，辟为游览区供人们游玩，如曲江池；宋代的郊野公共园林逐渐成熟，最有名的数临安的西湖，历经晋、隋、唐、宋的开发整治、建设之后，成为城郊风景名胜游览地——开放性的天然山水园林。

我国内地郊野公园的发展借鉴于香港。在香港1000多平方公里的土地上，郊野公园的面积占40%，有效地保护了当地的自然环境，至2005年，香港共有23个郊野公园和17个特别地区（其中11个位于郊野内），总面积约415km^2。郊野公园遍及香港海岛水畔、山坡峰顶以及一些自然地带之中，有效地保护了郊野资源的完整性，同时深受香港市民以及游客的喜爱。

三、郊野公园的功能与作用

郊野公园属于城市园林绿地分类中的"其他绿地"，对城市生态环境质量、居民休闲生活、城市景观和生物多样性保护有着直接的影响，其主要功能如下：

1. 抑制城市蔓延

随着我国城市化进程的不断加快、城市人口的增长、城市职能的多样化，在规划的城市建设用地外围建设郊野公园，形成防护隔离绿带，可有效防止城市用地无限向外蔓延，从而有效保持城市的合理规模与人口数量，保证城市合理的格局与形态的形成，使城市成为组团式或中心城加卫星城镇的形态，协调城市与周边地区的土地利用关系，确保城市健康有序发展（图6-1）。

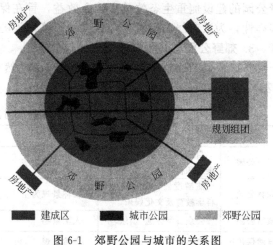

图6-1　郊野公园与城市的关系图

2. 休闲游憩

休闲游憩是人们的基本生活需要。郊野公园能为人们提供一个生机盎然、清新纯净、充满野趣的自然环境，人们可以在其中开展多种游憩休闲娱乐活动，如远足、骑马、烧烤、露营、观鸟等，再加上郊野公园通常距城区较近，交通便捷，更是人们紧张工作、身心俱疲之后休闲游憩的首选地。

3. 生态环境保护

郊野公园往往成为城市生态系统中的较大斑块，或者多个公园形成环形绿带作为城市生态的一个环形廊道，可以明显地改善城市大气环境与水环境，有助于生态系统的恢复与稳定，涵养水源，减少城市周围地区的裸露地面和水土流失，调节城市小气候，增强城市的生态调控能力，并可以为野生动植物提供生境与栖息地，从而提高城市的生物多样性。

4. 美化城市景观

郊野公园的建设能传承自然和历史文化，保护郊野和乡村特色以丰富城市景观，尤其是本土的动植物和特有的自然景观地形地貌。以自然景观为主体的郊野公园环绕着城市，形成自然与人工、城市与乡村、历史与人文相结合的城市边界。

5. 社会自然科普教育

郊野公园本身就是一个大自然的博物馆，是自然教育和环境保护教育的理想场所。在公园内，以不同形式为人们开展自然的科普教育，比如通过动植物解说牌、各种树木、鸟类等自然教育读本的提供、游客中心、科普展览馆、植物园等各种形式向人们展示郊野公园的历史、地理特征、特色动植物资源等知识，提高居民对郊野的认识，寓教于游，培养居民热爱自然、保护自然的情操。

四、郊野公园的特点

郊野公园是城市绿地系统的一部分，其主要目标是为了保护城市生态用地，同时又能为市民提供休闲、娱乐、游憩的户外场地，拥有着自身的特点。

1. 景观生态自然

郊野公园自然度较高、面积大、设施少、生物资源丰富，以保护为目的，主要开展探险穿越、露营、爬山登顶、探访乡村、欣赏田园、拓展健身、烧烤野营等活动，不规定特定的游线，不对游客有太多的限制，使游览更加自由。

2. 保护为主，利用为辅

郊野公园的建设，主要目的就是为了保护自然景观区域，控制城市无限扩张，因此，郊野公园的建设侧重生态效益和社会效益，旨在保护自然资源，改善城市生态环境，保护生物多样性，为城市居民提供科普教育和游览休闲的户外场所。

3. 郊野公园与其他类型城市绿地的区别

与国家公园、森林公园、城市公园、自然保护区、风景名胜区在很多方面存在差别（表6-1）。

表6-1 郊野公园与其他公园的比较

类别	功能	景观特色	规模	包含内容	地理位置
郊野公园	自然保育、游憩、观赏、康乐和科普教育	自然景观为主	规模不等	自然景观、人文化景观的观赏与保护	城市边缘、近郊
森林公园	旅游度假、休憩、疗养、科学教育及文化娱乐	森林景观为主	较大	自然景观、人文化景观的观赏、娱乐、疗养、森林经营	城郊
城市公园	公众日常休憩、娱乐	人工景物	较小	日常娱乐、休息	城市建成区
自然保护区	自然资源保护、科研	自然景观	较大	典型特征的自然资源保护	远郊
风景名胜区	自然景观、人文景观的保护、科研	人文景观为主或人文与自然景观共存	规模不等	自然景观、人文景观的观赏、娱乐	近、远郊
国家公园	自然、人文资源的保护、科学考察与科普	自然景观、人文景观	较大	自然景观、人文景观的观赏与保护	远郊

五、郊野公园的定位

1. 性质定位

郊野公园是以保护生态用地为目标，以郊野自然景观为特色，营造开展户外活动、游览休闲、运动健身和科普教育等功能的开放性公园。

2. 风格定位

郊野公园一般选择在山地、湿地、山川、田园、河流、溪谷、水塘、湖泊、海岸等自然风光区域，所营造的景观应是自然的、具有野趣的，人工添加的园林建（构）筑物的外观、颜色朴实、大方，与周边的自然景观融为一体。

3. 生态功能定位

郊野公园处于城市郊区，这里包含有更丰富的生物多样性，但也是最容易受影响的区域。因此，郊野公园的建设必须从系统的角度来考虑，本着保护优先的原则，保护自然和半自然的生态系统，维护自然演替过程，为各种野生生物提供良好的生存空间。

六、郊野公园规划设计

1. 规划设计原则

郊野公园以自然环境为主，即使是人工景观也要达到"虽由人作，宛自天开"的效果，因此，其规划设计应遵循如下原则：

① 自然性原则　从公园的整体来说，要充分体现公园的自然景观，规划设计应以恢复自然活力、促进自然更新为根本目标。将地下水、土壤结构、土壤表层、地表水、地面植被、动物鸟类以及人的活动作为一个整体，营造各类元素之间的良性循环机制。植物的种植以自然式为主；园路的铺装也应古朴、自然，与周边环境融为一体；娱乐设施，应避免安装大型的设备，可以结合地形环境布置一些趣味性的项目，少用钢架、机械类设备，以免破坏自然环境和影响景观。

② 地域性原则　地域具有差异性和特殊性，即使同一区域的不同场地也具有不同的自然与人文历史特性，郊野公园的规划设计应充分利用现有景观资源和建设材料，突出自然、社会与人文条件的景观类型，以形成典型的地方风格。

③ 朴实性原则　郊野公园不同于城市公园有过多人工雕琢的景观，也不同于风景旅游胜地的秀丽景观，相反，它应体现自然景观的质朴美，人工的园林建筑更要注意色彩的朴素，以突出天然野趣的主角景观。

④ 野趣性原则　人们离开城市公园而融入郊野公园，主要目的是追寻郊野公园的野趣、自然、不加雕饰，因此，郊野公园规划设计时就应该根据游人的心理需求来处理营造各类郊野特色景观。

2. 郊野公园规划设计的要求

① 用地选择　以山林地最好，选择地形比较复杂多样、景观层次多和绿化基础好的地方。

② 景点布局　根据景点的自然分布情况，在景观优美的地点设置休息、眺望、观赏鸟类和植物的景点，开展远足、露营等野外活动。

③ 地形设计　顺应自然，避免大量土石方工程和地形的大开大挖。

④ 重视水景的应用　利用自然的河、湖、水库、瀑布、涌泉等形态和资源，并于水岸斜坡铺草皮或以自然块石护岸。

⑤ 道路和游览路线的设计　要遵循赏景要求，随地形高低曲折，自然走向，联系各个景点。遇到绝涧、山岩等险阻，可以架设桥梁、栈道；铺装材料除主要防火干道用柏油外，多用碎石级配路面或土路、自然块石路面等。

⑥ 绿化设计　根据自然生物群落的原理营造混交林或封山育林，恢复自然植被，保护珍稀濒危植物和古树名木，形成有地方特色的生态植物群落。

⑦ 建筑物的设置　要少而精，既有休息避暑的功能，又可起到点景点缀的作用，如在山巅、水边建亭台、楼阁。建筑饰面宜用当地石材、木材、砖等材料，表现自然、朴素、与环境协调。

3. 功能分区与游憩项目的设置

郊野公园具有游憩与保护的双重功能，因此，其功能分区应保持整个生态系统的完整性和旅游开发的有序进行，一般可划分为核心区、缓冲区和游憩区三个功能区。

① 核心区　核心区是将具有风景特色的区域作为郊野公园景观的框架来加以保存，如天然林带，有典型地貌特征的植被区域等。在郊野公园中划定核心区，目的是更好地保护该区域的生态和景观特色，严禁砍伐捕猎和毁林开荒，防止自然资源遭受破坏，保持原始生态环境面貌。

② 缓冲区　缓冲区通常是原始生态环境被人为毁坏或被毁林种果的区域，该区域应进行森林的恢复改造，以提高生物多样性和达到森林的景观效果。

③ 游憩区　游憩区设置在生态系统敏感度相对较低的区域，但应防止景观退化，尽量减少对自然环境的破坏，建筑形式以简朴为宜，其他构筑物或小品风格、颜色应与周边环境相协调。

郊野公园的游憩项目一般分为观光型、参与型和专业型三类，包括观光、散步、烧烤、野餐、采摘、远足、骑马、自行车越野、登山等。游憩项目的设置要根据公园的实际情况，在保护环境的前提下设置不同类型、难度的游乐项目。要尽量体现科普性，充分利用郊野公园的资源，直观而全面地使游人了解本地地理气候、自然生态、生物种类及其栖息特征等，提升对自然的认识。

4. 旅游项目和游览线路

(1) 旅游活动项目规划

在郊野公园里安排合适的旅游项目很重要。首先，有利于生态的保护、旅游资源的合理利用和可持续发展。在郊野公园内，生态保护是主要的，景观和旅游是从属的，但生态、景观、旅游是相辅相成的，在规划旅游活动时必须考虑自然环境的承载能力，减少由于超量而造成生态破坏，确保景观开发的可持续；其次，必须考虑到人与自然的共同发展，注意确定功能分区、测定环境容量、游人量、游览方式、路线和内容；第三，规划设计时注意景观的营造，讲究动态游览的步移景异，也要讲究静态观赏的构图美和文化内涵的意境美。郊野公园一般可以规划如下旅游活动：

① 登山、健身和教育活动　以路径为主要游览单元来开展登山、健身和教育活动，如自然教育径、康乐径、健身路径等。这些路径既满足了游览的需要，又因为是小道而对生态环境破坏较小，起到保护自然生态的目的。

② 休息、聚会活动　结合动态游览的路径设置平台进行静态观赏，开展休息、聚会活动。平台的建设，为游人提供驻足休息、静态观景的方便，也可以提供多人聚会的场所。

③ 植物观赏和自然教育活动　开设专类园开展植物观赏和自然教育活动。通过规划和展示，成为很好的植物观赏和自然教育、生态教育的场所。

④ 生态体验活动　良好的生态环境有利于进行生态体验活动，如露营、垂钓、登山、野战、体能训练和植树活动等，让游客尽情享受生态的野趣。

⑤ 森林保健活动　植物能挥发植物精气，产生空气负离子，吸收有害气体，放出新鲜空气，因此，森林具有较高的疗养保健价值，是现代人康体健身、休闲放松、进行森林浴活动的场所。

（2）旅游线路的组织

郊野公园一般面积较大，地形复杂。根据公园各景区内容和游线长短，应规划数条游览路线，供游人选择。

5. 基础设施和管理服务设施规划

（1）基础设施规划

① 引导游览的设施　主园道、消防道、登山道、游步径、观景台等。登山道尽量采用山石、原木等自然材料，尽量避免对生态环境的破坏，减少使用钢筋、水泥等现代建筑材料。

② 导游标识设施　导游牌、标识牌、环保宣传牌等。

③ 安全救助设施　结合游憩安全规划，修建专门消防通道，沿途布置消防蓄水池、消防栓，配套求救、呼救系统设施，如救助瞭望塔、无线电中转台、对讲机等，形成完整的消防及安全工程。

④ 卫生环保设施　环保公厕、垃圾桶、垃圾收集站等。

⑤ 休息设施　根据不同地点和游赏内容设置休息台、凳、椅、桌、凉亭等，控制数量与规模，整体风貌与郊野特征相协调。

⑥ 停车场　在入口处设置环保型停车场。

（2）服务管理设施规划

公园服务管理设施即服务中心和综合管理建筑。公园服务中心主要是为游客提供服务，包括游客游览时出现意外的应急处理；综合管理建筑主要是管理用房，结合展览用房，具有管理和科普教育的作用。服务中心的选址宜在郊游道路的起始点上，在服务设施方面，园区内不能规划建设宾馆、酒店，对于野炊、烧烤区也应尽量控制规模。

七、优秀设计实例介绍——昆明郊野公园

昆明郊野公园（图 6-2）位于北郊玉案山，距昆明市中心 15km，游览面积 62.5hm^2，森林面积 180 余公顷，1990 年建成并对外开放，主要功能区包括公园入口、公园管理处、青少年活动中心、三碗水景区、郊野度假区、文化活动区、放风筝区、森林野趣及周边森林绿化区。建筑风格以云南省少数民族民居建筑形式为主，依山势构筑，野趣横生，形成浓郁的山寨田野风光。

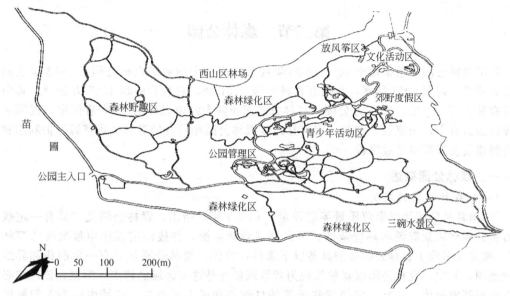

图 6-2　昆明郊野公园平面图

1. 主要景点

郊野公园内的主要景点有：桃花径、晴岚桥、三碗水景区、驼峰纪念碑等。

2. 游憩项目

① 蒙古包与跑马场　蒙古包位于公园北面跑马场附近，仿蒙古族民居建筑，包内可供游人露营、野炊、休闲、娱乐；跑马场位于公园北端，椭圆形跑道 300m，可供游客骑马、赛马等活动。

② 驼峰飞行纪念碑　为纪念抗日战争驼峰航线这一航空史上的壮举和中美人民反法西斯并肩战斗的友谊，缅怀先烈，表彰生者，铭记世界和平来之不易而建。纪念碑占地 50 ㎡，高 15m，呈飞机起飞流线型，为郊野公园增添了一处历史事件纪念景点，也是进行爱国主义教育的场所。

③ 服务中心　公园西面建有茶室、棋牌室，驼峰纪念碑旁是餐饮服务中心。建筑为傣族风格，一泓碧水倒映着周围葱郁的树影，池旁桃红柳绿，设有众多石桌凳，是游人活动、休息的集中地（图 6-3）。

④ 晴岚桥与铁索桥　晴岚桥：飞越犀牛箐，跨度 100 余米，倒张弓式铁索吊桥，把筇竹寺和郊野公园连为一体。铁索小桥：位于园中部的沟壑间，两根直径 5cm 的铁索为"网"，其间铺有沥青煮过的厚木板桥面，游人行走其上，犹如荡起秋千。

图 6-3　昆明郊野公园服务中心

⑤ 休息亭　有蘑菇亭、草廊、园草亭、惠然亭等。分布于林间 2000 多米的游路边上，采用云南少数民族建筑风格，分别用竹、木、草、棕、树皮等山林素材设景造园，突出山林野趣，给人以古朴自然之感。

第二节　森林公园

我国森林公园体系始建于 20 世纪 80 年代初，第一个国家级森林公园于 1982 年在湖南张家界建成，截至 2007 年底，共拥有森林公园 2151 处，总经营面积 1597 万公顷，其中国家级森林公园 660 处，1125 万公顷。森林公园遍布除台港澳以外的 31 个省区市，以国家级森林公园为骨干，国家级、省级、市（县）级森林公园相结合的森林风景资源保护利用和森林公园建设发展框架日益完善。

一、森林公园概述

（一）森林公园的定义

《中国森林公园风景资源质量等级评定》（1999 年）指出，森林公园是"具有一定规模和质量的森林风景资源和环境条件，可以开展森林旅游，并按法定程序申报批准的森林地域"。该定义明确了森林公园必须具备以下条件：首先，森林公园是具有一定面积和界线的区域范围；其次，森林公园以森林景观为背景或依托是这一区域的特点；第三，该区域必须具有旅游开发价值，要有一定数量和质量的自然景观或人文景观，区域内可为人们提供游憩、健身、科学研究和文化教育等活动；第四，森林公园必须经由法定程序申报和批准。凡达不到上述要求的，都不能称为森林公园。

（二）森林公园与其他类型绿地的区别

森林公园是以森林为主体，具有地形、地貌特征和良好生态环境，融自然景观与人文景观于一体，经科学保护和适度开发，为人们提供原野娱乐、科学考察及普及、度假、休疗养服务，位于城市郊区的区域。以森林为主体，是指森林公园的景观主体是森林植被，多为自然和半自然状态的森林生态系统，拥有丰富的生物多样性，以森林所包含的资源为观赏和娱乐内容，强调森林的功能，没有形成良好生态环境和缺乏地形地貌特征的区域不应算在其中。而其中的文化娱乐、科学考察及普及、休疗养等内容都和森林及其环境紧密联系，这是普通的公园所不具备的。

1. 森林公园与国家公园

对于国家公园，欧美国家一般多称国家公园、原野公园，日本称国立公园、国家公园，还有一些国家叫自然公园。美国的国家公园（National Park）有广义与狭义两种含义，广义上，包括国家历史公园、国家自然和历史纪念物、国家游乐胜地在内；狭义上，指国家天然公园，简称为国家公园。我国的森林公园大多是在国有林场或自然保护区基础上发展而来，类似于国外的国家公园。国家公园是一类保护区的总称，拥有多种景观类型，除森林公园外，还包括地质公园、海洋公园、草地公园、荒漠公园、湿地公园等。森林公园的景观特征是森林植被，它仅为国家公园体系中的一种景观类型。

2. 森林公园与城市公园

城市公园常指城市中供居民娱乐消遣的公共设施，以人工景观为主体。而森林公园的主体是天然的森林植被，拥有丰富的生物多样性，强调森林的功能，园中的内容都和森林及其环境紧密联系。

3. 森林公园与自然保护区、风景名胜区

森林公园、自然保护区、风景名胜区是目前我国就地保护设施的三大体系，在保护自然环境的生物多样性方面，三个体系相辅相成，各有特点，见表6-1。

二、森林公园的分类与功能作用

（一）森林公园的分类

在森林公园开发过程中，通过对森林公园进行分类，围绕明确的景观特征来确定开发主题，有利于突出特色，进行有针对性的开发。森林公园的分类，依据不同目的，可以有不同的分类标准，如按景观特色、地貌形态、主要旅游功能、经营规模、管理级别等进行不同角度的划分（表6-2）。

表6-2 我国森林公园的类型划分

分类标准	主要类型	基 本 特 点
按经营规模分类	特大型森林公园	面积6万公顷以上，如千岛湖森林公园
	大型森林公园	面积2～6万公顷，如黑龙江乌龙森林公园
	中型森林公园	面积0.6～2万公顷，如陕西太白森林公园
	小型森林公园	面积0.6万公顷以下，如湖南张家界森林公园
按地貌景观分类	山岳型	以奇峰怪石等山体景观为主，如安徽黄山国家森林公园
	江湖型	以江河、湖泊等水体景观为主，如河南南湾国家森林公园
	海岸、岛屿型	以海岸、岛屿风光为主，如河北秦皇岛海滨国家森林公园
	沙漠型	以沙地、沙漠景观为主，如陕西定边沙地国家森林公园
	火山型	以火山遗迹为主，如内蒙古阿尔山国家森林公园
	冰川型	以冰川景观为特色，如四川海螺沟国家森林公园
	洞穴型	以溶洞或岩洞型景观为特色，如浙江双龙洞国家森林公园
	草原型	以草原景观为主，如河北木兰围场国家森林公园
	瀑布型	以瀑布风光为特色，如黄果树瀑布国家森林公园
	温泉型	以温泉为特色，如广西龙胜温泉国家森林公园
按主要旅游功能分类	游览观光型森林公园	以风光游览、景物观赏为主要功能，如昆明西山森林公园
	休闲度假型森林公园	地处城郊、海滨、湖库附近，以休闲娱乐、消夏避暑、周末度假为主要功能，如陕西终南山森林公园
	游憩娱乐型森林公园	地处城市市区、环城或近郊，以郊野游憩、娱乐健身为主要功能，如黑龙江牡丹峰森林公园
	疗养保健型森林公园	以温泉、海滨疗养和森林保健为主要功能，如重庆南温泉森林公园
	探险狩猎型森林公园	以探险寻秘、森林狩猎为主要功能，如黑龙江乌龙森林公园
	科普教育型森林公园	以科学考察、教学实习、科普旅游为主要功能，如陕西天华山森林公园
按管理级别分类	国家级森林公园	森林景观特别优美，人文景物比较集中，观赏、科学、文化价值高，地理位置特殊，具有一定的区域代表性，旅游服务设施齐全，有较高的知名度，并经国家林业局批准
	省级森林公园	森林景观优美，人文景物相对集中，观赏、科学、文化价值较高，在本行政区内具有代表性，具备必要的旅游服务设施，有一定的知名度，并经省级林业行政主管部门批准
	市、县级森林公园	森林景观有特色，景点景物有一定的观赏、科学、文化价值，在当地有一定知名度，并经市、县级林业行政主管部门批准
按区位特征分类	城市型森林公园	位于城市的市区或其边缘的森林公园，如上海共青森林公园
	近郊型森林公园	位于城市近郊区，一般距离市中心20km以内，如苏州市上方山森林公园
	郊野型森林公园	位于城市远郊县区，一般距离市区20～50km，如南京老山森林公园
	山野型森林公园	地理位置远离市区，如湖北神农架国家森林公园

（二）森林公园的功能与作用

森林公园的发展已有100多年的历史，其建设与发展在保护与改善生态环境，挽救濒危物种，保护自然历史遗产等诸多方面发挥了重要作用，具备了游憩、健康、环保、科研、教育以及经济方面的多种功能。

1. 生态功能

① 维护生态平衡，保持物种多样性　森林是陆地生态系统的主体和人类赖以生存的重要自然资源，是地球上功能最完善、结构最复杂、生物产量最大的生物库、基因库和绿色水库。

② 减轻环境污染，保护生态环境　森林公园建成后，可以加大对林区森林资源养护的力度。森林可以保护环境，吸收CO_2，释放O_2、吸收有毒有害气体、净化空气、杀菌消音、防止有害辐射、净化水源水质等，人们进入森林后感到清新、舒畅。

③ 调节气候，美化环境　森林内能形成冬暖夏凉，空气清新的生态环境。树木的隔声效果会使人感到特有的宁静，绿色的环境能给人以安谧舒适的感觉。森林公园作为一座大型的绿色水库，不仅能形成一个独特的小气候环境，还能调节和影响周边地区气候。

2. 社会意义

一般来说，森林公园既是活的自然博物馆，又是人向往的旅游胜地，是发展科学旅游的理想场所。旅游者通过野外实地考察，室内观看森林公园录像、电影和动植物标本陈列等，达到普及生态学等自然学科知识的目的。

① 满足市民郊野旅游需求　到环境优美、空气清新、安谧恬静的大自然中去旅游度假、疗养健身，成为越来越多的城里人的追求。森林公园是基于自然保护前提下的以森林环境为依托的生态旅游地，是以森林游憩为主要内容的户外游乐场所。

② 科研教育功能　森林公园丰富的动植物资源对研究古地理、古气候以及森林生态系统的形成与演化过程具有重要的科研价值，不仅可作为地理学、环境学、生态学、生物学等学科的天然实验室，还可作为大中专院校相关专业学生理想的实习基地。

③ 普及科学文化知识，促进人们身心健康　森林公园丰富的森林生物资源不仅为生物科学研究提供了对象，同时也为游人探索科学知识提供了良好的场所。

3. 经济效益

① 有效利用森林资源，开拓新的旅游市场　我国森林公园主要来源于原来的国有林场，是自然森林的替补主力。森林是森林公园的最大特色，森林公园旅游开发是对原国有林场森林资源的有利利用，节约城市土地，改善自然环境，集休闲、娱乐、探险、求知、健身等多种功效于一身，是旅游业发展的一条新路。

② 木材、食品、药材的资源库　在森林公园良好的生态环境中生长的乔木、灌木、藤木和草本植物是一个巨大的资源库，蕴藏着国民经济建设和人民日常生活需要的绝大多数原材料，是木材、食品、药用植物的主要来源。

三、森林公园设计要点与内容

(一) 环境容量与游客规模预测

1. 环境容量估算

环境容量的确定，目的在于确定森林公园的合理游憩承载力，即一定时期，一定条件下，森林公园的最佳环境容量。确定环境容量既能对风景资源提供最佳保护，又能使尽量多的游人得到最大效益的满足。按照《森林公园总体设计规范》，森林公园环境容量的测算可采用面积法、卡口法、游路法三种。可以根据森林公园的具体情况，因地制宜地选用或综合运用。

(1) 面积法　以游人可进入的、可游览的区域面积进行计算。

$$C = A/a \times D$$

式中　C——日环境容量（人次）；

A——可游览面积（m^2）；

a——每位游客应占有的合理面积（m²）；

　　D——周转率（其值为景点开放时间/游完景点所需时间）。

（2）卡口法　多适用于溶洞类及通往景区、景点必须经过并对游客量具有限制因素的卡口要道。

$$C = D \times A = (t_1/t_3) \times A = (H - t_2) \times A/t_3$$

式中　C——日环境容量（人次）；

　　　D——日游客批数；

　　　A——每批游客人数（人）；

　　　t_1——每天游览时间（h）；

　　　t_2——游完全程所需时间（h）；

　　　t_3——每批游客相距时间（h）；

　　　H——每天开放时间（h）。

（3）游路法　游人仅能沿山路步行游览观赏风景的地段，可采用此法计算。

完全游道：$C = M/m \times D$

不完全游道：$C = M \times D/[m + (m \times E/F)]$

式中　C——日环境容量（人次）；

　　　M——游道全长（m）；

　　　m——每位游客占用合理游道长度（m）；

　　　D——周转率（D＝游道全天开放时间/游完全游道所需时间）；

　　　F——游完全游道所需时间（h）；

　　　E——沿游道返回所需时间（h）。

2. **游客容量估算**

在环境容量估算基础上，分别按森林公园、景区、景点测算日、年游客容量。

$$G = t \times C/T$$

式中：G——日游客容量（人）；

　　　t——游完某景区或游道所需时间（h）；

　　　T——游客每天游览最舒适合理的时间（h）；

　　　C——日环境容量（人次）。

3. **游客规模预测**

（1）总体规划前，应对可行性研究提出的游客规模进行核实。

（2）根据森林公园所处地理位置、景观吸引能力、森林公园改善后的旅游条件及客源市场需求程度，按年度分别预测国际与国内游客规模。

（3）应进行必要的市场调查，掌握有关游客规模的资料。

（4）已开展旅游的森林公园游客规模，可在充分分析旅游现状及发展趋势的基础上，按游人增长速度变化规律进行推算，也可根据与游客规模紧密相关的因素的发展变化趋势预测游客规模。

（5）在可能的情况下，对旅游高峰期游客规模做出预测。

（6）游客容量计算采用以下指标：

① 线路法：以每个游客所占的平均道路面积计，取值 5～10m²/人。

② 面积法：以每个游客所占平均游览面积计。其中：主要景点：50～100m²/人（景点面积）；一般景点：100～400m²/人（景点面积）；浴场海域：10～20m²/人（海拔 2～0m 水面）；浴场沙滩：5～10m²/人（海拔 0～2m 沙滩）。

③ 卡口法：实测卡口处单位时间内通过的合理游人数，单位以"人次/h"表示。

（二）功能布局

1. 功能区规划布局原则

各功能区划分应遵循的原则有：①有利于保护和改善生态环境，妥善处理开发利用与保护之间、游览与生产和服务及生活等诸多方面之间的关系；②维持现有地域单元的相对独立性，维护现有森林景观的完整性，保持历史文化、社会与区域的连续性，保护、利用、管理的必要性与可行性；③注重景观效果的构造，注重统一性、差异性和协调性；④功能分区主体鲜明，特色显著，在充分分析各种功能特点及其相互关系的基础上，以游览区为核心，合理组织各种功能系统，既要突出各功能区特点，又要注意总体的协调，使各功能区之间相互配合、协调发展，构成一个有机整体；⑤便于游览路线组织和基础服务设施设置，有利于森林公园的长远发展和功能区的合理开发；⑥有利于森林公园行政及管理的便捷高效。

2. 功能分区

根据森林公园综合发展需要，结合地域特点，因地制宜设置不同功能区。

① 游览区：为游客游览观光区域，主要用于景区、景点建设。在不降低景观质量的条件下，为方便游客及充实活动内容，可根据需要适当设置一定规模的饮食、购物、照相等服务与游艺项目，且公园主要的景观点应布置在游览主线上，以便于游客在尽可能短的时间内观赏到景观精华。

② 游乐区：对于距城市50km之内的近郊森林公园，为添补景观不足、吸引游客，在条件允许的情况下，需建设大型游乐与体育活动项目时，应单独划分区域。

③ 狩猎区：为狩猎场建设用地。

④ 野营区：为开展野营、露宿、野炊等活动用地。

⑤ 休、疗养区：主要用于游客较长时间的休憩疗养、增进身心健康之用。

⑥ 接待服务区：相对集中建设宾馆、饭店、购物、娱乐、医疗等接待服务项目及配套设施。

⑦ 生态保护区：以涵养水源、保持水土、维护公园生态环境为主要功能的区域。

⑧ 生产经营区：从事木材生产、林副产品等非森林旅游业的各种林业生产区域。

⑨ 行政管理区：为行政管理建设用地，主要建设项目有办公楼、仓库、车库、停车场等。

⑩ 居民生活区：为森林公园职工及公园境内居民集中建设住宅及其配套设施的用地。

（三）环境保护规划

森林公园保护工程规划的原则：①坚持"保护、改造、开发、利用"相结合的原则，在保护好现有景观资源的同时，以生态经济理论为指导，根据各景区、景点的特点，制定不同的经营保护措施，作好森林防火、病虫害防治、水资源保护、水土保持等工作，确保自然生态环境的良性循环；②加强景区内旅游服务设施的"三废"治理，坚持保护工程与景点开发同时施工，同时使用的原则；③对于公园内一切景物和空间环境必须保持其自然完整性，建设项目必须与景观相协调。对环境有影响的单项工程根据基本建设程序要事先进行环境影响评价，编制《环境影响报告书》。

（四）植物景观规划

1. 植物景观规划原则

① 地域特色原则　要满足植物的生态要求，首先要做到适地适树，最大限度地体现出地方特色和风格。其次是要规划好植物群落的合理结构，即以天然植物群落为主，最大限度地保护自然环境；以地带性植被，即顶极植物群落为发展目标。

② 生态恢复优先原则 以保护境内山地土壤、河流周围植被、现有林木资源及恢复生态脆弱地带的防护能力为基本前提。对境内的宜林荒山、荒地、退耕地应优先进行营林，采用适宜本地生态环境生长的生态型及经济型乔灌林木，美化森林公园环境。

③ 合理布局原则 对已经建设和正在建设中的景观、景区周围优先绿化。

④ 局部服从整体原则 生态效益差、树种结构不合理的植物群体，根据林地条件、生态习性，以生态效益为前提，以宜乔则乔、宜灌则灌、宜草则草为原则，突出生态植物景观。

⑤ 适地适树原则。适地适树是指树种特性，尤其是绿化所采用的树种的生物学特性、生态学特性和绿化地的立地条件相一致、与造林地的立地条件相适应，以充分发挥林地生产力，达到该立地在当前技术经济条件下的高产水平。

2. 植物景观规划

① 风景林景观规划 对现状良好的森林景观进行严格保护，同时结合造林和森林抚育工程，加强林地景观营造，以乔灌草相结合、针叶阔叶树相结合、规则式与自然式种植相结合为原则，做到植物群落多样、层次错落、季相丰富，林缘线与天际线起伏变化，形成富有魅力的景观效果。

② 游览路线植物景观规划 一般来说，主要游线、景点附近生长的植物群落，处于游客视线范围内，应要求其在植物形态、色彩或质地上具有特殊观赏效果。

③ 滨水植物景观规划 森林公园内一般会有多条自然溪流，特别在两岸坡度较大的地段，应规划20m宽水源涵养林，起到固坡、防止沟壑横向侵蚀、抑制地表径流、减少山洪灾害的作用，同时选择栽植枝叶柔美的喜湿性乔灌木，在水流平缓的河段岸边种植观赏性强的耐水湿植物。

④ 接待服务中心区植物景观规划 接待服务中心区人流量较大、建筑较为密集，为了与本区用地特征相适应，应选择观赏性强的植物种类，对主要广场和建筑周围的绿地要作精心的种植规划，并保证接待服务中心区绿地率达到65%以上。

⑤ 公园入口区段植物景观规划 应将公园入口区作为公园植物景观建设重点地段之一，配置反映公园主题的代表性植物和珍稀濒危保护植物及一些具有观赏价值的特色花卉，使游客一进入森林公园就感到置身于美景之中，从而增加游赏的乐趣。

⑥ 苗木、花卉供应规划 在园内应规划建设苗圃和花圃，占地面积视具体情况而定。以本地乡土树种为主，同时做好引种栽培试验，使苗圃为公园造林美化服务。

（五）建筑规划

任何旅游接待建筑所处的自然环境都是某种层次的生态系统。建筑及其人为环境作为加入该生态系统的一个新成员，自然会受到各种自然因子的作用和约束。森林公园内旅游接待建筑大多为中小型规模，以单体或群体的形式出现在森林公园中。其布局应能有效地组织风景环境，完善和发展公园整体的功能结构。

1. 单体建筑设计要点

① 传统民族建筑的应用 在森林公园中可以适当考虑应用本区域的民族传统建筑，以形成地域特色。

② 色彩与自然融合 色彩理论及实践证明，在自然环境中，青绿色、黄褐色等是最为常见的颜色。因此，青、褐、灰等色调容易与环境取得协调，而红、紫等鲜艳刺眼的颜色不易与环境相协调。植物的青绿色，土壤的黄褐色，水流的通明色以及其他特殊地段的色彩是融于环境的色彩。

③ 体量高度控制 建筑应横向发展勿向高度发展是传统建筑取得与自然相适应的秘诀，

这在东方建筑及西方的土著建筑中得以很好的体现。在森林公园中，建筑体量、高度以适度为宜。

④ 将树木结合于建筑及墙体绿化之中　将建筑隐入自然山林之中，和自然融为一体，更显自然特色。通过墙体的绿化，最小地降低对游人视觉的刺激，将自然留给游客。墙体绿化采用藤本攀缘植物，还可以有效地降低建筑的温度。

2. 群体建筑设计要点

① 院落式布局　中国传统的布局形式，从南到北，"四合院"式的布局是中国劳动人民长期适应地域而形成的聚居模式。因此，在森林公园的自然空间中，使用院落式布局能更好地满足人们的怀旧情结，其在空间布局、景观多样性上均适合于中国人的审美特点。且院落式布局用地紧凑，可提高使用效率，减少"硬质"的比例。

② 跌落式布局　在地形多变的森林公园地区，群体建筑呈跌落式布局更加符合山地的特点。这种布局模式在景观观赏以及对于各种生态因素的利用上均做到利用最大化。"因山就势，随曲合方"，将不利因素转化为有利因素，不仅减少建筑工程量、又很好地解决了建筑通风、采光的问题，还可以增加建筑的可观赏性，从而形成多样性的建筑景观。

③ 连续式布局　在森林公园中的服务销售区域等地，可视具体地形采用中国传统街巷或村镇聚落的布局形式，这样可以形成连续的空间和丰富的景观，但应尽量顺应等高线的方向自由布局。

④ 严格控制建筑及建筑群的体量　我国的风景建筑有"山水为主，建筑是从"的传统，即建筑在体量上与自然相比处于绝对"弱势"。我国许多森林公园内的建筑，特别是接待建筑，为了追求经济利益或将其定位于作为"招揽顾客"的亮点而未控制建筑的高度，对自然风景构成了极大的破坏。

⑤ 严格控制建筑的数量，讲求质量　建筑的建设必须满足"可建可不建者不建，需建者建好"的原则。森林公园中的建筑是服务于必要的功能，绝不可重视建筑而忽略了自然本底，应严格控制建筑的数量，提高建筑的质量，由此提高建筑的"可观性"。

⑥ 隐蔽于林木之中　天然林木是最好的屏障，森林公园的林木是森林公园景观的主要构成部分。"藏而不露"、"犹抱琵琶半遮面"是中国传统园林意境的表现，除形成的意境深远以外，就视觉感官上，其对自然景观的破坏也是很小的。

⑦ 建筑风格的统一性　森林公园中具有当地特色或自然特色的建筑，再加上统一的建筑风格，可以使游客获得对于当地"乡土"的认同感。

3. 能源利用方面的生态设计要点

目前我国能源相对缺乏，为了节约能源，降低森林公园的经营成本，可以从以下几个方面实现对自然能源的利用。

① 风能收集　利用风车等工具将风能转化为其他人类可以直接使用的能源形式。风能在森林公园中的应用主要为发电，可以解决分散用电点的电源供给问题。同时，建设的风车在景观上亦具有强烈的吸引力，对游客是一种生态教育。

② 光能转化　光能是清洁卫生的能源。我国南方地区阳光充足，将屋面设置为太阳能板或采用太阳能热水器等设备，将太阳能转化为热能或电能，夏季可以发电制冷，冬季可以提高温度，还可以减少线路的铺设。同时先进技术的应用对于旅游者爱护环境也起到教育的作用。

③ 雨水收集及利用　森林公园中，由于许多单体建筑及游憩活动用水点分散，采用雨水收集的方式是解决森林公园缺水的良好途径。既方便使用，又利用了清洁的自然能源，既保护了环境，又可以对游客进行生态环保教育。

④ 沼气能源的利用　利用森林公园地区丰富的生物能源以及集中排放的生活废水、废渣、粪便等生产沼气，变废为宝，不仅成本低廉，原料集中而丰富，而且可以解决环境污染、回收能源、控制疾病等问题，一举多得，前景极为广阔。

（六）基础设施规划

1. 道路交通规划

　　森林公园道路交通系统主要由各级公路、游步道、停车场以及桥梁、索道等辅助基础设施构成。森林公园的游道不仅起到连接各景点的作用，而且也是其环境容量确定的重要依据。

　　（1）道路系统规划依据　森林公园道路系统规划的依据主要源于森林公园自然环境、旅游者和旅游管理需要三个方面。具体而言，表现在森林公园功能区分析、旅游资源的分布状况、自然地理状况、游客心理因素、生态环境保护、旅游活动方式、旅游管理、区域交通网络分析及某些森林公园的生产需要等几个方面。

　　（2）道路系统规划原则　旅游道路可以被定义为通达和联系旅游景点，主要供旅游车辆和行人通行的工程设施，按其作用不同，可以分为游览干线、游览支线、游览步道。它既含有与公路和城市道路的共性，也具有其单独的特殊性。为此，旅游道路的规划必须坚持以下原则：

　　① 在园内道路所经之处，两侧尽可能做到有景可观，使游人有步移景异之感，防止单调平淡；

　　② 各功能区间及各景点内部的游览道路要尽量形成环路，可加速游客流动，增加景区游客量，避免客流干扰，减轻景区客流压力，并避免走回头路，保持游览的新鲜感；

　　③ 根据景观资源特点和环境承受能力安排不同的旅游路线，创造不同的游憩、体验和游览主题，规划各级道路与各级景点相互呼应；

　　④ 在出入口处设置大型停车场，并在每个度假村设置自己的对外停车场、风景林道，通向建筑集中地区的园路应有环行路或回车场。

　　（3）地形坡度对道路系统规划的影响　森林公园规划中的道路规划要考虑许多因素，如旅途中可见的风景、空间序列的组织、与已有道路网的联系、最佳的交叉地点等。良好的道路布线应利用自然地形，与原有地形融合。沿着等高线的路线最容易与景观调和，且对车辆和行人使用来说最省力，工程上难度也较低，但其长度及弯曲都会相应增大。在实际工作中，道路通常需要与等高线相交于一定角度，这时就要综合考虑道路纵坡坡度及各种道路形式的坡度要求。

　　（4）山脊对道路系统规划的影响　山脊线总体呈线状，具有一定的导向性和动势感，并对山脊两侧的空间有分割作用，具有两个或三个方向的景观空间，视野开阔。从视觉角度而言，脊地具有摄取视线并沿其长度引导视线的功能，因此，规划应充分利用脊地将视线有目的地引向某一特殊焦点；从功能角度而言，车行或步行只要位于脊线或至少平行于脊线行驶，则移动是最方便的，若垂直于脊线，步行则会相当吃力。因此，由于脊地具备良好的视野和易于排水、易于移动的优点，在规划中，游览次路应沿山脊布局，而位于其间的谷地和洼地应保留开阔空间，这样既有效地利用了地形，又兼顾了施工中难以处置的地带，但同时要注意对山地天际线的保护。

2. 其他服务性基础设施规划

　　（1）其他服务性基础设施规划的内容　森林公园内水、电、通信、供暖、燃气等称为基础设施。由于其技术含量要求很高，故需有专业人员作具体的技术规划，而作为规划师应从总体规划的角度，将其布局在适宜的位置，不仅要满足其服务功能的要求，还要避免其对景观视觉的冲击。

（2）服务性基础设施规划要求　基础设施的线路布置不得破坏景观，同时应符合安全、卫生、节约和便于维修的要求，电器、上下水工程的配套设施应设在隐蔽的地带。不宜设置架空线路，必须设置时，应满足服务功能，同时要避免景观视觉污染。森林公园中有很多景色迷人的景点，如果有一些基础设施在其周围建设，则会大大影响其景观效果。因此，应避免在中心景区、主要景点等区域和游人密集活动区设置基础设施。同时再根据视觉敏感度评价结果进行分析，避免在敏感度较高的地方修建基础设施。

（3）服务性基础设施规划的有关措施

① 水利设施　给排水布局应尽可能将水利设施布置在景区以外，避免破坏景观，在旅游村镇可以采用集中给排水系统。

② 电力设施　景区内不应安装高压电缆和架空电线，也不应布置大型供电设施，主要供电设施宜布设于城镇附近，建议埋设地下电缆，室内走暗线。

③ 通讯设施　旅游景区内应当配备足够的通讯设施来保障游客与外界的联系，但从整体景观效果来考虑，不应安排架空的通讯线路穿过，宜采用隐蔽工程，以减少视觉景观污染。

④ 供暖设施　冬季气温较低的北方地区需要配备供暖设施，通常选择电力供热或燃油供热，以避免烟尘污染环境，同时可减少森林火灾隐患。在管理生活区修建集中供热系统和燃煤锅炉房一座。

各类服务设施所产生的废水、废渣和烟尘必须按国家有关规定进行处理后方可排放。

四、优秀设计实例介绍——北京奥林匹克森林公园

1. 概况

奥林匹克森林公园（图6-4）位于北京中轴延长线的最北端，是亚洲最大的城市绿化景观，占地约680hm²，于2003年开始建设，2008年7月3日正式落成。北五环路横穿公园中部，将公园分为南北两园，中间以一座横跨五环路、种满植物的生态桥连接。南园以大型自然山水景观为主，北园则以小型溪涧景观及自然野趣密林为主，是北京城区当之无愧的"绿肺"。

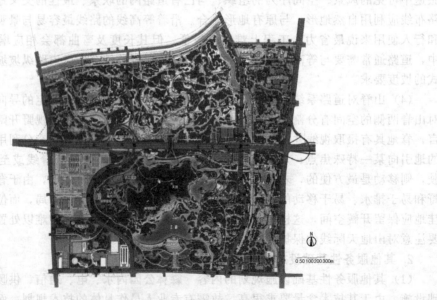

图6-4　奥林匹克森林公园总平面图

南园占地 380hm², 定位为生态森林公园, 山环水抱, 创造自然、诗意、大气的空间意境, 兼顾群众休闲娱乐功能, 设置各种服务设施和景观景点, 为市民百姓提供良好的生态休闲环境。重要景观景点包括仰山、奥海、天境、天元观景平台、林泉高致、湿地及溢水花台、垂钓区、南入口、露天剧场、生态廊道等。北园占地 300hm², 定位为自然野趣密林, 将成为乡土植物种源库, 以生态保护和生态恢复功能为主, 尽量保留现状自然地貌、植被, 形成微地形起伏及小型溪涧景观, 尽量减少设施, 限制游人量, 为动植物的生长、繁育创造良好环境。

2. 公园特色

南区的"主山主湖"是森林公园的标志性工程。主山体以 398 万立方米土方堆砌填筑而成, 与北京西北屏障——燕山山脉遥相呼应, 既符合中国园林建造的传统, 又与周边大环境相得益彰。主湖区"奥海"和景观河道构成了奥林匹克森林公园中的"龙"形水系, 122hm² 的水面超过了 1/2 个昆明湖。在这条水系中, 龙的身体蜿蜒穿越森林公园, 张开的龙嘴对着清河, 而其尾巴则环绕着国家体育场。在中国的神话与传统文化中, 龙是最为尊贵与神圣的图腾, 总是与水结合在一起。如此巧妙的设计, 正是暗合了中国传统文化中的方位学和神话寓意(图 6-5)。

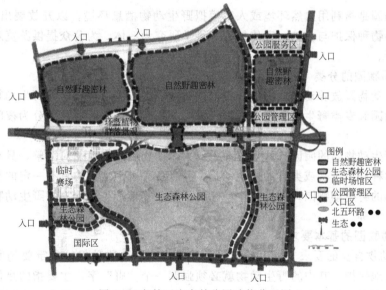

图 6-5 奥林匹克森林公园功能分区图

3. 公园主要景点

仰山: 是奥林匹克森林公园内的主山, 位于公园中心五环南侧, 是公园的核心景区, 主峰海拔有 86.5m。之所以命名"仰山", 既因为《诗经》"高山仰止, 景行行止"的诗句, 还因为当地恰有"仰山桥"而得名。仰山与景山同在中轴线上, 南北呼应。

天境: 位于仰山峰顶, 为森林公园最高点。一块高 5.7m、重达 63t 的泰山石引人注目, 这块被称为"泰山石敢当"的巨石, 将作为平安祥和的象征成为森林公园的标志性景观。登临天境可以看到奥海全景, 可以俯瞰鸟巢、水立方, 远眺燕山山脉, 是全园的最佳观景地点。

奥海: 位于仰山南端, 是极具中国特色的山水景观, 是奥运场馆中心区龙形水系的"龙头", 面积 24hm², 是公园中最自然灵动之所。奥海露天演艺广场位于公园南入口北侧, 主湖"奥海"南岸, 与奥林匹克景观大道连为一体, 面积约 4hm², 可同时容纳 2 万名观众。在露天演艺广场的北侧, 主湖内有一套大型的音乐激光喷泉, 主喷高 80m, 壮观的喷泉水景、独一无二的山水舞台将使这里成为北京最为壮观的户外表演场所。这个露天演艺广场距离地铁奥运支线步行仅5min。

朝花·夕拾："朝花台"和"夕拾台"分别位于天境的东西两侧，两个平台面积都有百余平方米，站在平台上可以俯瞰主湖和奥运中心区景观。两个景观取名自鲁迅先生的散文集《朝花夕拾》。

艺术中心：在奥林匹克森林公园南区东部的原生林中还设计了一组造型别致浪漫的建筑——森林艺术中心。建筑处于树林掩映之中，人、建筑、环境三者相依相融，以光影、色彩和层次感觉的艺术创造一个崭新的休憩天地。在这里，人们不仅能看到郁郁葱葱的洼里原生林，而且还能在呼吸新鲜空气、品味绿色好心情的同时，欣赏森林艺术中心里各种小型画廊、展览、沙龙所带来的艺术。

第三节 野生动物园

一、野生动物园概述

1. 概念

野生动物园是指利用自然环境或人工模拟野生动物栖息环境，以开放展出为主要方式，融动物繁育、物种保护与救护、宣传教育、科学研究为一体，为公众提供游览观光、休憩娱乐的综合场所。

2. 野生动物园的分类

根据野生动物园放养动物的类别和类群以及放养区的生境类型，将野生动物园划分为综合型野生动物园和专类野生动物园；根据开放的主要时间，又可将其划分为夜间动物园和日间动物园。

综合型野生动物园的园区自然环境面积较大，动物栖息生境相对完整，具有一定的景观特色，放养两种以上类别或类群的野生动物，并且各种野生动物均具有一定的种群规模，如深圳和秦皇岛的野生动物园。专类野生动物园泛指放养单一类别动物的野生动物园，如东北虎林园、百鸟园等。

3. 野生动物园的基本要求

① 野生动物自身的要求 野生动物园既然是作为野生物种保护的重要场所，无论是就地保护还是迁地保护，其中的野生动物就必须强调一个"野"字，主要指的是保持野生动物的自然天性，即野生动物在自然界中的正常生活状态，包括生态、行为、生理和遗传等都保持野生的状态，不受人为因素的影响。

② 野生动物园园区的要求 野生动物园作为物种保护的重要场所，要求园区具有自然的属性。与城市动物园相比，野生动物园园区强调自然栖息地的特征。野生动物在长期的进化历程中，已经与生存环境之间形成了特定的关系，即使是在被破坏的生境基础上修建野生动物园，也应该尽力恢复其自然面貌，以满足动物自然生活的需要。

二、野生动物园的功能及作用

1. 野生动物园具有鲜活的科普教育功能

野生动物园可以提供针对学生和教师的知识讲座及专业化的动物学课程，使学生在游乐中认识自然界的动物，也可以进行一些趣味劳动实践，例如饲喂动物、清理场地等；另一方面，通过文字图片以及声像资料，了解正在被污染的世界和保护生物多样性的意义的科普教育是动物园历来的主要职能，也是吸引观众的重要手段。特别是儿童，在去过动物园以后，脑子里才会有动物鲜活的形象。在许多人的记忆中，都会有幼时和父母或同伴畅游动物园的美好回忆。因此，野生动物园的定位也包括亲子游与青少年科普教育。

2. 野生动物园的科学研究价值

动物迁地保护和自然生态景观的重建则把野生动物园推到动物生态保护的第一线，成为动物种群迁地保存的主要承担者。这是历史赋予野生动物园的新任务，也成为生态旅游业发展的新领域。例如：北京野生动物园就承担着国家林业局濒危物种救护的任务，重庆野生动物世界是我国西部地区最大的野生动物物种基因库和动物繁育中心。

3. 野生动物园的旅游价值

在一些旅游资源相对欠缺的城市，野生动物园更成为吸引客源、推动都市旅游发展的龙头项目，例如：深圳野生动物园就曾经极大地增强了深圳旅游的吸引力，使得深圳成为中国第二旅游城市。在生活节奏大为加快的今天，都市旅游和短线旅游均快速发展，野生动物园必将成为其所在城市旅游目的地网络中不可或缺的重要内容。

4. 野生动物园综合效益较高

无论国家森林公园还是野生动物园，经营效益一般是以生态效益、社会效益和经济效益的形式体现出来的。经济效益可以通过旅游收入、营业外收入、营业外支出、流动资金、利润与税金等经济指标衡量。但是野生动物园的游客明显多于森林公园，旅游收入因此也优于森林公园。而其社会效益主要表现在以下几个方面：①为居民提供旅游场所；②提供就业机会，促进地方经济发展；③促进对外交流，加快信息传播；④为生态环境质量监测提供工具。

三、野生动物园设计程序及内容

野生动物园的规划设计是一项多学科交叉的复杂工作，涉及城市规划、园林、建筑、动物学、植物学、生态、环保、给排水、电气、暖通等专业，其规划设计程序与城市公园、植物园等大致相似，都需要经过前期策划、资料搜集到总体规划、详细设计等一系列步骤。

1. 前期基础资料搜集

（1）外围资料　指在规划设计前必须了解的一系列先决条件，主要包括以下6个方面：

① 充分与甲方及相关主管领导沟通，了解他们对动物园项目建设的意图和设想，往往这些想法和建议能对以后的规划设计起到方向性的指导作用。还包括项目的投资额度、设计标准和建设周期等，最好拿到前期有关野生动物园的会议文件，作为后续规划设计的依据。如果有野生动物园的项目可行性研究报告、项目建议书或项目策划报告等资料，一定要认真阅读，了解项目的来龙去脉、定位定性、游览方式、投资匡算等信息。

② 要从城市总体角度了解动物园与城市的关系，查看城市总体规划及其绿地系统规划编制文件，研究动物园选址与周边城区及城市绿地的关系，比如是否靠近居住区、河流、高压走廊等，注意总体规划对野生动物园的设计有无特别要求，并要获取动物园的城市区位图（1∶5000～1∶10000）。

③ 动物园周边的市政交通条件，车流、人流集散方向，这对确定动物园的出入口有决定性作用。

④ 动物园基址的水电条件，包括给水、雨、污水排放设施、电力条件。

⑤ 动物园用地的水文、气象、地质、地形、土壤等条件，设计阶段还需要地质勘探报告。

⑥ 当地的植物状况。要了解该地区原生植被的类型、生态群落组成、植物的观赏特性等，注意乡土树种的应用，当地苗木市场的苗源情况，避免将来施工过程中因缺苗而变更设计。

（2）设计资料　指与野生动物园规划设计有直接关系的基础资料，以文字、技术图纸为主。

① 首先必备的是基址现状地形图，或数字化地形图，规划阶段一般需要1∶500～

1：2000的地形图，设计阶段需要比例不小于1：500的地形图。地形图上应明确显示以下内容：野生动物园红线范围及相应坐标；园内地形、标高及现状物体（建筑、水体、构筑物、山体、道路、高压线走向等）；周边情况（市政道路的名称、宽度、标高、走向等；周围居住区、单位机关等的名称、范围及今后发展状况等）；基址内的现状与植物分布图（1：200～1：500），主要标明植物名称、规格、生长状况等，如果有古树名木或观赏价值较高的植物，还应附上彩色照片及其平面定位数据。

② 园内外的地下管线图（1：200～1：500）。包括给水、排水、电力、电信、暖气、煤气等管线位置及井位等。除平面图外，最好还要有剖面图，标明管径大小、管底或井底标高、坡度、压力等。此类图纸须应各专业的设计要求由甲方提供。

③ 野生动物园将来饲养的动物种类、数量及其他要求。这需要甲方提供饲养动物一览表，此条件非常重要，将决定动物园的游览方式、场馆笼舍布置等。

（3）现场资料 现场资料非常重要，尤其要注意其他资料所不能体现的方面，比如场所的空间尺度感、围合性、视觉感受、重要对景关系等。实地考察时要留意现状水源、植被、地形、地状物等因素，以及与周边居民区、办公区等城市功能区的关系，以便下一步构思野生动物园的布局。

2. 总体规划布局

（1）展览布局方式 野生动物园的展览方式分为"软"、"硬"两条体系。"硬"体系指动物园的硬件展览设施；"软"体系指内在的动物分类体系。动物园的展览设施经历了橱窗式的"路边动物园"时期与"沉浸式"的生态动物园时期，目前世界上这两种形式的动物园还大量并存。纵观其规划形式，大体分为三种：

① 建筑为主体的"笼舍陈列式" 该布局方式优点是平面紧凑，参观简便，适合用地紧张的动物园，缺点是动物的生存环境低劣，园内景观差，在野生动物园内只有极少数凶猛的动物，如狮子、老虎、蛇等还采用此种方式，但一般都是笼舍与活动园区结合起来，动物也有很宽敞的活动空间。

② "沉浸式"（Immersion Exhibition）生态布局方式 特点是趋向于全部或几乎排斥所有的人工建筑物，创造近似自然的生存环境条件，动物可以在与原生栖息地相仿的自然环境里生活、繁衍，极大地提高了野生动物的生活条件。这种方式可以大大改善野生动物园的景观，也为游客创造了更优美的观赏环境。但修建这一类野生动物园需要相当大的用地，因此也常常位于郊区。

③ 综合式布局 大多数新建的野生动物园往往将前两种方式结合起来，其规划的指导思想是：使动物的生活条件接近于它们居住的自然环境。通过陈列馆与露天自然展区相结合的方式为游客提供多元化的、丰富的参观路线和内容。

（2）功能分区及设施 野生动物园内的动物展区一般占全园面积的60%～70%，由展览场地、展馆、水体等组成。与之配套的还有动物医院、检验检疫区、焚尸间、饲料库等设施，有条件的还设有动物科研基地。此外，要为从事相关工作的职工提供宿舍与办公场地。动物园内部以及对外部应有绿化缓冲区，以隔离人与动物之间的相互影响和疾病的传播。除了动物展区及其配套设施之外，还应包括以下基本服务设施：科普教育设施——科学馆、多媒体展厅、动物学校、信息中心、图书馆等；娱乐设施——游乐场、动物剧场、骑乘动物场地及道路等；儿童设施——小动物乐园、游戏场等；公共设施——游客服务中心、餐厅、咖啡馆、茶室、小卖部、公厕、纪念品商店、医务室、寄存处、内外部运输设施等。

（3）参现游览方式的组织 野生动物园里的动物种类较多，合理地组织有效的参观路线能让游客便捷、高效地领略园中景色，并能调整人流使之形成适宜的流量，避免大量游人拥挤在有趣的项目处。应与较小吸引力的项目交替安排，按不同系统组织若干条参观路线，避免重复与回头路，路线可有各种各样的形式——环形的、迂回的、弯弯曲曲的、直线的等，形成一小时、半天、一天不同参观时间的路线。通常参观方式有四种：步行线、车行线、缆车线、船行线等。

3. 动物场馆设计

（1）指导思想　就像设计住房一样，设计动物场馆必须仔细考虑各方面因素：供热、空调、光照、给水、下水、噪声、通风、气味、安全等，还要兼顾动物、饲养员和游客的需要。除了考虑这些外在因素外，更重要的是要利用生物学家观察到的动物野外生活知识再现动物野外的生活情景。动物场馆的设计要满足动物的四个最基本生活需求：食物、水、庇荫和活动空间。食物和水可以通过喂养解决，庇荫与活动空间就要靠场馆来提供。动物场馆通常由露天活动场和室内笼舍组成，野生动物园推崇以模拟动物自然生长环境的手法来设计、建设场馆。

（2）围绕动物与游客设计　野生动物园不是一个单纯展览动物的地方，而是能让它们自由生活的动物王国，游人只是以访客的身份来参观动物。需要考虑以下两方面：

① 环境丰富运动——为动物们想些有趣的事情来打发太多烦闷的时光，避免情绪不宁的这种环境设计活动被称为环境丰富运动。很多环境丰富运动都和采集食物有关，因为野外动物一天里大部分时间都在采集食物，为保持动物生理和心理都健康，食物的供给应该尽可能满足动物的自然需求，环境丰富运动会让动物的行为变得丰富多彩，充满乐趣。

② 社群丰富活动——社群动物（生物学术语，指以家族形式居住在一起的动物）和家族待在一起，群居的兽类和鸟类集群而居。野生动物园的设计应模拟自然生境，让动物有组成社群的空间与丰富的活动，只有这样才能让野生动物展现自然生活的一面。同时，动物园展区的设计必须按动物生境选择的特点，为动物选择合适的栖息地作展区，同时考虑游客的视觉观赏效果，找出两者的最佳结合点。游客与动物都需要遮阳，利用树荫和凉棚可以让动物舒服地待在游人面前。同时图文并茂的动物说明牌、标本、雕塑等也能让观众在展区前停留更长的时间了解保护知识，具有教育意义。

四、优秀设计实例介绍——云南野生动物园

云南野生动物园（图 6-6）位于昆明市金殿双乳山林区，占地 $187hm^2$。森林覆盖率为

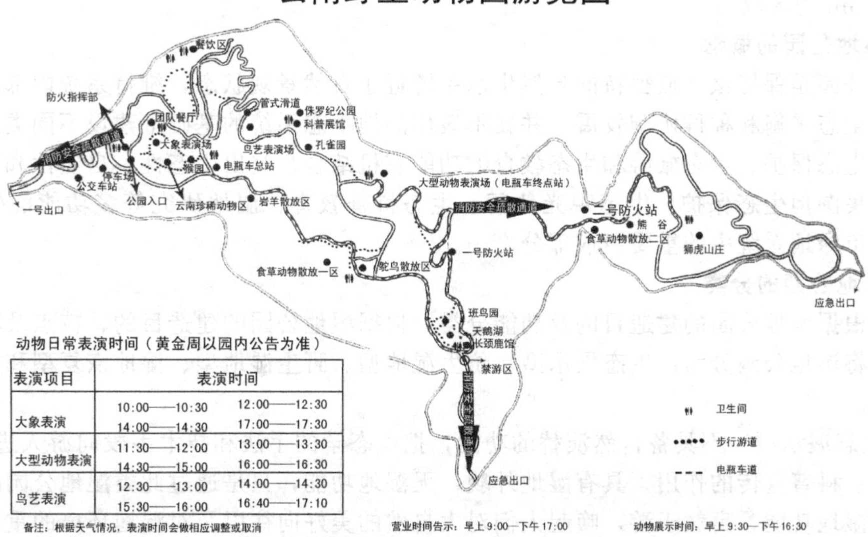

表演项目	表演时间	
大象表演	10:00——10:30 14:00——14:30	12:00——12:30 17:00——17:30
大型动物表演	11:30——12:00 14:30——15:00	13:00——13:30 16:00——16:30
鸟艺表演	12:30——13:00 15:30——16:00	14:00——14:30 16:40——17:10

图 6-6　云南野生动物园游览平面图

90%，山清水秀，环境优美，是昆明森林生态旅游的热点。园区由动物广场、水禽湖、儿童动物园、科普长廊、珍稀动物区、孔雀湖、雉类公园、鸟类表演场、鹦鹉长廊、大型动物综合表演场、大型食草动物区（图6-7）、象苑、鳄鱼湖、两栖爬行动物馆、蝴蝶谷、猛兽区（图6-8）、群猴山庄等景区景点组成。

图6-7　大型食草动物区

图6-8　黑熊谷

第四节　湿地公园

一、湿地及湿地公园概述

1. 湿地的概念

"湿地"一词源自英文"wetland"的中文译解，目前广泛认可的广义湿地定义是《湿地公约》中的定义："湿地系指不问其为天然或人工、长久或暂时之沼泽地、泥炭地或水域地带，带有或静止或流动、或为淡水、半咸水或咸水水体者，包括低潮时水深不超过6m的水域。"同时又规定："可包括邻接湿地的河湖沿岸、沿海区域以及湿地范围的岛屿或低潮时水深不超过6m的区域"。

2. 湿地公园的概念

湿地公园是保持该区域独特的自然生态系统近于自然景观状态，维持系统内部不同动植物物种的生态平衡和种群协调发展，并在不破坏湿地生态系统的基础上建设不同类型的辅助设施，将生态保护、生态旅游和生态教育的功能有机结合，突出生态性、自然性和科普性三大特点，集湿地生态保护、生态观光休闲、生态科普教育、湿地研究等多功能的生态型公园，是城市绿地系统中的重要组成部分之一。

3. 湿地公园的分类

（1）根据湿地公园的建造目的及功能分类　根据湿地公园的建造目的、特点及其功能和作用，可将湿地公园分为：生态展示型、仿生湿地型、野生湿地型、湿地恢复型和污水净化型五大类。

① 生态展示型　不具备自然演替的功能，把生态学的手法和技术手段向游人进行展示，具有教育、科普宣传的作用，具有湿地外貌，无湿地功能，只是通过此类湿地公园向游人展示完整的湿地功能，寓教于游，唤起人们对大自然的美好向往以及对湿地环境的重视。

② 仿生湿地型　模仿湿地在自然的原始形态并加以归纳、提炼的人工湿地公园，具有

一定自然演替的功能，具有湿地外貌，有一定湿地功能；岸上植喜水湿的植物等，散置自然石块，在适当地方设置观赏及休闲设施。这是一种在城市边缘创造丰富的生物多样性的生境，以连接城市居民和自然环境为目的的成功的景观模式。

③ 野生湿地型　完全野生状态的湿地公园，多属于生态保护型湿地，可供城市居民限制性参观、游憩，湿地功能完全，反映自然湿地的特性，具有自然演替的功能。不经由过多的人工设计，体现出自然的原始状态，尽管没有完备的设施或丰富的娱乐项目，却有着引人入胜的神秘感。

④ 湿地恢复型　原本是湿地场所，由于建设等人工干预造成湿地性质消失，后又经人工恢复，具有湿地外貌，有一定湿地功能。湿地重建说明，即便是一片不大的空间，经过科学的生态设计，也能达到恢复生态系统的目的，这类湿地公园兼顾生态良性循环和为城市居民生活服务的目的。

⑤ 污水净化型　通过一定水域的湿地对污水进行净化处理，达到水质改善的目的，用于污水净化与水资源的循环利用，具有湿地外貌，有一定湿地功能。此类型的湿地公园可以减少当地水资源的流失，并且在其中设置实验室、教育场所、娱乐场所，为周围居民提供一个更多的绿色空间。

(2) 根据湿地公园的内涵和形成过程分类　据此可将湿地公园分为自然湿地公园和人工湿地公园两大类。

① 自然湿地公园是在湿地自然保护区的基础上，区划一定的范围，适度建设不同类型的辅助设施（如观鸟亭台、科普馆、游步道等），开展生态旅游和生态科普教育。自然湿地公园在欧美国家没有专门的名称，通常属于国家公园（National Park）系列，类似于我国的湿地自然保护区，一般位于城市边缘，注重湿地的生态保护、恢复与生态科普性旅游。

② 人工湿地公园是在城市或城市附近利用现有或已退化的湿地，通过人工恢复或重建湿地生态系统，按照生态学的规律来改造、规划和建设，使其成为自然生态系统的一部分，在恢复与展现湿地生态系统的同时提供休闲与科普功能。

二、湿地公园的功能和作用

1. 生物多样性保护场所

湿地公园具有湿地的典型特征，生物多样性和景观多样性明显高于其他地区，因此，湿地公园景观的营建将大大提高现有绿地的生物多样性。同时，湿地公园特殊的环境、多样的湿地生物群落构成复杂的生态系统，为各种涉禽、游禽、蝴蝶和小型哺乳动物提供丰富的食物来源和良好的避敌场所。一定规模的湿地环境还能成为常住或迁徙途中鸟类的栖息地，促进生物多样性的保护。

2. 科学研究教育场所

一些湿地公园可以为教育和科学研究提供对象、材料和试验基地。湿地公园丰富的生物多样性和景观类型可以用来开展环境监测、实验和对照科学研究。有些还含有过去和现在生态过程的痕迹，可用来了解人类占据的湿地的历史特征或湿地物种、群落和生境。

3. 改善景观美学价值

景观是从一个地方或整个地区观看到的内容的总和，湿地是景观美学的重要组成部分。湿地公园是大自然景观的重要内容，是视觉景观多样性的组成部分和视觉景观美的焦点，具有十分珍贵的自然生态特点，其美丽的景色也成为大都市旅游的亮丽风景线，一定程度上弥补了大地景观比较单一的弊端。

4. 提高生态环境质量

许多湿地中较慢的水流速度有助于沉积物的沉降，也有助于与沉积物结合在一起的有毒物质的储存和转换，有些水生植物还能有效地吸收有毒物质，净化水质。所以，湿地被人们称为"自然之肾"。

5. 调蓄洪水，防止自然灾害

　　湿地公园在控制洪水、调节水流方面的功能十分显著，在蓄水、调节河川径流、补给地下水和维持区域水平衡中发挥着重要作用，是蓄水防洪的天然"海绵"。通过天然和人工湿地的调节，储存来自降雨、河流的过多的水量，从而避免发生洪水灾害，保证工农业生产有稳定的水源供给。从湿地到蓄水层的水可以成为地下水系统的一部分，又可以为周围地区的工农生产提供水源。因此，建造湿地公园对于维持整个城市生态系统的稳定性和安全性起着关键性的作用。

三、湿地公园规划设计

1. 湿地公园规划设计的原则

　　湿地公园的规划设计要求生态、经济和社会三方面因素相平衡，除要考虑其生态学的合理性外，还应满足公众的社会需求。因此，构建城市湿地公园应遵循以下基本原则。

　　(1) **因地制宜原则**　因地制宜是构建湿地公园应遵循的首要原则，即要紧密结合当地地形、地质、气候、水文及人文、经济和社会等多方面要素，选择适合的植物和湿地公园设计方案，充分利用当地已有的资源和景观空间，在尽可能减少工程量的前提下，达到最佳的环境和美化效果。

　　(2) **整体性原则**　对湿地公园景观的营造来说，整体性原则包含了两个层面的含义：

　　① 从广义的层面来讲，城市绿地中的湿地公园景观不是一个孤立存在的个体，作为城市绿地众多景观构成要素中的一个组成部分，必然与其他景观要素相互作用和影响。因此，城市绿地中湿地公园景观的营造必须从其更高一级的整体环境系统出发，整合与之相关的各要素，以求得一种平衡和协调，使整个城市绿地系统的机能向良性运转的方向发展。

　　② 从狭义的层面来讲，湿地公园本身就是一个积极有序的有机整体，各景观组成要素互相关联，通过一种合理的组合方式构成一个统一体，因此，在进行湿地公园景观营造的时候，既要从宏观的角度来研究，考虑其与整体环境的统一和谐，又必须把握其自身的完整统一，通过适度的感官刺激、形式美感的表达、时空的连续性、明确的功能指示，营造具有某种社会化行为和个人行为模式发生的场地空间，以确保湿地公园景观各组成要素在发展的动态过程中统一和协调。

　　(3) **分区管理原则**　根据湿地资源价值与分布划分功能分区，严格实行"区内游，区外住"、"区内景，区外商"、"区内名，区外利"的管理原则，在保证湿地资源不被破坏的前提下，促进地方经济发展。

　　(4) **可持续发展原则**　可持续发展原则在湿地公园的构建中主要包括两方面的内容：一是在构建过程中要最大限度地降低对生态环境的破坏，充分发挥自然要素的生态作用，提高其生态效益，改善生态环境。具体来讲，是指在湿地公园构建过程中，要顺应基址的自然条件，合理利用场地现有的土壤、植被和其他自然资源，发挥自然元素自身的审美价值及生态效益，体现自然的发展过程，减少人工的痕迹；另一方面是发挥湿地公园系统自身的功能效益，展示其在实现资源的可持续利用、促进自然生态系统良性循环方面的作用，建立和发展良性循环的湿地公园生态系统，注重湿地公园景观的自我完善和自我维持的功能，保护生物多样性，实现可持续发展。

　　(5) **循环与再生原则**　构建湿地公园生态系统，要求建立符合自然规律的复合生态系统，建立和完善复合生态系统的循环再生机制，使物质在其中循环和重复利用，这样不仅可以提高资源的利用率，还可以避免对生态环境的破坏，使资源利用效率和环境效益同时实现最大化。

（6）乡土与生物多样性原则　本原则强调在湿地公园景观营建中应有节制地引用外来物种，并应积极保护和发展乡土物种。乡土物种的采用也有助于维护区域性景观特征，保证更大范围内的生物多样性，这样既有助于形成富有地方特色的景观，又易于维持湿地生态系统。要以构建湿地水生植物为核心，通过正确地选择植物，使系统实现自我组织和自我维持，从而建立起合理的生态系统结构及丰富的生物多样性。

（7）地方精神原则　在湿地公园的景观营造中，地方精神原则应当贯穿在规划设计过程的始终。不但包含自然地域性的因素，还包括地方的人文特征，具体内容有：①顺应并尊重地方的地理景观特征，如地形、地貌、气候特征等；②尊重地方特有的民俗、民情并在规划设计中予以体现；③运用当地的地方性材料、能源和建造技术，特别是注重乡土植物的运用；④景观小品和构筑物的设计应考虑到地方的审美与使用习惯。

（8）经济与高效原则　经济的原则指自然循环的生态系统本身就是一个高效的经济体系，湿地公园也就是通过创造生态系统生存的自然空间，开启其自循环的"阀门"，实现低消耗、低维护、高产出的经济性。高效原则是指应以尽可能小的物理空间容纳尽可能多的生态功能，以尽可能小的生态代价换取尽可能高的经济效益，以尽可能小的物理流通量换取尽可能大的自然和人文生态交流量。

（9）湿地生态保护与合理利用相协调原则　城市湿地是自然和历史留给我们的宝贵而不可再生的遗产，是社会、经济可持续发展的基础。湿地公园的价值首先是其"存在价值"，只有在确保城市湿地资源的真实性和完整性不被破坏的基础上，才能实现湿地的多种功能。湿地公园建设必须坚持保护优先，在保护好湿地生态系统及环境的基础上适度开展湿地旅游，达到保护与合理利用相协调的目的，实现可持续发展。

2. 湿地公园规划设计内容及要点

湿地公园规划设计内容主要包括：根据湿地区域的自然资源、经济社会条件和湿地公园用地的现状，确定总体规划的指导思想和基本原则，划定公园范围和功能分区，确定保护对象与保护措施，测定环境容量和游人容量，规划游览方式、游览路线和科普、游览活动内容，确定管理、服务和科学工作设施规模，提出关于湿地保护与功能恢复和增强、科研工作与科普教育、湿地管理与机构建设等方面的措施和建议。对于有可能对湿地以及周边生态环境造成严重干扰、甚至破坏的城市建设项目，应提交湿地环境影响专题分析报告。

（1）城市湿地公园功能分区　根据湿地资源的功能与特点，湿地公园内部一般应具备以下几个分区：①湿地生态核心区；②湿地景观区；③湿地休闲科普区；④湿地研究实验区；⑤湿地公园服务接待区；⑥湿地公园管理区，各个分区应实现各自功能并协调发展。

以保护为主的湿地公园，根据城市湿地的敏感性分为重点保护区、湿地展示区、游览活动区和管理服务区。

① 重点保护区　针对重要湿地，或湿地生态系统较为完整、生物多样性丰富的区域，应设置重点保护区。在重点保护区内，可以针对珍稀物种的繁殖地及原产地设置禁入区，针对候鸟及繁殖期的鸟类活动区设立临时性的禁入区。此外，考虑生物的生息空间及活动范围，应在重点保护区外围划定适当的非人工干涉圈，以充分保障生物的生息场所。重点保护区内只允许开展各项湿地科学研究、保护与观察工作。可根据需要设置一些小型设施，为各种生物提供栖息场所和迁徙通道。本区内所有人工设施应以确保原有生态系统的完整性和最小干扰为前提。对于湿地生态系统和湿地形态相对缺失的区域，应加强湿地生态系统的保育和恢复工作。

② 湿地展示区 在重点保护区外围建立湿地展示区，重点展示湿地生态系统、生物多样性和湿地自然景观，开展湿地科普宣传和教育活动。湿地展示区实际上是湿地保护的缓冲区，其功能是保护核心区的生态过程和自然演替，减少外界景观及人为干扰带来的冲击。通常的方法是在核心保护区周围划一辅助性的保护管理范围。安全的缓冲区应能滞留多余的雨水，在洪涝时期保证地下水的供给，在水量不足时则能保证有足够的水流经湿地。通常情况下缓冲区比较适合的宽度是 1.0m 左右，可以确保适当的野生生物栖息地和动物在湿地间的活动。

③ 游览活动区 利用湿地敏感度相对较低的区域划为游览活动区，开展以湿地为主体的休闲、游览活动。游览活动区内可以规划适宜的游览方式和活动内容，安排适度的游憩设施，避免游览活动对湿地生态环境造成破坏。同时，应加强游人的安全保护工作，防止意外发生。

④ 管理服务区 在湿地生态系统敏感度相对较低的区域设置管理服务区，尽量减少对湿地环境的干扰和破坏。

(2) 水系组织规划 水是湿地的本原，水质是湿地公园保护的最基本要求，没有良好的水质，公园各分区湿地的恢复与建设就难以实现。因此，水系组织规划是湿地保护规划得以实施的保障。

① 公园水系整体规划 在进行城市湿地公园水系统的规划设计时，要与整个绿地系统相结合，充分考虑城市水系的特点，将湿地内外的水系结合起来，尽可能形成城市水系网络，促进城市湿地整体生态功能的发挥，形成科学合理的城市绿地格局。

② 公园内部水系规划 城市湿地公园内部水系统的分布主要受到基质现状的限制。在保持相对完整的城市湿地公园的重点保护区内，水系主要保持自然状态，水体的净化主要通过湿地的自我修复。在核心生态缓冲带主要是湿地的自然恢复和修复区，这里可以安排供游人观赏的设施，水系可以根据我国传统理水理念，模拟自然水体将其设计成湾、河、港、溪、瀑、泉等形式。

③ 岸线设计 在城市湿地公园中，岸边及环境是一种独特的线性空间，是湿地系统与其他环境的过渡地带，由于"边缘效应"，生物种类丰富。因此，在对岸线进行规划设计时要尽量应用自然形式，与周围环境相协调，同时结合湿地的参观、净化、环保等功能，尽可能保持岸边景观与生态的多样性。目前使用较多的驳岸有三种类型：自然原型驳岸、自然型驳岸、多种人工自然驳岸。

(3) 植物规划 在植物选择规划上，既要满足人工湿地净化污水这一基本功能，又要兼有美化、经济、高效等多种用途，同时还需慎用外来种。

在城市湿地公园中，湿地植物可以分为观赏型、净化污水型。湿地植物规划要以湿地功能类型为依据，尽量保护现有的植物，既要保证湿地生境的多样性，又要营造出不同季相及林相变化的湿地植物景观，使公园湿地生态系统多样性与景观多样性得到充分的展示。要尽可能选择本地植物种类，既经济又实用，还可以避免外来物种对本地生态系统构成威胁和破坏。同时，挺水、浮水、潜水植物的比例要协调，挺水植物比例过多会形成单一的景观，浮水植物比例多则会影响沉水植物的生长。植物搭配种植，既要有高低姿态的对比，又要能相互映衬，协调生长。

结合亲水岸滩规划，在适宜区域营建由"沉水植物—浮水植物—挺水植物—湿生植物"组成的全序列或半序列湿地植被景观。

(4) 湿地动物规划 城市湿地公园中动物的规划可以分为候鸟、留鸟、鱼类、两栖类、水禽、昆虫的规划。规模较大的自然湿地公园中，动物的种类比较丰富，应以保护为主。对于濒危种类要重点保护，对于常见的白鹭、苍鹭、小白鹭等种类也要适当保护，以确保多样的鸟类资源。湿地公园的环境为野生动物提供了最大限度的栖息空间,其中水鸟最具有特色。根据候鸟的迁徙时间合理的规划观察候鸟的活动,让公园内的游客更多地了解鸟类的生活习性。而鱼类的选择要考虑其易于饲养性和观赏性。同时,还要注意人工湿地的卫生,防止人工湿地变成蚊虫滋生的温床。在水中养殖鱼类可以用来消费,也能对湿地的水质起到生态监测的作用。

规划时可以推选出有特色的栖息动物作为公园的标志动物,如崇明东滩湿地公园中就设立了国家扬子鳄再引入试验中心,还创建了适合其生活的环境。

(5) 步道系统规划　湿地公园交通可分为园内交通、园外交通。园内交通以人行为主,车行为辅,机动车基本上不入公园。游览性步行道,即景区内人行道路应该形成环形。停车场应紧靠湿地公园间隔设置,以不影响公园内的生态环境为主要前提。由于木材的"软性"质感更能与水体、植物融为一体,增加自然亲切感,因此,设计临水木质栈桥可以增强人们的亲水性,其中栈桥应随水位呈错落叠置的变化。而浮桥的高度,应做到可以随水位的高低变化而变化。

四、优秀设计实例介绍——杭州西溪湿地公园

杭州西溪湿地位于杭州城西,面积约$50km^2$。西溪湿地公园东起紫金港路绿带西侧,西至绕城公路绿带东侧,南起沿山河,北至文新路延伸段,总面积$10.64km^2$,为了更好地保护西溪湿地,协调公园和周边城市的环境关系,公园设置了外围保护地带和周边景观控制区,其中外围保护地带用地面积为$15.7km^2$,周边景观控制区用地面积约为$50km^2$,与历史记载的西溪位置及范围基本吻合(图6-9)。

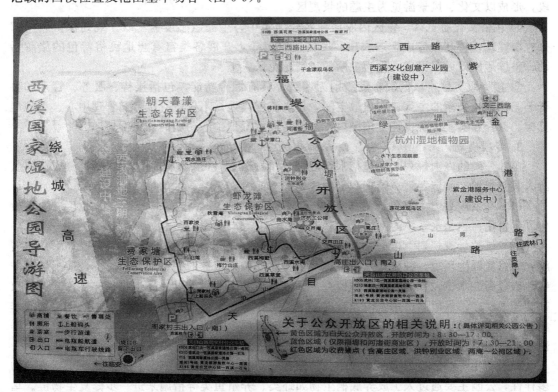

图6-9　杭州西溪国家湿地公园导游平面图

1. 总体布局

西溪湿地公园在总体空间布局上呈现"三区、一廊、三带"的模式。

第六章　其他类型的城市公园

① 三区 分别为东部的湿地生态保护培育区，面积 2.4km²，西部的湿地自然景观封育区，面积 1.78km²，中部的湿地生态旅游休闲区，面积 5.9km²。
② 一廊 是宽 50m 的多层式绿色景观长廊，犹如一条绿色的绸带围绕在湿地公园四周，其上植物配置采取群落式，不仅可观赏，还有提示漫游线路、限制随意进入等引导功能。
③ 三带 分别是紫金港路的"都市林荫风情带"、沿山河的"滨水湿地景观带"、五常港的"运河田园风光带"。

2. 功能分区

① 湿地生态保护培育区 该区景观资源良好，敏感度级别为一级，规划对其实施完全封闭，通过保育现有的池塘、河流、湖泊、林地营造良好的湿地生态环境。
② 湿地自然景观封育区 该区自然景观资源良好，受人为干扰较少，敏感度级别为二级，规划通过实行半封闭保护和适当的"人为干扰"，即种植湿地植物来加快湿地的生态恢复，以期在一定的年限后形成具有原始湿地景观特征的区域。
③ 秋雪庵湿地文化游览区 该区生态环境良好，历史文化遗存丰富，生态敏感度级别为二级。该区规划保留利用部分的农居建筑，通过改造，使其成为展示西溪湿地文化和游客休憩的场所。重建历史建筑秋雪庵，并恢复历史上的秋雪庵八景，通过复种西溪湿地的传统植物梅花、桑树、芦苇等，来再现西溪悠久的历史文化底蕴和传统的景观风貌。
④ 曲水庵湿地景观游览区 该区紧邻城市干道天目山路延伸段，生态敏感度为三级。规划通过重建历史建筑曲水庵，恢复历史上的曲水七景，复种梅花等西溪湿地传统植物等手段，形成以文化、风景游览为主题的景观区。
⑤ 民俗文化游览区 该区内农居建筑较为集中，生态敏感度为三级。规划保留利用部分农居建筑，将其改造成生态农庄、民俗展览馆等，开展各类富有当地民俗特色的旅游活动，整体形成以西溪民俗文化为主题的风情游览区。
⑥ 接待服务区 该区敏感度级别为四级，具有综合功能，包括接待、服务、管理和科研等。该区是公园的主入口和集散空间，是人流汇集地，不仅设有接待和管理中心、湿地展览馆、教育和实验中心也位于该区内，还包括展示湿地生态功能的人工湿地。

3. 专项规划

湿地公园的专项规划主要包括水系规划、植被景观规划、动物多样性规划、建筑规划、游人容量规划、游览规划、管理和运营规划等方面。

（1）水系规划 主要包括三方面内容：一是水质保护和改善；二是给排水系统的高效化、无害化；三是水系的网络化和联通化。

（2）植被景观规划 根据城市湿地特征，城市湿地公园植被景观规划可采取如下一些措施：①修复湿生环境，种植大量乡土湿地植物；②保持植被的完整性和异质性，适当构建一些地表较高、水位较低的生境，种植乔木、灌木等中生植物，以提高生物多样性；③保持植被的连通性；④保留和选用园内原有的湿地植物，避免采用人工草坪；⑤丰富陆生植物的季相景观，增加植物景观层次；⑥根据生态规律配置湿生群落，尽量选用演替到稳定阶段的群落种类；⑦构建树木廊道等（图 6-10）。

（3）动物多样性规划 西溪湿地公园原有的动物资源还比较丰富，为了进一步提高动物多样性，公园主要通过人工放养底栖生物如虾类、养殖鱼类等措施来进一步修复生物链。鸟类是湿地中的精灵，公园中鸟类生态环境修复和营造主要采取以下措施：①充分利用本地野生鸟类资源；②营造多样的湿地鸟类生境，种植鸟嗜植物以招引各种类型的湿地鸟类；③在公园内一定区域设计和安装特殊装置，如招鸟录音装置、人工鸟巢或投放媒鸟等。

图 6-10 公园内植被景观

(4) 建筑规划 湿地公园的建筑主要包括各类景观建筑、展览馆以及其他功能性、服务性建筑。规划时首要原则就是其建设规模要合理控制在公园环境承载力范围内；其次，其风格要和公园整体环境相融合。从经济和生态的角度考虑，规划时应尽可能保留利用原有的建筑。

西溪湿地公园建筑规划的要点：①建筑容量规划按陆地面积的1.5%测算；②对公园内保留的文物类建筑加以严格保护；③对一些历史建筑进行原地或异地恢复；④修复、改造保留的农居，重现当地传统的建筑风貌；⑤严格控制建筑高度，多为一到两层；⑥建筑布局与相地立基均因地制宜，充分利用原有地形，以尽量减少对原有地物与环境的破坏或改变；⑦采用传统的建筑材料，为突出自然野趣，有些甚至采用茅草、卵石和泥土。

(5) 游人容量规划 考虑湿地生态系统的敏感性，在城市湿地公园环境容量测定过程中可同时参考风景区和城市公园的环境容量计算指标，根据湿地公园的不同功能区来合理选择指标值和计算方法。值得注意的是，在计算中，公园的面积应只包括适宜开展活动的功能区，而不应包括核心区等不适宜开展旅游活动的环境敏感度级别高的区域，西溪湿地公园游人容量的计算就没有包括生态保护培育区。

在城市湿地公园内陆地面积较大的区域，如公共参观游览区，由于游人相对集中，可通过面积法来计算游人容量；而在湿地观光区，通常以园路和木栈道结合的方式组织游客参观，因此，这个区域的游人容量计算可采用线路法。

在湿地水体部分游览区，其环境容量主要取决于该区水体的生态环境容量。这里所指的生态环境容量一般包括水体环境容量、大气容量、固体垃圾容量、生物环境容量等。对于一般的湿地景区，在水体环境容量、大气环境容量、固体垃圾环境容量、生物环境容量中，景区的水体、大气和固体垃圾环境容量不会成为生态环境容量的限制因子，而主要取决于其生物环境容量，即旅游活动对区内鸟类、水生生物不产生显著影响条件下所能容纳的旅游人数。这四个值中最具有决定性的是生物环境容量，因此，可通过该值的计算来得出该区水体部分的生物环境容量。

西溪湿地公园的游人容量测算，正是综合该地区的生态允许标准、游览心理标准、功能技术标准等因素，依据西溪湿地公园的特点而确定的，以湿地公园生态环境容量与游人合理容量综合预测公园容量。按上述方法计算得出，西溪湿地公园的生态环境容量为6670人，而游人合理容量为3516人，因此，以生态环境容量来确定合理日游人量为6670人，高峰日游人量应为日生态容量的2倍。

值得一提的是，在对公园的生态环境保护方面，游人容量虽然是个很好的参考值，但仅仅依靠这些数值显然是不够的，因此，在公园的规划过程中还应从游览设施的布置、游览活动项目的安排等各方面综合的角度来确保各项规划控制在公园的环境承载力范围内。与此同时，良好、有序的公园管理将在这方面发挥积极的辅助作用。

(6) 游览规划

① 游览项目规划　城市湿地公园是开展生态旅游的场所，在游览活动项目规划时，首先要确保其设置和开展不会对湿地公园的生态环境造成破坏，换而言之，所有的活动项目都要控制在公园的生态环境承载力范围内。公园游览活动项目安排得合理与否，将直接影响到公园今后的发展和受欢迎的程度，因此，在进行湿地公园规划前要对游客的旅游动机、兴趣爱好等做充分的调查。

在湿地公园内可以开展的生态旅游活动包括：观鸟、生态垂钓、采摘、划船、露营、湿地探险等，同时，还应穿插其他富有地域特色的各类观光和体验活动。

西溪湿地公园集湿地自然景观和历史人文景观于一体，规划的游览项目非常丰富，主要有荡舟、采摘、生态垂钓、体验农家原生态生活、露营、烧烤、赛龙舟、参观各类展览馆（湿地展览馆、民俗展览馆、丝绸博物馆）等。

② 游线安排　西溪湿地公园的游线安排以水路风光游览为主、陆路风情游览为辅，水路游览工具为游览船、公共交通船和出租船。为了保护水体，减少污染，游览船、公共交通船只限在规定的航线通行，而要抵达湿地内部则需换乘摇橹船。陆地以步行游览为主，游步道自成环线，其中很多为桥梁和木栈道，游线上均有明确的标识系统，能方便游客很快地了解自己所处的位置，并顺利地到达下一景点。

(7) 管理和运营规划　对一个公园来说，其管理状况在很大程度上影响公园的整体运作。为了更好地实现湿地公园的管理，有必要成立一个专门的组织机构，来全面负责公园的日常养护管理以及运营等工作。根据需要，其下还可分设各部门来承担公园内不同功能区内的管理工作。西溪湿地公园管理和运营规划按两级配置，一级管理组织为西溪湿地公园管理委员会，二级管理组织为设置在各景区的管理处。

思 考 题

1. 郊野公园的定义是什么？
2. 郊野公园的功能作用有哪些？
3. 森林公园的定义是怎样的？
4. 森林公园是如何进行分类的？
5. 森林公园的设计要点有哪些？
6. 野生动物园的定义是如何描述的？
7. 野生动物园的设计程序是怎样的？
8. 湿地公园是如何定义的？
9. 湿地公园的分类情况如何？
10. 湿地公园的功能分区有哪些？

第七章　城市公园设计实践案例剖析

第一节　济南市城市花卉主题公园"槐荫花园"设计[1]

在物质生活日趋发达的今天，在充满浓烈的商业气味的今天，人们的精神生活中，对美的渴求毋需多言，更对美好生活产生了越来越多的渴求，现代城市居民生活消费潮流向鲜花与时尚奔涌，美不胜收的四季花景，浪漫主义的精神形态、生命追求、休闲方式均是不可或缺的。基于此，设计者以探索园林与人居环境的发展方向为目标和任务，尝试以"槐荫花园"的创意与设计呼唤社会对未来人居环境的关注和追求。设计者期望于公园中既有置身花的海洋之感，又能享受公园带来的乐趣，同时还能接受花文化的熏陶，这种独特的花卉植物景观韵味，以及由此而构成的花一般的游憩赏玩之地相信是每个都市人理想的居住环境。

如果把这座花卉主题公园比作一部交响乐的话，那么，本设计方案就将是它的总谱。

一、项目概况

1. 区域范围

济南市园林花卉苗木中心（原济南市段店苗圃），始建于1952年，隶属于济南市园林局，现有土地面积10hm^2，是全市花卉、苗木产业重要的生产基地。公园规划设计面积9.53hm^2。

济南市园林花卉苗木中心位于济南市槐荫区南端，东临兴济河，西临人民武装学院，南临经十路，北靠经六路延长线，交通便利。中心周边商业氛围浓厚，南部为段店小商品城，东部为兴济河商城，人流量大（图7-1）。

近年来，随着周边住宅小区建设速度不断加快，济南市园林花卉苗木中心已成为济南市槐荫区住宅与商业圈中为数不多的生产绿地之一。

2. 自然环境条件

（1）地貌与土壤　济南市园林花卉苗木中心圃地内地势平坦，圃地外围地势略高于圃地，呈南高北低之势，排水以自然地势向北汇集入排水沟后入兴济河。圃地常年用来培育各类绿化用苗木和花卉，土壤肥沃，土壤pH值为6.9。

（2）气象水文　济南市园林花卉苗木中心地处北纬36°39′，东经116°56′，属暖温带半湿润大陆性季风气候区。受季风影响，四季分明，常年主导风向为西南风与东北风，冬季雨雪稀少，夏季多雨，雨量充沛，地下水位较高。年平均气温14.2℃，年平均降水量685.7mm，最大降水量1160mm，最小降水量320.7mm。

---

[1] 注：本设计方案为刘扬所作第七届中国（济南）国际园林花卉博览会国际青年风景园林师设计大赛入围展览方案。

二、基本分析

1. 主要优势

①区域原为济南市园林花卉苗木中心（原济南市段店苗圃），土壤肥沃，且因临近兴济河，故有优质而充足的水资源；②交通便利；③周边居民区较多，游人也就较多；④区域在济南市中心城规划中意义重要；⑤公园建设对于丰富济南市槐荫区及至济南市的社会文化生活将起到重要作用。

2. 主要劣势

①因地势比较平坦，需设计营造地形景观以丰富公园景观形象；②因广播电视台用地须予以保留，给规划设计将造成一定的不便；③原有圃地内水泥路面与南北向排水沟需处理。

三、主题功能定位

依据"以花卉为主题的城市公园"的功能及主题定位，设计者自始至终贯彻并体现"花卉"主题，兼考虑花卉的生产与销售功能，力争结合主题功能创造有特色的城市园林景观，明确城市花卉主题公园绝非城市花卉植物园。据此确定公园的主要功能如下：

① 观光功能　这是由花的视觉效果第一所决定的，特别是花的品种丰富、花的季节转换。此外，还有在某种花盛开时开展的赏花活动，观光功能丰富多彩。

② 游览功能　是由观光功能自然引出的，特别是离主城区这么近的公园，其游览功能更加突出。

③ 休闲功能　在色香姿俱佳的景色中，人们的品茗谈天、打牌下棋、戏水登山、静养呼吸等休闲放松活动更具有别样的情趣。春夏秋冬四季赏花将是公园的休闲重点。

④ 文娱功能　精心设计的文体娱乐区的花会广场，一个鲜花簇拥的公园中心舞台，在不同季节的时间里，表演多种以花为主题和题材的文化艺术节目，包括音乐、歌唱、舞蹈、朗诵、戏剧、庆典、书画等等，实现公园的文体娱乐功能。

⑤ 健身功能　在鲜花盛开、空气优良、景色优美的公园里行走、健身，人们的身心会更健康。

⑥ 防灾功能　必要的时候，公园可作为防灾避难的场所。

⑦ 生产与销售功能　主要是生产和销售花卉苗木、盆景等。

四、关于公园名称

依据以上主题定位，鉴于公园位于济南市的槐荫区，确定公园名称为——"槐荫花园"。

设计者认为公园名称语言精练，暗示了公园所属的城市区位；内涵优美，体现了公园"花卉"的主题；联想丰富，昭示了一个唯美的城市公园。

五、规划设计原则

① 尊重现状原则　充分分析场地所处的区位、环境和项目特征，准确定位、合理布局，科学利用和改造现状。

② 因地制宜原则　因地制宜，结合设计对象的地形、地貌，合理利用其环境优势，做出既有特色，又与环境有机结合的园林景观。

③ 适地适树原则　植物材料的选用做到适地适树。

④ 生态、节约原则　遵循生态、节约的理念，积极使用新材料、新技术。

⑤ 可持续发展原则　弘扬花文化，增加公园的文化底蕴，实现可持续发展。

⑥ 协调统一原则　建筑及小品形式与总体风格统一，与周围环境协调。

⑦ 创新原则　探索风景园林行业未来的发展方向，在设计理念和表现手法上有创新。

⑧ 可操作实施原则 设计方案可操作、实施性强。

⑨ 好看、好用、省钱原则 因花卉主题而形成的好看景观、因以人为本实现的好用、因以花卉植物造景为主而实现生态、节约、经济。

六、设计构思立意

① 以花卉植物造景为主 依据"以花卉为主题的城市公园"的功能及主题定位，结合"槐荫花园"的公园名称，花卉植物造景自然是最佳体现，设计的重点也责无旁贷地落在四季花卉植物景观的展示上。这形成了选择"花"特征植物的设计构思——花开四季春，园铺千幅画……

② 弘扬"花文化" 公园以一种或多种文化作为自己的内涵至关重要，为了紧密结合"文化传承、科学发展"的主题，确定公园另一立意构思即为弘扬花文化。这形成了选择"文化"特征植物的设计构思，以"花文化"怡情养性。

③ 花鸟虫鱼，自然和谐 即便是"以花卉为主题的城市公园"，亦不能完全围绕"花卉"做文章。城市的公园，应该是人与自然和谐的缩影。这形成了公园项目内容选择与设计的创意：花厅、鸟虫馆、红鱼池——花香鸟语，蜂拥蝶簇……

④ 花的归宿 作为自然界的生物，花的归宿是收获。因此，公园中花果林景观的大量营造将成为设计的一大亮点，也体现了当前风景园林中应用果树造景的趋势——花之俏，果之魅……

⑤ "花"结构的形象创意 花为种子植物的繁殖器官。设计中从主入口喷泉水池经花坛至花会广场形成的轴线，结合周围大尺度花色带，巧妙地抽象了花卉的结构：花梗、花托、萼片、子房、花瓣（丝）——拥抱鲜花，拥抱浪漫……

⑥ 以人为本 根据人及其活动的需要设置必要的场地、道路、水体以及坐憩设施等，坚持一切为人的需要服务，将各种园林要素错落有致地布局成园区内富有吸引力、感染力的园林空间和景观，充分诠释"以人为本"的理念。

⑦ 关于"花"的成语意境 以关于"花"的成语形成公园主要景点的意境氛围。

七、出入口规划设计

公园共设计安排3个出入口，即1个主要出入口，1个次要出入口和1个园务管理专用出入口。其中主要出入口位于段兴西路上，交通便利，同时配套停车场；次要出入口位于公园西北角，附近都是居民区，方便居民就近使用；专用出入口位于经七路上，周围销售市场、批发市场、超市居多，人流较大，不适合做公园游人的出入口，且位置相对偏僻，但又与城市干道相连，适合作为独立的专用生产管理出入口。

八、交通系统

设计三级园路系统，即主路、支路、小路，分别宽3.5m、2.0m、1.5m。其中，主路形成闭合"环状"交通系统，联系主要功能区域，采用透水混凝土材料；支路形成开放"条带"结构，联系各区内主要景点，并辅助完善主路系统功能，采用砂基透水砖材料；小路则分散至各区，采用石子、卵石、木材等材料。加上出入口内外广场、建筑前广场、文体娱乐活动广场、停车场等场地，共同组织成有机、高效、便捷的公园交通系统。

需要提及的是，设计保留现状东西向直线道路，经改造修缮后，将成为公园主体游人使用区与生产、管理、销售区域的自然分隔，经济、高效（图7-2）。

九、功能分区

无论以什么作为主题，只要是城市公园，就应满足城市公园应具备的功能，即以观光休憩功能为主，兼具生态、美化、防灾等功能，能够为附近的居民和游人提供游览、休息、健身等活动的场所。按照这一原则，设计者缜密考虑设计区域范围现状与周边区位环境，确定公园功能分区如下（图7-3）：

① 主入口区　位于段兴西路上，交通便利。隔路可望及兴济河，景观优良，亦能通过主入口景观的营造丰富城市街景。另外，可利用机动车与自行车停车场地满足公园主入口的车辆集散功能。

② 文体娱乐区　靠近公园主入口区，便于开展大型文体娱乐活动和有利于大量人流的集散。

③ 次入口区　位于人民武装学院对面，主要依据现状周边多为居民区的环境特点而确定该出入口的位置，方便附近居民。

④ 少儿游戏区　位于公园北面，靠近次入口，相对安全和私密，且方便周边居民区内少儿使用。

⑤ 安静休息区　位于公园的西南角，安静，适于休息，老人活动区即嵌套在该区内。因同样靠近次入口，也有利于周边居民区内的老人就近使用。

⑥ 水景生物区　该区位于公园的近中部，主要为展现"水生花卉"植物（作为花卉主题的公园，不能仅仅是展现陆生花卉），特别是济南市的市花——"荷花"景观而安排，同时体现"花鸟虫鱼"设计立意构思中的"鱼"。水景生物区的设置，既可以丰富公园景观和游览资源，还可以改善公园的生态环境条件，形成公园优良的生态面貌。

⑦ 用地保留区　指的是保留的广播电视台用地区。

⑧ 生产管理区　该区基于现状并将予以改造保留的大量生产、管理的建筑、场地、设施而设置，好用，经济，可持续。相对偏僻，且与公园主体区域经东西向道路分隔，不妨碍游人游览，又因靠近公园位于经七路上的专用出入口而方便开展相关生产管理活动。同时，与另一处分区，即拟建的销售活动区相临，生产、管理与销售一条龙，高效、便捷。

⑨ 销售活动区　即拟建的花卉、盆景、水族、赏石、园林器具销售市场所形成的区域。

十、竖向设计

为了丰富公园的竖向景观层次和起伏变化，搭建公园的骨架，为其他园林要素创造优良的基础条件，并增加游人的游览情趣，避免平坦无奇，同时考虑公园用地临近城市河流"兴济河"而获得水源的可能性，以及为水生生物提供生命场所，设计于现状较为平坦的用地上实施"挖湖堆山"，整体上实现土方平衡。

山地方面，于属于文体娱乐区范围内的公园东北角设计高为8.56m的山地地形，用于花果林景观的营造和观景塔、秋实亭等建筑的设置；同时于属于安静休息区范围内的公园西南角设计高为7.0m的山地，用于松林景观的营造和晚亭建筑的设置，两处山地地形相互呼应，对公园形成包围的态势，保证公园良好的环境氛围。

坡地方面，于属于安静休息区范围内的公园西南设计高为4.9m的缓坡坡地，用于花坞及缀花草坡景观的营造。

水体方面，于公园近中部设计最深为1.48m的水体，及深为1.18m和0.48m的两处小水面，分别用于荷花、水生花卉植物景观的营造和鱼池的实现。

平地方面，主要是指出入口内外广场、建筑前广场、文体娱乐活动广场、停车场、其他绿地等，但均须满足排水要求。公园整体排水以自然地势及设计竖向形成向北汇集入排水沟后入兴济河的格局（图7-4）。

十一、植物景观规划设计

为了体现适地适树的原则，在本设计中，乡土树种的应用也是一大亮点，这也是保证植物景观效果和种植苗木成活率的重要手段，体现地方特色，避免"千园一面"。

为了体现公园的主题，设计选用的植物材料大多具备"花"的特征，如可供观花的乔木、花灌木、藤本、宿根、球根及一二年生花卉，同时考虑从陆生花卉扩展到水生花卉。

为了实现公园弘扬"花文化"的理念和体现"花文化"的构思创意，设计选用了近40种具有深厚文化内涵与底蕴的植物，具体每种或每类植物的文化内涵与底蕴方面的内容详见说明书后附件。

为了保证丰富的植物景观效果，体现多层次的人工植物群落的构建，公园设计选用植物丰富，主要乔灌木种类就有40种，另有各类果木、竹类、陆生花卉、草被、水生花卉、观花藤本等，总计公园植物种类可达上百种，以做到乔、灌、花、草、藤、竹、地被类型丰富，植物配置造景方式和手段全面，充分体现"花卉植物造景"的主题与构思创意，科学、合理地营造出一个暗含四季意境的自然的园林氛围。

而花卉植物造景形成的景观面貌，按花种划分，可根据用地的地形与环境条件状况，精心设计成一定的规模，待花开时，就会形成迷人的风景，如"桃花源"、"木兰区"、"海棠路"等；若按四季划分，则分别栽上适合于四个季节生长的花种，季节一到，那一片区域就鲜花绽放，引人注目，如主入口区以夏秋植物景观为主，次入口区以春冬植物景观为胜，公园中部则以夏季植物景观为核心等（图7-5）。

十二、建筑及小品设施

建筑及小品设施方面考虑功能需要，设计安排了1座鸟虫馆、1座花厅、1处观景塔、1组花文化游廊、1处张拉膜、3座景观亭、3处小卖部、2座景观桥、2处观台、1处喷水池、1处藤花墙及多座厕所、大量花鼓凳、座椅和花灯。

而花坛、花台、花池、花器、花钵、甚至水面均为花卉植物配置造景的需要而设计，同时这些小品设施多具备坐憩功能。

建筑及小品设施形式与公园的总体风格统一，现代、时尚、雅致，材料以木、石、金属、玻璃为主，与公园内花卉植物景观及周围环境相协调。

十三、主要景点创意

① 槐荫广场——"生花之笔"意境　作为公园主入口广场，也作为公园名称"槐荫花园"的点题景点，以现代风景园林设计手法营造林下广场景观。"林"，即刺槐林；林下，配置花池、喷泉水池。为了强化公园"花卉"主题和渲染公园主入口的氛围，还设计了藤花墙、移动花钵景观。

② 花果林——"开花结果"意境　体现"花的归宿"创意。以花果木、秋季色叶植物景观为主，配置石榴、国槐、五角枫、栾树、柿树、板栗、核桃、梨树、山楂、南天竹、金银木等，秋天，一片层林尽染。同时，结合该区域地形设计点景建筑——"秋实亭"和观景塔，可于此观瞻公园全貌。

③ 鸟虫馆——"眼花缭乱"意境　体现"花鸟虫鱼，自然和谐"的创意。于馆内展示鸟类、蝴蝶、蜜蜂等标本，甚至于建筑庭院内设计建设鸟园、蝴蝶园、蜜蜂园等，让鸟虫相对自由地飞翔，自然和谐，丰富文体娱乐区的景观与活动内容，扩大公园游人容量。

④ 花会广场——"心花怒放"意境　"花"结构的形象创意中的"子房"部位，也是文体娱乐区的主广场和整个公园体现"花文化"的核心景点，期望形成"以花集会"的热烈氛围。设计花文化游廊，以描写花的诗词、对联、名言、画作、成语、书法、摄影作品等共同组成，同时作为花卉广场的背景建筑。广场以花岗岩材料铺设抽象花朵图案成为铺装地面，可用于开展多种以"花"及"花文化"为主题和题材的文化艺术节目，包括音乐、歌

唱、舞蹈、朗诵、戏剧、庆典、书画等。同时，可结合火爆的节日，如"情人节"、"七夕赏花情人节"等开展活动。并于广场设计花台，丰富广场景观和渲染广场氛围；设计花鼓凳供游人坐憩。

可创办特色"花仙子"歌舞晚会，吸引诱惑大批都市人前来观看。

花会广场也可以包括联系主入口广场的引导广场，引导广场以花坛景观为主，装饰花灯。

⑤ 花厅——"天花乱坠"意境　作为花卉的展示建筑来设计建设。可于花厅内展示"众花之最"、各种花传说故事、花产品（花酒、花露、花蜜等）、花疗法和开展各类花展（插花展、多元立体花展等），通过相关的文字介绍、书画名作介绍、名诗介绍、散文中的名句介绍、音乐作品介绍甚至现代视屏介绍，让游人在花厅中赏花的同时，获得丰富的花文化知识，无形中受到花文化的熏陶。

⑥ 红鱼池——"镜花水月"意境　为"花鸟虫鱼，自然和谐"创意的"鱼"部分，也是水景生物区的一部分，于观鱼台上观赏水中的红鱼，体味鱼儿的悠闲自得，自然和谐，增加公园游览内容和游人游兴。同时，该景点临近少儿游戏区，与花艺场相接，可同时作为少儿感受生物的游戏内容。

⑦ 花艺场——"百花齐放"意境　为少儿游戏区的景点，亦是少儿游戏的活动内容。以花卉园艺活动为主，通过亲身体验与操作感受花卉园艺活动，培养热爱花卉、热爱大自然的情感。

⑧ 花迷宫——"五花八门"意境　同样在少儿游戏区的较平地段，精心设计一个鲜花围成的迷宫，让少儿在花丛中寻找自己的出路，别出心裁、引人入胜，同时也是一个独一无二的美丽迷宫。

⑨ 金色沙滩　为荷池畔的沙滩型驳岸，亦是少儿游戏区的主要活动内容之一。沙滩上散置舟形花器，用于栽植时令花卉，既体现公园主题，又丰富公园景观和少儿游戏内容。通过花卉的色彩激起少儿游戏的兴趣。

⑩ 花卉隧道　以花树、藤花植物、花卉相组合的方式建成，作为一种特殊的环境造型，置于少儿游戏区的入口处。走在这样的隧道中，仿佛进入了另类时空——世外桃源、人间仙境般的另类时空。

⑪ "树巢"或"鸟巢"　于少儿游戏区角落树林中，精心制作一组可供进入的"树巢"或"鸟巢"，丰富少儿活动内容，强化体验的滋味，与大自然亲密接触，使得少儿们对大自然充满向往。

⑫ 花溪桥——"落花流水"意境　设计建于公园北部水体狭窄处，因处于花境、花丛景观周围，且属水体溪流部位而取名"花溪桥"，是一石质拱桥。

⑬ 水生花卉池——"花容月貌"意境　"花卉"主题体现中的"水生花卉"景观，通过选择适生的水生花卉植物配置水生花卉植物群落，营造小型湿地景观。

⑭ 晚亭——"花朝月夕"意境　位于公园西南角，设计建于安静休息区，主要为老年人使用，周围选择配置松柏类、梅、菊等植物，迎合老年人兴趣，形成特色景观。

⑮ 花坞——"花前月下"意境　于公园西南、主路两侧、地形周围高中间低的地段设计花坞景观，以百合科宿根花卉百合、风信子、郁金香、石蒜等为主，模建野生花坞景观，增加公园的野趣。

⑯ 缀花坡——"花团锦簇"意境　于花坞景观东面，设计缓坡地形，栽种如红花酢浆草类地被，形成自然的缀花草坡景观，同样模拟大自然野生的草甸景观形象，亦可作为游人野餐的地点，周边是一片野花相伴，其情其趣，难有第二。

⑰ 花间桥——"闭月羞花"意境　位于水生花卉池边，因周围遍植花灌木和水生花卉而命此名，是一红色木质平桥。

⑱ 香远亭——"花红柳绿"意境　于荷池畔，取"香远益清"的意境，取名"香远亭"，是一朝向俱佳的八角亭。

⑲ 观荷台　为观赏荷花景观而专门设计的木质平台，同时具备亲水的特性和次入口人流集散功能。观荷台上设计张拉膜亭，如白云一片飘于平台上，为游人创造优良的观荷条件。

⑳ 荷池——"花好月圆"意境　栽种荷花的大面积水面。荷花为济南的市花，理应于槐荫区的公园中重点展示，同时荷花也是文化内涵与底蕴深厚的水生花卉植物，特建荷池是体现公园主题的必需。

㉑ 桃花源——"鸟语花香"意境　位于公园的西北角，通过次入口附近这一桃花林景观的营造，形成鲜明的春季花卉植物景观意象，吸引居民及游人入园游赏，同时也暗示公园的和谐人居氛围。

㉒ 观赏温室　位于花厅的南面，公园东西向道路的北面，栽种不适合济南露地生长的花卉植物，以供游人观赏。

㉓ 盆景园——"移花接木"意境　于公园生产管理区特设，以"园中园"的形象和定位出现，既可供游人观赏，又方便临近销售区对于盆景的售卖。

㉔ 七彩圃——"如花似锦"意境　为公园生产用地，拟栽种成"七彩"形象，亦可考虑为游人开放，形成特色生产园艺观光景点。公园全部景点布局及预想效果分别见公园总平面图（图 7-6）和公园全景鸟瞰效果图（图 7-7）。

第二节　昆明市大观河东岸滨水带状公园概念设计[❶]

公共开放空间、自然地景兼人工景观、临水亲水区域等是城市滨水地区最显著的特色环境和景观。目前，游憩活动已成为城市生活中不可缺少的一部分，并与其相关产业在城市经济活动中占有的份额越来越大。国外滨水开发建设已经盛行近 50 年，大多数滨水开发项目都是从产业功能转向城市游憩休闲功能。这种功能的转变充分说明了滨水游憩越来越受到市民的喜爱。

一、设计基础条件

1. 自然环境概况

设计项目位于云南省昆明市，属云贵高原，海拔 1891m，三面环山，南濒滇池，湖光山色交相辉映。由于属低纬度高原山地季风气候，冬无严寒，夏无酷暑，四季如春，年均气温 15.1℃，年均日照 2250h 左右，无霜期 240d 以上，年均降水约 1000mm，具有典型的温带气候特点，城区温度在 0~29℃ 之间，年温差为全国最小，素以"春城"而享誉中外。

2. 基地现状环境

设计项目总面积 30000 多平方米，位于昆明市西山区，北接碧鸡路，西临大观河，此前大观河一直是昆明水运中的主河，由于水位降低及水质恶化，如今成为一条重点治理的河流。设计基地与大观河相接处有一条城市干道，中部也有一条城市道路将基地分为两部分，交通比较便利；与基地中段相邻的大观河河段有较开阔的水面，视野良好；由于碧鸡路为过

❶　注：本概念设计方案为刘扬指导的赵婧同学 2009 届本科毕业论文（设计）方案，经刘扬编辑、整理。

境高架,噪声及粉尘污染的影响会比较大;昆明市大观公园就位于距离基地不远的西南方向,且基地四周皆为居住区,人流量较大(图 7-8)。

3. 历史人文背景

大观河原名篆塘河,一度是整个滇中水运的大动脉。自元代开凿后,一直是昆明西南各县和省城之间的重要交通线,以供运省会粮食为主要任务,因而在明代被称为运粮河。清吴三桂时期,为广集粮草,从大观楼的近华浦开挖了一条人工河,以便将滇池沿岸的晋宁、昆阳、呈贡等地粮草经人工河运到昆明,从此皆称为大观河。清康熙二十年(公元1681年),清军入滇征讨吴世璠叛乱,包围昆明。最初忽略了滇池沿岸的大米依然经此水道进入城中,吴世璠得以支撑半年。后来被随军入滇的布政使王继文查知,封锁了滇池。吴世璠粮食来源断绝,很快土崩瓦解。此后的大观河一直是昆明水运中的主河,之前的运输工具就是图中这样的木船(图7-9、图7-10)。直到1913年,才有第一艘轮船下水试航。20世纪80年代,滇池草海水质已经变为劣五类,大观河水更是恶臭熏人,无人泛舟,客运停止,货运则被快速发展的汽车运输所取代。

二、设计目标与原则

1. 设计目标

在生态环境保护、整体性设计、以人为本、可持续发展等基本设计原则指导下,结合传统与现代造园技法,以实现休闲、文化、生态等综合效益最大化为目标,依托大观河自然环境,以大观河水体为纽带,以大观河历史人文文化为脉络,创造出一个形神不散、空间自由开阔、游赏内容丰富、能满足现代人审美与多元化实用需求的、具有良好生态环境和时代风貌的、集休闲和娱乐为一体的新型城市滨水带状公园景观空间。

2. 设计原则

① 可持续发展原则　设计要营造美丽景观,反映生态思想潮流,体现地方文化,传承文明,实现经济、社会文化和生态的可持续发展。

② 以人为本原则　滨水空间景观环境设计的主体是人,亲水是人的一大天性,因此,设计要仔细分析各类游人的心理特点,以人为本,以利游人游赏。可以通过组织雅俗共赏的参与性景观来发挥游人的主动性,使其更深入地理解景点特色和文化内涵。

③ 因地制宜原则　设计根据场地现状及周边环境巧妙布置,为人们的不同活动需求营造多样的空间形式。在绿化和植物选择配置时以地方乡土树种为基调和骨干树种,以创造理想的生态环境。

④ 经济性原则　设计应体现经济性,尊重现状,少动土木,坚持经济、实用、节约的原则,充分利用自然气候、地形条件和当地材料等构筑亲切宜人的空间,并为其以后良性发展打下基础。

⑤ 地方性原则　设计应符合地方特色,反映昆明特有的城市文化特征。

⑥ 亲水性原则　作为滨水带状公园,设计应尽最大可能满足人们的亲水要求。

三、设计立意与方案构思

1. 设计立意

每一座城市都有它特定的历史和人文,每一条河流也都拥有它诞生的使命。自古以来,城市的兴起与繁荣都与河流的繁衍有着鱼水相依的不解之缘,江河流域、河口、湖岸和海岸也多成为城市选址的首选地段。由于人类活动叠加于滨水区域,随着时间的延续便产生了某种传承,这种传承从某种程度上讲就成了当地文化的一部分,因此,很多时候,河流就是一个城市的代名词,是一座城市的魂魄,是一座城市的母亲。然而,随着现代城市的发展、历史变迁以及人物更替,如今的河流早已失去了往日鲜活的生命力,大多仅以排污、泄洪的作用出现,也仅能在老人的回忆中、陈年的照片上找寻到河流当年的神采:水清、岸绿、水上行舟、水中游鱼。生活在日益繁杂的城市中的人们需要一片绿洲,需要一方清静之地,返璞归真,崇尚自然,去寻找记忆里的旧风景。据此,确定本方案的设计立意为"记忆里的风景,重回大观河"。

2. 方案构思

滨水空间设计其实可看成是连接过去与未来的纽带。本概念设计就是通过一条景观轴线的贯穿,将文脉、水脉、绿脉连融为一体,创造自然生态、娱乐休闲的滨水带状公园景观带。

① 水 通过观水、亲水、戏水、瞰水等人的活动来感受水、亲近水,设计力求突出亲水环境,将人的活动融入亲水环境中,通过设计人工湖及亲水平台来实现人们亲水的愿望,弥补公园基地不能与大观河亲水的遗憾。

② 绿 设计在人工湖靠北端营造一个充满诗意、浪漫氛围的湿地景观,从而为人们提供感受水与人、人与自然交融的环境。

③ 古 怀旧是人类永恒的主题。要充分利用大观河的历史人文背景及木船等元素,怀古论今,从园林建筑小品等的设计上蔓延出历史的温馨和浪漫。

四、总体布局及特征

1. 总体布局

整个设计空间布局形成东西景观轴线,从基地中上部贯穿,因与该处相邻的大观河河段水面较开阔,故于此设计一个半圆形入口广场,为游人提供上佳的视觉景观观赏点。本方案设计注重组织交通及景观节点的空间关系,用"S"形道路连接各景点,并通过道路对景观的划分而使空间多元化,形成多元的空间设计,作为休闲、观光、休憩的场地,并以其宜人的尺度、亲切的氛围表达出各种自然人文的主题(图7-11)。

2. 布局特征

设计形成"一轴、一心、两带、四区、八景点"的景观格局特征:"一轴"是指公园中上部东西走向、与主入口相连接的景观主轴;"一心"是指主入口,其设置一方面考虑借用与其相邻的大观河河段较开阔的水面,以广场的形象形成上佳的景观视觉空间,另一方面则是考虑构图的美感;"两带"是指公园上半部分沿河的文化景观带和人工滨水景观带;"四区"是指自然风景林区、景观驻留区、儿童活动区、亲水区;"八景"则是指人文大观、时间之漏、红色记忆、荷风曲径、凌波远眺、临水放歌、日晷广场、曲径通幽8个景点(图7-12,图7-13)。

五、功能分区及景点设计

1. 出入口

该方案设计了三个出入口,主入口位于基地中部,两个次入口分别位于基地北端和南端,与城市干道相邻处。由于公园中部被城市干道截断,考虑到公园的连续性及整体性,公园南北两地块对开两个入口,在满足出入口功能的同时兼顾消防通道的使用。公园内部除消防外不考虑通车。基于使用方便的原则,在公园南半段上方靠近城市干道处设置停车场,根据公园的面积及游人量设置22个停车位。停车场铺装采用生态嵌草砖材料,体现公园生态理念。

2. 自然风景林区

该区位于公园的最北端,与碧鸡路相邻,因来自道路的噪声、粉尘污染较大,故对该区进行微地形营造,在丰富空间竖向变化的同时,种植大量具有防尘减噪功能的植物,从生态的角度出发,以大树、密林景观为主,考虑植物的自然属性,以使该区域发挥最大的生态效益,形成优美的森林景观,体现"园林惟山林最胜,有高有凹,有曲有深,有峻而悬,有平有坦,自成天然之趣,不烦人事之工"的意境。重点在观赏部位增添季相变化丰富的乔木与地被,形成视觉趣味中心,提高人们的游览兴趣。该区主要景点是曲径通幽,利用道路两边良好的植被景观形成安静休闲区。

3. 景观休闲区

该区紧邻自然风景林区,主要提供游人休憩及停驻的空间场所,也起到分散人流的作用。主要由广场构成,同时利用人工水景、观花植物及现代化的造景手法向人们展示该区环境的趣味与浪漫。主要景点包括:

① 日晷广场 以北端种植的密林为背景,以弧形构图广场,广场之间以人工水景相联系。与入口相连的广场主要起到对景及人流疏散作用,另一半广场设日晷,主要展现时间的观念。于该区配合种植一些观花植物和秋色叶树种,以创造具有一定时间意义的植物季相变化景观,使居民们更贴近大自然,欣赏大自然的美丽景色。

② 人文大观 该景点位于整个公园的中上部,设有主入口,主要体现大观河的历史发展过程。主入口设置入口广场,主要借用与其相对的大观河河段较宽阔的水面,使其产生良好的视觉效果。入口广场设计供人休息的设施,并考虑交通的便利性,达到既不影响入口交通又可以使人驻留观景的目的。与入口广场相接的是一条主景观轴,一方面形成构图上的视觉美感,另一方面则形成视觉景观上的通透效果。景观轴上设置较多小品,通过加入昆明的文化元素来重点体现大观河的历史发展过程。

③ 凌波远眺 该景点位于居住小区的西北部,紧邻大观河,主要展现大观河独特的木船景观。为了打破与之相隔的城市干道,该部分设计采用借景、对景等中国传统园林设计手法,借大观河之水及对岸之景,沿城市干道种植一排乔木,形成植物景观带,带中以波状道路穿入,主要是减弱道路分隔的影响。并于林带内部靠河地段采用低矮的植被,结合船桨意向的挑台,其上以船帆为主要元素的小品造型以及小广场的设计形成通透的景观视线,既可以观赏对岸及河面景色,又不会受到城市干道交通的影响。在波状道路的转角处及植物景观较好处散点布置渔具、人物雕塑等园林小品,形成烘托船文化的艺术氛围。

④ 红色记忆 该景点位于公园中下部道路拦隔的上端,是一条景观廊道,设计五组景观墙,采用钢材材质。而景观墙的文化内容也主要以宣传环保为主,倡导人们环保,保护水资源。

4. 儿童活动区

该区位于公园的中部靠东,与入口人文景观轴相接,主要布置儿童游乐设施,起名为"梦的起航",其设计灵感来自于:每个人的孩提时代是最天真烂漫的时候,每一个梦想都在此时孕育,想象力天马行空,不会受到世俗的干扰,就像一只刚刚起航的帆船,面对未知的前途却依旧勇往直前。

5. 亲水区

该区位于公园的下半段,主要以人工湖为主,弥补基地与大观河之间由于有城市干道相隔而不能达到亲水目的的遗憾。该区植被层次丰富,根据水位的深浅以及各种水生植物的生态习性,将沉水、浮水、挺水、浅水、深水等不同水生植物有机地组织配置,充分发挥水生植物的生态作用,同时形成美丽宜人且富有诗意的湿地景观,为人们提供感受水与人、水与自然交融的环境空间。该区景点沿湖分布,主要包括:

① 时间之漏 位于公园南部次入口。广场中心景观小品以石磨为主,结合水景,喻示

时间就像石磨一样慢慢地转、慢慢地流逝,最后汇集的是旧时的记忆。

② 荷风曲径 位于人工湖北端,由大量湿生植物及水生植物构筑湿地景观,利用地形的处理形成良好的景观效果。通过架设木栈道,在栈道和平台围合的水面种植睡莲、荷花等水生植物,形成夏日荷叶田田、绿意袭人的景观效果,给人们带来惬意的凉爽。

③ 临水放歌 主要由亲水平台、水上廊道等组成。亲水平台及水上廊道的设计能够很好地满足人们亲水的天性（图7-14）。

六、交通组织设计

本方案的道路交通组织本着合理节约、重点突出、生态环保的原则进行。布局上做到分布均匀、流畅贯通,满足交通组织和景观游览的需要;等级上结合可能的游览习惯、强度和时间,做到保障流量、保障效率。既考虑功能性的要求,为公园游览通行服务,亦体现出对人的细致关怀,同时注重对环境质量的影响,形成以"曲路"和"直路"两套系统构筑的道路交通系统:曲路延承了中国古典园林的做法,萦绕迂回,曲径通幽,令人浮想联翩;直路则采用西方景观设计的手法,体现现代公园设计的开阔通畅。整体道路交通组织划分为三个等级:

① 主干道 一级园路的宽度为3.5～4m,贯穿全园,主要是考虑消防及最大可能连接各景区。

② 次干道 二级园路的宽度为2～2.5m,主要是联系各景点,设计考虑和运用了中国传统园林道路的设计手法,美观、实用。

③ 散步游览小路 三级园路的宽度为1.2～1.5m。作为二级园路的辅助,满足人们散步游览需（图7-15）。

七、植物景观设计

1. 植物景观设计

植物景观设计在整体环境景观构建上占有极其重要的地位,尤其在景观意境及文化意蕴的传递方面有着独特的作用。在总体平面布局上,植物景观设计表现为点、线、面三部分相互穿插结合的特点,在公园外围及斑块面积较大的区域种植密林;在景观主轴上,为了表现轴线性及严整性,植物配置采用规则式,除了高大乔木与草坪外,还结合了大量彩色地被植物。

河滨带水景广场及亲水平台周边人流集散场地种植叶大荫浓的乔木,在夏季形成供人休息的林荫地带,也使得广场增加可人的绿意;滨河沿岸,则营造多种植物景观意境空间,如在某些开阔的水面营造以疏林草地为主的景观,让阳光透过稀疏的树林泼洒到草地上,形成阳光地带,形成惬意的休闲空间;在某些林荫小道上,则加大植物种植的密度,注重层次感的营造,并大量选择彩叶树种,以增强道路的趣味性与标志性,提高林荫处的植物色彩与亮度效果,形成视觉焦点。

公园北部的防尘减噪密林的种植以常绿阔叶树为主,以丰富的植物景观层次形成背景,并于重点观赏部位增添季相变化丰富的乔木与地被,形成视觉趣味中心,提高人们的游览兴趣（图7-16）。

2. 树种选择

整体植物选择运用以乡土植物为主,以营造富有地方特色的植物景观。在提高植物成活率的前提下降低经济成本,实现公园可持续发展。同时考虑乔木、灌木、草被相结合,常绿树与落叶树、慢生树种与速生树种相结合,以形成稳定的复层植物种植群落和高、中、低多层次、开朗、密闭多空间的植物景观效果,最终使植物景观体系发挥最大的生态效应,维持公园区域内的生态平衡。

① 常绿乔木　八月桂、四季桂、天竺桂、香樟、榕树、石楠、山玉兰、桂花、瑞香、荷花玉兰、榉树、杨梅、雪松、华山松、云南松、广玉兰、湿地松。

② 落叶乔木　垂柳、清香木、梅花、黄连木、紫玉兰、银杏、蜡梅、滇合欢、云南樱花、梨树、栾树、红枫、黄槐、红果树、红叶李、碧桃、白玉兰、紫玉兰、紫薇、蓝花楹、鸡爪槭、柿树、贴梗海棠、垂丝海棠、西府海棠、山楂、日本樱花、落羽杉、水杉、池杉。

③ 亚热带棕榈类植物　棕榈、海枣、蒲葵、老人葵。

④ 亚热带竹类植物　紫竹、金竹等。

⑤ 灌木　叶子花、毛叶丁香球、黄槐、月季、小叶黄杨、含笑、海桐、海棠、杜鹃、栀子花。

⑥ 藤木及地被植物　油麻藤、紫藤、炮仗花、常春藤、凌霄、葱兰、蜘蛛兰、美人蕉、鸢尾、沿阶草、蛇莓等。

⑦ 水生植物　睡莲、荷花、芦苇、纸莎草、旱伞草、香蒲、再力花、慈姑等。

附录：《公园设计规范》(CJJ 48—1992)

第一章 总 则

第1.0.1条 为全面地发挥公园的游憩功能和改善环境的作用，确保设计质量，制定本规范。

第1.0.2条 本规范适用于全国新建、扩建、改建和修复的各类公园设计，居住用地、公共设施用地和特殊用地中的附属绿地设计可参照执行。

第1.0.3条 公园设计应在批准的城市总体规划和绿地系统规划的基础上进行。应正确处理公园与城市建设之间，公园的社会效益、环境效益与经济效益之间以及近期建设与远期建设之间的关系。

第1.0.4条 公园内各种建筑物、构筑物和市政设施等设计除执行本规范外，尚应符合现行有关标准的规定。

第二章 一般规定

第一节 与城市规划的关系

第2.1.1条 公园的用地范围和性质，应以批准的城市总体规划和绿地系统规划为依据。

第2.1.2条 市、区级公园的范围线应与城市道路红线重合，条件不允许时，必须设通道使主要出入口与城市道路衔接。

第2.1.3条 公园沿城市道路部分的地面标高应与该道路路面标高相适应，并采取措施，避免地面径流冲刷、污染城市道路和公园绿地。

第2.1.4条 沿城市主、次干道的市、区级公园主要出入口的位置，必须与城市交通和游人走向、流量相适应，根据规划和交通的需要设置游人集散广场。

第2.1.5条 公园沿城市道路、水系部分的景观，应与该地段城市风貌相协调。

第2.1.6条 城市高压输配电架空线通道内的用地不应按公园设计。公园用地与高压输配电架空线通道相邻处，应有明显界限。

第2.1.7条 城市高压输配电架空线以外的其他架空线和市政管线不宜通过公园，特殊情况时过境应符合下列规定：

一、选线符合公园总体设计要求；

二、通过乔、灌木种植区的地下管线与树木的水平距离符合附录二的规定；

三、管线从乔、灌木设计位置下部通过，其埋深大于1.5m，从现状大树下部通过，地面不得开槽且埋深大于3m。根据上部荷载，对管线采取必要的保护措施；

四、通过乔木林的架空线，提出保证树木正常生长的措施。

第二节 内容和规模

第 2.2.1 条 公园设计必须以创造优美的绿色自然环境为基本任务,并根据公园类型确定其特有的内容。

第 2.2.2 条 综合性公园的内容应包括多种文化娱乐设施、儿童游戏场和安静休憩区,也可设游戏型体育设施。在已有动物园的城市,其综合性公园内不宜设大型或猛兽类动物展区。全园面积不宜小于 $10hm^2$。

第 2.2.3 条 儿童公园应有儿童科普教育内容和游戏设施,全园面积宜大于 $2hm^2$。

第 2.2.4 条 动物园应有适合动物生活的环境;游人参观、休息、科普的设施;安全、卫生隔离的设施和绿带;饲料加工厂以及兽医院。检疫站、隔离场和饲料基地不宜设在园内。全园面积宜大于 $20hm^2$。

专类动物园应以展出具有地区或类型特点的动物为主要内容。全园面积宜在 $5\sim20hm^2$ 之间。

第 2.2.5 条 植物园应创造适于多种植物生长的立地环境,应有体现本园特点的科普展览区和相应的科研实验区。全园面积宜大于 $40hm^2$。

专类植物园应以展出具有明显特征或重要意义的植物为主要内容,全园面积宜大于 $20hm^2$。

盆景园应以展出各种盆景为主要内容。独立的盆景园面积宜大于 $2hm^2$。

第 2.2.6 条 风景名胜公园应在保护好自然和人文景观的基础上,设置适量游览路、休憩、服务和公用等设施。

第 2.2.7 条 历史名园修复设计必须符合《中华人民共和国文物保护法》的规定。为保护或参观使用而设置防火设施、值班室、厕所及水电等工程管线,也不得改变文物原状。

第 2.2.8 条 其他专类公园,应有名副其实的主题内容。全园面积宜大于 $2hm^2$。

第 2.2.9 条 居住区公园和居住小区游园,必须设置儿童游戏设施,同时应照顾老人的游憩需要。居住区公园陆地面积随居住区人口数量而定,宜在 $5\sim10hm^2$ 之间。居住小区游园面积宜大于 $0.5hm^2$。

第 2.2.10 条 带状公园,应具有隔离、装饰街道和供短暂休憩的作用。园内应设置简单的休憩设施,植物配置应考虑与城市环境的关系及园外行人、乘车人对公园外貌的观赏效果。

第 2.2.11 条 街旁游园,应以配置精美的园林植物为主,讲究街景的艺术效果并应设有供短暂休憩的设施。

第三节 园内主要用地比例

第 2.3.1 条 公园内部用地比例应根据公园类型和陆地面积确定。其绿化、建筑、园路及铺装场地等用地的比例应符合表 2.3.1 的规定。

第 2.3.2 条 表 2.3.1 中Ⅰ、Ⅱ、Ⅲ三项上限与Ⅳ下限之和不足 100%,剩余用地应供以下情况使用:

一、一般情况增加绿化用地的面积或设置各种活动用的铺装场地、院落、棚架、花架、假山等构筑物;

二、公园陆地形状或地貌出现特殊情况时园路及铺装场地的增值。

第 2.3.3 条 公园内园路及铺装场地用地,可在符合下列条件之一时按表 2.3.1 规定值适当增大,但增值不得超过公园总面积的 5%。

一、公园平面长宽比值大于3；

二、公园面积一半以上的地形坡度超过50％；

三、水体岸线总长度大于公园周边长度。

表2.3.1　公园内部用地比例（％）

陆地面积(hm²)	用地类型	综合性公园	儿童公园	动物园	专类动物园	植物园	专类植物园	盆景园	风景名胜公园	其他专类公园	居住区公园	居住小区游园	带状公园	街旁游园
<2	Ⅰ	—	15～25	—	—	15～25	15～25	—	—	—	10～20	15～30	15～30
	Ⅱ	—	<1.0	—	—	<1.0	<1.0	—	—	—	<0.5	<0.5	—
	Ⅲ	—	<4.0	—	—	<7.0	<8.0	—	—	—	<2.5	<2.5	<1.0
	Ⅳ	—	≥65	—	—	≥65	≥65	—	—	—	≥75	≥65	≥65
2～<5	Ⅰ	10～20	—	10～20	—	10～20	10～20	—	10～20	10～20	—	15～30	15～30
	Ⅱ	<1.0	—	<2.0	—	<1.0	<1.0	—	<1.0	<0.5	—	<0.5	<0.5
	Ⅲ	<4.0	—	<12	—	<7.0	<8.0	—	<5.0	<2.5	—	<2.0	<1.0
	Ⅳ	≥65	—	≥65	—	≥70	≥65	—	≥70	≥75	—	≥65	≥65
5～<10	Ⅰ	8～18	8～18	8～18	8～18	8～18	8～18	—	8～18	8～18	10～25	10～25	—
	Ⅱ	<1.5	<2.0	<1.0	<1.0	<1.0	<2.0	—	<1.0	<0.5	<0.5	<0.2	—
	Ⅲ	<5.5	<4.5	<14	<5.0	<5.0	<8.0	—	<4.0	<2.0	<1.5	<1.3	—
	Ⅳ	≥70	≥65	≥65	≥70	≥70	≥70	—	≥75	≥75	≥70	≥70	—
10～<20	Ⅰ	5～15	5～15	5～15	—	5～15	5～15	—	5～15	—	10～25	—	—
	Ⅱ	<1.5	<2.0	<1.0	—	<1.0	<1.0	—	<0.5	—	<0.5	—	—
	Ⅲ	<4.5	<4.5	<14	—	<4.0	<4.0	—	<3.5	—	<1.5	—	—
	Ⅳ	≥75	≥70	≥65	—	≥75	≥75	—	≥80	—	≥70	—	—
20～<50	Ⅰ	5～15	—	5～15	—	5～10	—	—	5～15	—	10～25	—	—
	Ⅱ	<1.0	—	<1.5	—	<0.5	—	—	<0.5	—	<0.5	—	—
	Ⅲ	<4.0	—	<12.5	—	<3.5	—	—	<2.5	—	<1.5	—	—
	Ⅳ	≥75	—	≥70	—	≥85	—	—	≥80	—	≥70	—	—
≥50	Ⅰ	5～10	—	5～10	—	3～8	—	3～8	5～10	—	—	—	—
	Ⅱ	<1.0	—	<1.5	—	<0.5	—	<0.5	<0.5	—	—	—	—
	Ⅲ	<3.0	—	<11.5	—	<2.5	—	<2.5	<1.5	—	—	—	—
	Ⅳ	≥80	—	≥75	—	≥85	—	≥85	≥85	—	—	—	—

注：Ⅰ—园路及铺装场地；Ⅱ—管理建筑；Ⅲ—游览、休憩、服务、公用建筑；Ⅳ—绿化园地。

第四节　常规设施

第2.4.1条　常规设施项目的设置，应符合表2.4.1的规定。

表2.4.1　公园常规设施

设施类型	设施项目	陆地规模(hm²)					
		<2	2～<5	5～<10	10～<20	20～<50	≥50
游憩设施	亭或廊	○	○	●	○	●	●
	厅、榭、码头棚架	—	○	○	○	○	○
	园椅、园凳	○	○	○	○	○	○
	成人活动场	●	●	●	●	●	●
		○	●	●	●	●	●
服务设施	小卖店	○	○	●	●	●	●
	茶座、咖啡厅	—	○	○	○	●	●
	餐厅	—	—	○	○	●	●
	摄影部	—	—	○	○	●	●
	售票房	—	○	○	●	●	●

续表

设施类型	设施项目	陆地规模(hm²)					
		<2	2~<5	5~<10	10~<20	20~<50	≥50
公用设施	厕所	○	●	●	●	●	●
	园灯	○	●	●	●	●	●
	公用电话	—	○	○	●	●	●
	果皮箱	●	●	●	●	●	●
	饮水站	○	○	○	○	○	○
	路标、导游牌	○	●	●	●	●	●
	停车场	—	○	○	●	●	●
	自行车存车处	○	○	○	●	●	●
管理设施	管理办公室	○	●	●	●	●	●
	治安机构	—	—	○	●	●	●
	垃圾站	—	—	○	●	●	●
	变电室、泵房	—	—	○	●	●	●
	生产温室荫棚	—	—	—	○	○	○
	电话交换站	—	—	—	○	●	●
	广播室	—	—	○	●	●	●
	仓库	—	○	○	●	●	●
	修理车间	—	—	—	○	○	●
	管理班(组)	—	○	○	○	○	●
	职工食堂	—	—	○	○	○	●
	淋浴室	—	—	—	○	○	●
	车库	—	—	—	○	○	●

注："●"表示应设;"○"表示可设。

第 2.4.2 条 公园内不得修建与其性质无关的、单纯以营利为目的的餐厅、旅馆和舞厅等建筑。公园中方便游人使用的餐厅、小卖店等服务设施的规模应与游人容量相适应。

第 2.4.3 条 游人使用的厕所面积大于 10hm² 的公园,应按游人容量的 2% 设置厕所蹲位(包括小便斗位数),小于 10hm² 者按游人容量的 1.5% 设置;男女蹲位比例为(1~1.5):1;厕所的服务半径不宜超过 250m;各厕所内的蹲位数应与公园内的游人分布密度相适应;在儿童游戏场附近,应设置方便儿童使用的厕所;公园宜设方便残疾人使用的厕所。

第 2.4.4 条 公用的条凳、坐椅、美人靠(包括一切游览建筑和构筑物中的在内)等,其数量应按游人容量的 20%~30% 设置,但平均每 1hm² 陆地面积上的座位数最低不得少于20,最高不得超过 150。分布应合理。

第 2.4.5 条 停车场和自行车存车处的位置应设于各游人出入口附近,不得占用出入口内外广场,其用地面积应根据公园性质和游人使用的交通工具确定。

第 2.4.6 条 园路、园桥、铺装场地、出入口及游览服务建筑周围的照明标准,可参照有关标准执行。

第三章 总体设计

第一节 容量计算

第 3.1.1 条 公园设计必须确定公园的游人容量,作为计算各种设施的容量、个数、用地面积以及进行公园管理的依据。

第 3.1.2 条 公园游人容量应按下式计算:

$$C=A/A_m \tag{3.1.2}$$

式中，C 为公园游人容量（人）；A 为公园总面积（m^2）；A_m 为公园游人人均占有面积（m^2/人）。

第 3.1.3 条 市、区级公园游人人均占有公园面积以 $60m^2$ 为宜，居住区公园、带状公园和居住小区游园以 $30m^2$ 为宜；近期公共绿地人均指标低的城市，游人人均占有公园面积可酌情降低，但最低游人人均占有公园的陆地面积不得低于 $15m^2$。风景名胜公园游人人均占有公园面积宜大于 $100m^2$。

第 3.1.4 条 水面和坡度大于 50% 的陡坡山地面积之和超过总面积的 50% 的公园，游人人均占有公园面积应适当增加，其指标应符合表 3.1.1 的规定。

表 3.1.1 水面和陡坡面积较大的公园游人人均占有面积指标

水面和陡坡面积占总面积比例/%	0～50	60	70	80
近期游人占有公园面积/(m^2/人)	≥30	≥40	≥50	≥75
无期游人占有公园面积/(m^2/人)	≥60	≥75	≥100	≥150

第二节 布 局

第 3.2.1 条 公园的总体设计应根据批准的设计任务书，结合现状条件对功能或景区划分、景观构想、景点设置、出入口位置、竖向及地貌、园路系统、河湖水系、植物布局以及建筑物和构筑物的位置、规模、造型及各专业工程管线系统等做出综合设计。

第 3.2.2 条 功能或景区划分，应根据公园性质和现状条件，确定各分区的规模及特色。

第 3.2.3 条 出入口设计，应根据城市规划和公园内部布局要求，确定游人主、次和专用出入口的位置；需要设置出入口内外集散广场、停车场、自行车存车处者，应确定其规模要求。

第 3.2.4 条 园路系统设计，应根据公园的规模、各分区的活动内容、游人容量和管理需要，确定园路的路线、分类分级和园桥、铺装场地的位置和特色要求。

第 3.2.5 条 园路的路网密度，宜在 $200～380m/m^2$ 之间；动物园的路网密度宜在 $160～300m/m^2$ 之间。

第 3.2.6 条 主要园路应具有引导游览的作用，易于识别方向。游人大量集中地区的园路要做到明显、通畅、便于集散。通行养护管理机械的园路宽度应与机具、车辆相适应，通向建筑集中地区的园路应有环行路或回车场地，生产管理专用路不宜与主要游览路交叉。

第 3.2.7 条 河湖水系设计，应根据水源和现状地形等条件，确定园中河湖水系的水量、水位、流向；水闸或水井、泵房的位置；各类水体的形状和使用要求。游船水面应按船的类型提出水深要求和码头位置；游泳水面应划定不同水深的范围；观赏水面应确定各种水生植物的种植范围和不同的水深要求。

第 3.2.8 条 全园的植物组群类型及分布，应根据当地的气候状况、园外的环境特征、园内的立地条件，结合景观构想、防护功能要求和当地居民游赏习惯确定，应做到充分绿化和满足多种游憩及审美的要求。

第 3.2.9 条 建筑布局，应根据功能和景观要求及市政设施条件等，确定各类建筑物的位置、高度和空间关系，并提出平面形式和出入口位置。

第 3.2.10 条 公园管理设施及厕所等建筑物的位置，应隐蔽又方便使用。

第 3.2.11 条 需要采暖的各种建筑物或动物馆舍，宜采用集中供热。

第 3.2.12 条 公园内水、电、燃气等线路布置，不得破坏景观，同时应符合安全、卫生、节约和便于维修的要求。电气、上下水工程的配套设施、垃圾存放场及处理设施应设在隐蔽地带。

第3.2.13条 公园内不宜设置架空线路，必须设置时，应符合下列规定：

一、避开主要景点和游人密集活动区；

二、不得影响原有树木的生长，对计划新栽的树木，应提出解决树木和架空线路矛盾的措施。

第3.2.14条 公园内景观最佳地段，不得设置餐厅及集中的服务设施。

第三节 竖向控制

第3.3.1条 竖向控制应根据公园四周城市道路规划标高和园内主要内容，充分利用原有地形地貌，提出主要景物的高程及对其周围地形的要求，地形标高还必须适应拟保留的现状物和地表水的排放。

第3.3.2条 竖向控制应包括下列内容：山顶；最高水位、常水位、最低水位；水底；驳岸顶部；园路主要转折点、交叉点和变坡点；主要建筑的底层和室外地坪；各出入口内、外地面；地下工程管线及地下构筑物的埋深；园内外佳景的相互因借观赏点的地面高程。

第四节 现状处理

第3.4.1条 公园范围内的现状地形、水体、建筑物、构筑物、植物、地上或地下管线和工程设施，必须进行调查，作出评价，提出处理意见。

第3.4.2条 在保留的地下管线和工程设施附近进行各种工程或种植设计时，应提出对原有物的保护措施和施工要求。

第3.4.3条 园内古树名木严禁砍伐或移植，并应采取保护措施。

第3.4.4条 古树名木的保护必须符合下列规定：

一、古树名木保护范围的划定必须符合下列要求：

1. 成林地带外缘树树冠垂直投影以外5.0m所围合的范围；

2. 单株树同时满足树冠垂直投影及其外侧5.0m宽和距树干基部外缘水平距离为胸径20倍以内；

二、保护范围内，不得损坏表土层和改变地表高程，除保护及加固设施外，不得设置建筑物、构筑物及架（埋）设各种过境管线，不得栽植缠绕古树名木的藤本植物；

三、保护范围附近，不得设置造成古树名木处于阴影下的高大物体和排泄危及古树名木的有害水、气的设施；

四、采取有效的工程技术措施和创造良好的生态环境，维护其正常生长。

第3.4.5条 原有健壮的乔木、灌木、藤本和多年生草本植物应保留利用。在乔木附近设置建筑物、构筑物和工程管线，必须符合下列规定：

一、水平距离符合附录二、三的规定；

二、在上款规定的距离内不得改变地表高程；

三、不得造成积水。

第3.4.6条 有文物价值和纪念意义的建筑物、构筑物，应保留并结合到园内景观之中。

第四章 地形设计

第一节 一般规定

第4.1.1条 地形设计应以总体设计所确定的各控制点的高程为依据。

第4.1.2条 土方调配设计应提出利用原表层栽植土的措施。

第4.1.3条 栽植地段的栽植土层厚度应符合附录四的规定。

第4.1.4条 人力剪草机修剪的草坪坡度不应大于25%。

第4.1.5条 大高差或大面积填方地段的设计标高,应计入当地土壤的自然沉降系数。

第4.1.6条 改造的地形坡度超过土壤的自然安息角时,应采取护坡、固土或防冲刷的工程措施。

第4.1.7条 在无法利用自然排水的低洼地段,应设计地下排水管沟。

第4.1.8条 地形改造后的原有各种管线的覆土深度,应符合有关标准的规定。

第二节 地表排水

第4.2.1条 创造地形应同时考虑园林景观和地表水的排放,各类地表的排水坡度宜符合表4.2.1的规定。

第4.2.2条 公园内的河、湖最高水位,必须保证重要的建筑物、构筑物和动物笼舍不被水淹。

表4.2.1 各类地表的排水坡度(%)

地表类型		最大坡度	最小坡度	最适坡度
草地		33	10	1.5～10
运动草地		2	0.5	1
栽植地表		视地质而定	0.5	3～5
铺装场地	平原地区	1	0.3	—
	丘陵地区	3	0.3	—

第三节 水体外缘

第4.3.1条 水工建筑物、构筑物应符合下列规定:

一、水体的进水口、排水口和溢水口及闸门的标高,应保证适宜的水位和泄洪、清淤的需要;

二、下游标高较高至使排水不畅时,应提出解决的措施;

三、非观赏型水工设施应结合造景采取隐蔽措施。

第4.3.2条 硬底人工水体的近岸2.0m范围内的水深,不得大于0.7m,达不到此要求的应设护栏。无护栏的园桥、汀步附近2.0m范围以内的水深不得大于0.5m。

第4.3.3条 溢水口的口径应考虑常年降水资料中的一次性最高降水量。

第4.3.4条 护岸顶与常水位的高差,应兼顾景观、安全、游人近水心理和防止岸体冲刷。

第五章 园路及铺装场地设计

第一节 园路

第5.1.1条 各级园路应以总体设计为依据,确定路宽、平曲线和竖曲线的线形以及路面结构。

第5.1.2条 园路宽度宜符合表5.1.1的规定。

表5.1.1 园路宽度(m)

园路级别	陆地面积/hm²			
	<2	2～<10	10～<50	>50
主路	2.0～3.5	2.5～4.5	3.5～5.0	5.0～7.0
支路	1.2～2.0	2.0～3.5	2.0～3.5	3.5～5.0
小路	0.9～1.2	0.9～2.0	1.2～2.0	1.2～3.0

第5.1.3条 园路线形设计应符合下列规定：
一、与地形、水体、植物、建筑物、铺装场地及其他设施结合，形成完整的风景构图；
二、创造连续展示园林景观的空间或欣赏前方景物的透视线；
三、路的转折、衔接通顺，符合游人的行为规律。

第5.1.4条 主路纵坡宜小于8%，横坡宜小于3%，粒料路面横坡宜小于4%，纵、横坡不得同时无坡度。山地公园的园路纵坡应小于12%，超过12%应作防滑处理。主园路不宜设梯道，必须设梯道时，纵坡宜小于36%。

第5.1.5条 支路和小路，纵坡宜小于18%。纵坡超过15%路段，路面应作防滑处理；纵坡超过18%，宜按台阶、梯道设计，台阶踏步数不得少于2级，坡度大于58%的梯道应作防滑处理，宜设置护栏设施。

第5.1.6条 经常通行机动车的园路宽度应大于4m，转弯半径不得小于12m。

第5.1.7条 园路在地形险要的地段应设置安全防护设施。

第5.1.8条 通往孤岛、山顶等卡口的路段，宜设通行复线；必须沿原路返回的，宜适当放宽路面。应根据路段行程及通行难易程度，适当设置供游人短暂休憩的场所及护栏设施。

第5.1.9条 园路及铺装场地应根据不同功能要求确定其结构和饰面。面层材料应与公园风格相协调，并宜与城市车行路有所区别。

第5.1.10条 公园出入口及主要园路宜便于通过残疾人使用的轮椅，其宽度及坡度的设计应符合《方便残疾人使用的城市道路和建筑物设计规范》（JGJ50）中的有关规定。

第5.1.11条 公园游人出入口宽度应符合下列规定：总宽度符合表5.1.2的规定；

表5.1.2 公园游人出入口总宽度下限（m/万人）

游人人均在园停留时间	售票公园	不售票公园
>4h	8.3	5.0
1~4h	17.0	10.2
<1h	25.0	15.0

注：1. 单位"万人"指公园游人容量；
2. 单个出入口最小宽度1.5m；
3. 举行大规模活动的公园，应另设安全门。

第二节 铺装场地

第5.2.1条 根据公园总体设计的布局要求，确定各种铺装场地的面积。铺装场地应根据集散、活动、演出、赏景、休憩等使用功能要求作出不同设计。

第5.2.2条 内容丰富的售票公园游人出入口外集散场地的面积下限指标以公园游人容量为依据，宜按500m²/万人计算。

第5.2.3条 安静休憩场地应利用地形或植物与喧闹区隔离。

第5.2.4条 演出场地应有方便观赏的适宜坡度和观众席位。

第三节 园桥

第5.3.1条 园桥应根据公园总体设计确定通行、通航所需尺度并提出造景、观景等项具体要求。

第5.3.2条 通过管线的园桥，应同时考虑管道的隐蔽、安全、维修等问题。

第5.3.3条 通行车辆的园桥在正常情况下，汽车荷载等级可按汽车—10级计算。

第5.3.4条 非通行车辆的园桥应有阻止车辆通过的措施,桥面人群荷载按 3.5kN/m² 计算。

第5.3.5条 作用在园桥栏杆扶手上的竖向力和栏杆顶部水平荷载均按 1.0kN/m 计算。

第六章 种植设计

第一节 一般规定

第6.1.1条 公园的绿化用地应全部用绿色植物覆盖。建筑物的墙体、构筑物可布置垂直绿化。

第6.1.2条 种植设计应以公园总体设计对植物组群类型及分布的要求为根据。

第6.1.3条 植物种类的选择,应符合下列规定:

一、适应栽植地段立地条件的当地适生种类;

二、林下植物应具有耐阴性,其根系发展不得影响乔木根系的生长;

三、垂直绿化的攀缘植物依照墙体附着情况确定;

四、具有相应抗性的种类;

五、适应栽植地养护管理条件;

六、改善栽植地条件后可以正常生长的、具有特殊意义的种类。

第6.1.1条 绿化用地的栽植土壤应符合下列规定:

一、栽植土层厚度符合附录四的数值,且无大面积不透水层;

二、废弃物污染程度不致影响植物的正常生长;

三、酸碱度适宜;

四、物理性质符合表6.1.1的规定;

五、凡栽植土壤不符合以上各款规定者必须进行土壤改良。

表6.1.1 土壤物理性质

指 标	土层深度范围/cm	
	0～30	30～110
质量密度/(g/cm³)	1.17～1.45	1.17～1.45
总孔隙度/%	>45	45～52
非毛管孔隙度/%	>10	10～20

第6.1.5条 铺装场地内的树木其成年期的根系伸展范围,应采用透气性铺装。

第6.1.6条 公园的灌溉设施应根据气候特点、地形、土质、植物配置和管理条件设置。

第6.1.7条 乔木、灌木与各种建筑物、构筑物及各种地下管线的距离,应符合附录二、三的规定。

第6.1.8条 苗木控制应符合下列规定:

一、规定苗木的种名、规格和质量;

二、根据苗木生长速度提出近、远期不同的景观要求,重要地段应兼顾近、远期景观,并提出过渡的措施;

三、预测疏伐或间移的时期。

第6.1.9条 树木的景观控制应符合下列规定:

一、郁闭度

风景林地应符合表6.1.2的规定；

表6.1.2 风景林郁闭度

类 型	开放当年标准	成年期标准
密林	0.3~0.7	0.7~1.0
疏林	0.1~0.4	0.4~0.6
疏林草地	0.07~0.20	0.1~0.3

2. 风景林中各观赏单元应另行计算，丛植、群植近期郁闭度应大于0.5；带植近期郁闭度宜大于0.6。

二、观赏特征

1. 孤植树、树丛：选择观赏特征突出的树种，并确定其规格、分枝点高度、姿态等要求；与周围环境或树木之间应留有明显的空间；提出有特殊要求的养护管理方法。

2. 树群：群内各层应能显露出其特征部分。

三、视距

1. 孤立树、树丛和树群至少有一处欣赏点，视距为观赏面宽度的1.5倍和高度的2倍；

2. 成片树林的观赏林缘线视距为林高的2倍以上。

第6.1.10条 单行整形绿篱的地上生长空间尺度应符合表6.1.10的规定。双行种植时，其宽度按表6.1.3规定的值增加0.3~0.5m。

表6.1.3 各类单行绿篱空间尺度（m）

类 型	地上空间高度	地上空间宽度
树墙	>1.60	>1.50
高绿篱	1.20~1.60	1.20~2.00
中绿篱	0.50~1.20	0.80~1.50
矮绿篱	0.50	0.30~0.50

第二节 游人集中场所

第6.2.1条 游人集中场所的植物选用应符合下列规定：

一、在游人活动范围内宜选用大规格苗木；

二、严禁选用危及游人生命安全的有毒植物；

三、不应选用在游人正常活动范围内枝叶有硬刺或枝叶形状呈尖硬剑、刺状以及有浆果或分泌物坠地的种类；

四、不宜选用挥发物或花粉能引起明显过敏反应的种类。

第6.2.2条 集散场地种植设计的布置方式，应考虑交通安全视距和人流通行，场地内的树木枝下净空应大于2.2m。

第6.2.3条 儿童游戏场的植物选用应符合下列规定：

一、乔木宜选用高大荫浓的种类，夏季庇荫面积应大于游戏活动范围的50%；

二、活动范围内灌木宜选用萌发力强、直立生长的中高型种类，树木枝下净空应大于1.8m。

第6.2.4条 露天演出场观众席范围内不应布置阻碍视线的植物，观众席铺栽草坪应选用耐践踏的种类。

第6.2.5条 停车场的种植应符合下列规定：

一、树木间距应满足车位、通道、转弯、回车半径的要求；

二、庇荫乔木枝下净空的标准：
1. 大、中型汽车停车场：大于4.0m；
2. 小汽车停车场：大于2.5m；
3. 自行车停车场：大于2.2m。
三、场内种植池宽度应大于1.5m，并应设置保护设施。

第6.2.6条 成人活动场的种植应符合下列规定：
一、宜选用高大乔木，枝下净空不低于2.2m；
二、夏季乔木庇荫面积宜大于活动范围的50%。

第6.2.7条 园路两侧的植物种植
一、通行机动车辆的园路，车辆通行范围内不得有低于4.0m高度的枝条；
二、方便残疾人使用的园路边缘种植应符合下列规定：
1. 不宜选用硬质叶片的丛生型植物；
2. 路面范围内，乔、灌木枝下净空不得低于2.2m；
3. 乔木种植点距路缘应大于0.5m。

第三节 动物展览区

第6.3.1条 动物展览区的种植设计，应符合下列规定：
一、有利于创造动物的良好生活环境；
二、不致造成动物逃逸；
三、创造有特色植物景观和游人参观休憩的良好环境；
四、有利于卫生防护隔离。

第6.3.2条 动物展览区的植物种类选择应符合下列规定：
一、有利于模拟动物原产区的自然景观；
二、动物运动范围内应种植对动物无毒、无刺、萌发力强、病虫害少的中慢长种类。

第6.3.3条 在笼舍、动物运动场内种植植物，应同时提出保护植物的措施。

第四节 植物园展览区

第6.4.1条 植物园展览区的种植设计应将各类植物展览区的主题内容和植物引种驯化成果、科普教育、园林艺术相结合。

第6.4.2条 展览区展示植物的种类选择应符合下列规定：
一、对科普、科研具有重要价值；
二、在城市绿化、美化功能等方面有特殊意义。

第6.4.3条 展览区配合植物的种类选择应符合下列规定：
一、能为展示种类提供局部良好生态环境；
二、能衬托展示种类的观赏特征或弥补其不足；
三、具有满足游览需要的其他功能。

第6.4.4条 展览区引入植物的种类，应是本园繁育成功或在原始材料圃内生长时间较长、基本适应本地区环境条件者。

第七章 建筑物及其他设施设计

第一节 建筑物

第7.1.1条 建筑物的位置、朝向、高度、体量、空间组合、造型、材料、色彩及其使用功能，应符合公园总体设计的要求。

条 游览、休憩、服务性建筑物设计应符合下列规定:

一、与地形、地貌、山石、水体、植物等其他造园要素统一协调;

二、层数以一层为宜,起主题和点景作用的建筑高度和层数服从景观需要;

三、游人通行量较多的建筑室外台阶宽度不宜小于1.5m;踏步宽度不宜小于30cm,踏步高度不宜大于16cm;台阶踏步数不少于2级;侧方高差大于1.0m的台阶,设护栏设施;

四、建筑内部和外缘,凡游人正常活动范围边缘临空高差大于1.0m处,均设护栏设施,其高度应大于1.05m;高差较大处可适当提高,但不宜大于1.2m;护栏设施必须坚固耐久且采用不易攀登的构造,其竖向力和水平荷载应符合本规范第5.3.5条的规定;

五、有吊顶的亭、廊、敞厅,吊顶采用防潮材料;

六、亭、廊、花架、敞厅等供游人坐憩之处,不采用粗糙饰面材料,也不采用易刮伤肌肤和衣物的构造。

第7.1.3条 游览、休憩建筑的室内净高不应小于2.0m;亭、廊、花架、敞厅等的楣子高度应考虑游人通过或赏景的要求。

第7.1.4条 管理设施和服务建筑的附属设施,其体量和烟囱高度应按不破坏景观和环境的原则严格控制;管理建筑不宜超过2层。

第7.1.5条 "三废"处理必须与建筑同时设计,不得影响环境卫生和景观。

第7.1.6条 残疾人使用的建筑设施,应符合《方便残疾人使用的城市道路和建筑物设计规范》(JGJ50)的规定。

第二节 驳岸与山石

第7.2.1条 河湖水池必须建造驳岸并根据公园总体设计中规定的平面线形、竖向控制点、水位和流速进行设计。岸边的安全防护应符合本规范第7.1.2条第三款、第四款的规定。

第7.2.2条 素土驳岸

一、岸顶至水底坡度小于100%者应采用植被覆盖;坡度大于100%者应有固土和防冲刷的技术措施;

二、地表径流的排放及驳岸水下部分处理应符合有关标准的规定。

第7.2.3条 人工砌筑或混凝土浇注的驳岸应符合下列规定:

一、寒冷地区的驳岸基础应设置在冰冻线以下,并考虑水体及驳岸外侧土体结冻后产生的冻胀对驳岸的影响,需要采取的管理措施在设计文件中注明;

二、驳岸地基基础设计应符合《建筑地基基础设计规范》(GBJ7)的规定。

第7.2.4条 采取工程措施加固驳岸,其外形和所用材料的质地、色彩均应与环境协调。

第7.2.5条 堆叠假山和置石,体量、形式和高度必须与周围环境协调,假山的石料应提出色彩、质地、纹理等要求,置石的石料还应提出大小和形状。

第7.2.6条 叠山、置石和利用山石的各种造景,必须统一考虑安全、护坡、登高、隔离等各种功能要求。

第7.2.7条 叠山、置石以及山石梯道的基础设计应符合《建筑地基基础设计规定》(GBJ7)的规定。

第7.2.8条 游人进出的山洞,其结构必须稳固,应有采光、通风、排水的措施,并应保证通行安全。

第7.2.9条 叠石必须保持本身的整体性和稳定性。山石衔接以及悬挑、山洞部分的山石之间、叠石与其他建筑设施相接部分的结构必须牢固,确保安全。山石勾缝作法可在设计文件中注明。

第三节 电气与防雷

第7.3.1条 园内照明宜采用分线路、分区域控制。

第7.3.2条 电力线路及主园路的照明线路宜埋地敷设，架空线必须采用绝缘线，线路敷设应符合本规范第3.2.13条的规定。

第7.3.3条 动物园和晚间开展大型游园活动、装置电动游乐设施、有开放性地下岩洞或架空索道的公园，应按两路电源供电设计，并应设自投装置；有特殊需要的应设自备发电装置。

第7.3.4条 公共场所的配电箱应加锁，并宜设在非游览地段。园灯接线盒外罩应考虑防护措施。

第7.3.5条 园林建筑、配电设施的防雷装置应按有关标准执行。园内游乐设备、制高点的护栏等应装置防雷设备或提出相应的管理措施。

第四节 给水排水

第7.4.1条 根据植物灌溉、喷泉水景、人畜饮用、卫生和消防等需要进行供水管网布置和配套工程设计。

第7.4.2条 使用城市供水系统以外的水源作为人畜饮用水和天然游泳场用水，水质应符合国家相应的卫生标准。

第7.4.3条 人工水体应防止渗漏，瀑布、喷泉的水应重复利用；喷泉设计可参照《建筑给水排水设计规范》(GBJ15)的规定。

第7.4.4条 养护园林植物用的灌溉系统应与种植设计配合，喷灌或滴灌设施应分段控制。喷灌设计应符合《喷灌工程技术规范》(GBj85)的规定。

第7.4.5条 公园排放的污水应接入城市污水系统，不得在地表排放，不得直接排入河湖水体或渗入地下。

第五节 护栏

第7.5.1条 公园内的示意性护栏高度不宜超过0.4m。

第7.5.2条 各种游人集中场所容易发生跌落、淹溺等人身事故的地段，应设置安全防护性护栏；设计要求可参照本规范第7.1.2条的规定。

第7.5.3条 各种装饰性、示意性和安全防护性护栏的构造作法，严禁采用锐角、利刺等形式。

第7.5.4条 电力设施、猛兽类动物展区以及其他专用防范性护栏，应根据实际需要另行设计和制作。

第六节 儿童游戏场

第7.6.1条 公园内的儿童游戏场与安静休憩区、游人密集区及城市干道之间，应用园林植物或自然地形等构成隔离地带。

第7.6.2条 幼儿和学龄儿童使用的器械，应分别设置。

第7.6.3条 游戏内容应保证安全、卫生和适合儿童特点，有利于开发智力，增强体质。不宜选用强刺激性、高能耗的器械。

第7.6.4条 游戏设施的设计应符合下列规定：

一、儿童游戏场内的建筑物、构筑物及设施的要求：

1. 室内外的各种使用设施、游戏器械和设备应结构坚固、耐用，并避免构造上的硬棱角；
2. 尺度应与儿童的人体尺度相适应；
3. 造型、色彩应符合儿童的心理特点；
4. 根据条件和需要设置游戏的管理监护设施。

乐设施及游艺机，应符合《游艺机和游乐设施安全标准》（GB8408）的规定；

水池最深处的水深不得超过0.35m，池壁装饰材料应平整、光滑且不易脱落，池有防滑措施；

四、儿童游戏场内应设置坐凳及避雨、庇荫等休憩设施；

五、宜设置饮水器、洗手池。

第7.6.5条 游戏场地面

一、场内园路应平整，路缘不得采用锐利的边石；

二、地表高差应采用缓坡过渡，不宜采用山石和挡土墙；

三、游戏器械下的场地地面宜采用耐磨、有柔性、不扬尘的材料铺装。

附录

附录一 本规范术语解释

序号	术语名称	曾用名称	解　释
1	公园		供公众游览、观赏、休憩、开展科学文化及锻炼身体等活动，有较完善的设施和良好的绿化环境的公共绿地。公园类型包括综合性公园、居住区公园、居住小区游园、带状公园、街旁游园和各种专类公园等
2	儿童公园	儿童乐园	单独设置供儿童游和接受科普教育的活动场所。有良好的绿化环境和较完善的设施，能满足不同年龄儿童需要
3	儿童游戏场	儿童乐园	独立或附属于其他公园中，游戏器械较简单的儿童活动场所
4	风景名胜公园	郊野公园	位于城市建成区或近郊区的名胜风景点、古迹点，以供城市居民游览、休憩为主，兼为旅游点的公共绿地。有别于大多位于城市远郊区或远离城市以外，景区范围较大，主要为旅游点的各级风景名胜区
5	历史公园		具有悠久历史、知名度高的园林，往往属于全国、省、市县级的文物保护单位
6	街旁游园	小游园、街头绿地	城市道路红线以外供行人短暂休息或装饰街景的小型公共绿地
7	古树名木		古树指树龄在百年以上的树木，名木指珍贵、稀有的树木，或具有历史、科学、文化价值以及有重要纪念意义的树木
8	主题建筑物或构筑物		指公园中代表公园主题的建筑物或铺装场地、陵墓、雕塑等构筑物
9	风景林		公园或风景区中由乔、灌木及草本植物配置而成，具备较高观赏价值的树丛、树群组合的树林类型
10	公园游人容量		指游览旺季星期日高峰小时内同时在园游人数

附录二 公园树木与地下管线最小水平距离（m）

名　称	新植乔木	现状乔木	灌木或绿篱外缘
电力电缆	1.50	3.5	0.50
通讯电缆	1.50	3.5	0.50
给水管	1.50	2.0	—
排水管	1.50	3.0	—
排水盲沟	1.00	3.0	—
消防笼头	1.20	2.0	1.20
煤气管道(低中压)	1.20	3.0	1.00
热力管	2.00	5.0	2.00

注：乔木与地下管线的距离是指乔木树干基部的外缘与管线外缘的净距离。灌木或绿篱与地下管线的距离是指地表处分蘖枝干中最外的枝干基部的外缘与管线外缘的净距。

附录三 公园树木与地面建筑物、构筑物外缘最小水平距离（m）

名　称	新植乔木	现状乔木	灌木或绿篱外缘
测量水准点	2.00	2.00	1.00
地上杆柱	2.00	2.00	—
挡土墙	1.00	3.00	1.50
楼房	5.00	5.00	1.50
平房	2.00	5.00	—
围墙（高度小于2m）	1.00	2.00	0.75
排水明沟	1.00	1.00	0.50

注：同附录二注。

附录四 栽植土层厚度（cm）

植物类型	栽植土层厚度	必要时设置排水层的厚度
草坪植物	>30	20
小灌木	>45	30
大灌木	>60	40
浅根乔木	>90	40
深根乔木	>150	40

附录五 本规范用词说明

一、为便于在执行本规范条文时区别对待，对于要求严格程度不同的用词说明如下：
1. 表示很严格，非这样做不可的：
正面词采用"必须"；反面词采用"严禁"。
2. 表示严格，在正常情况下均应这样做的：
正面词采用"应"；反面词采用"不应"或"不得"。
3. 表示允许稍有选择，在条件许可时，首先应这样作的：
正面词采用"宜"或"可"；反面词采用"不宜"。
二、条文中指明必须按其他有关标准执行的写法为，"应按……执行"或"应符合……要求（或规定）"。非必须按所指定的标准执行的写法为，"可参照……的要求（或规定）"。

附加说明
本规范主编单位、参加单位和主要起草人名单
主编单位：北京市园林局
参加单位：北京市园林设计研究院、中国城市规划设计研究院、广州市园林建筑规划设计院、天津市园林管理局设计处、杭州园林设计院、上海市园林设计院、重庆市园林设计研究所、大连市市政园林设计院、包头市城市规划管理处、苏州园林设计所、华南农业大学
主要起草人：刘少宗、潘家莹、徐德权、洛芬林、高薇、周琳洁、黎永惠、林福昌、周在春、姚鼎初、周治衡、王璲、匡振、王闿文

参 考 文 献

[1] 孟刚等. 城市公园设计 [M]. 上海：同济大学出版社，2003.
[2] 李铮生. 城市园林绿地规划与设计 [M]. 北京：中国建筑工业出版社，2006.
[3] 艾伦·泰特著. 周玉鹏，肖季川，朱青模译. 城市公园设计 [M]. 北京：中国建筑工业出版社，2005.
[4] 麦华. 西方城市公园发展演变 [J]. 南方建筑. 2006. (08).
[5] 严伟. 北京东便门明城墙遗址公园 [J]. 中国园林. 2005 (2)：14-15.
[6] 张青云. 以古城墙为依托的城市带状公园设计研究 [J]. 华中农业大学. 2007. (06).
[7] 徐东岳，王小军. 滨河带状绿地景观规划设计探索 [J]. 技术与市场：园林工程. 2005. (12)：36-38.
[8] 马娱，于宗顺. 城市带状公园设计探讨 [J]. 黑龙江农业科学. 2009. (02)：100-102.
[9] 黄帼虹. 带状公园的设计要点 [N]. 中国花卉报. 2008. (01).
[10] 刘少才. 格里芬人工湖堪培拉的灵魂 [J]. 园林. 2008. (04).
[11] 秦铭健. 北京旧城墙遗址公园的规划——以两个中奖方案为例 [J]. 北京规划建设. 2002. (1)：28-31.
[12] 叶枫. 动物园规划设计概述 [J]. 风景园林. 2007. (4)：117-119.
[13] 陈瑾，黄哲，沈守云. 浅论城市专类公园发展历程与研究趋势 [J]. 广东园林. 2008. 30 (3)：27-29.
[14] 孟宪民. 国外植物园发展现状及对我国植物园建设的启示 [J]. 世界林业研究. 2004. 17 (5)：4-8.
[15] 黎靓. 自然的召唤——浅谈大连市森林动物园规划 [J]. 建筑创作. 2002. (2)：74-76.
[16] 杨一力，王旭，王威. 邯郸植物园规划设计分析 [J]. 中国园林. 2003. (6)：27-28.
[17] 王绍增. 城市绿地规划 [M]. 北京：中国农业出版社，2005.
[18] 尹安石. 现代城市景观设计 [M]. 北京：中国林业出版社，2006.
[19] 陈圣泓. 工业遗址公园 [J]. 中国园林. 2008. (2)：1-8.
[20] 王晓俊. 西方现代公园设计 [M]. 南京：东南大学出版社，2000.
[21] 俞孔坚. 足下的文化与野草之美：中山岐江公园设计 [J]. 新建筑. 2001. (5)：17-20.
[22] 张朝君，李薇等. 从造园三要素看中国古典园林 [J]. 贵州农业科学. 2008. 36 (2)：148-150.
[23] 吴晓. 解读中国古典园林的山水美 [J]. 怀化学院学报. 2008. 27 (4)：86-87.
[24] 王兆东. 苏州古典园林造园艺术浅析 [J]. 安徽农业科学. 2008. 36 (25)：4.
[25] 朱建宁，杨云峰. 中国古典园林的现代意义 [J]. 中国园林. 2005. 21 (11)：1-7.
[26] 刘福智等编著. 景园规划与设计 [M]. 机械工业出版社，北京. 2003. 8. 第一版
[27] 金煜主编. 园林植物景观设计 [M]. 辽宁科学技术出版社，沈阳. 2008. 4. 第一版
[28] 封云，林磊. 公园绿地规划设计（第2版）[M]. 北京：中国林业出版社，2004.

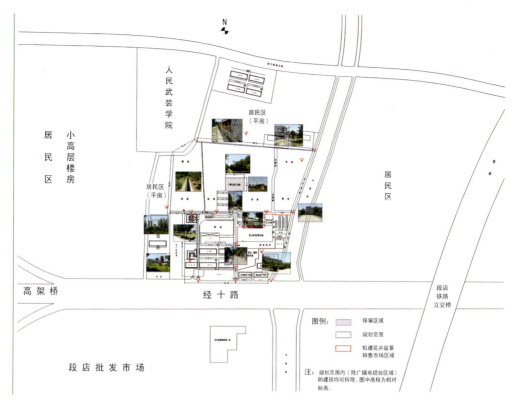

图 7-1 现状与区位环境图

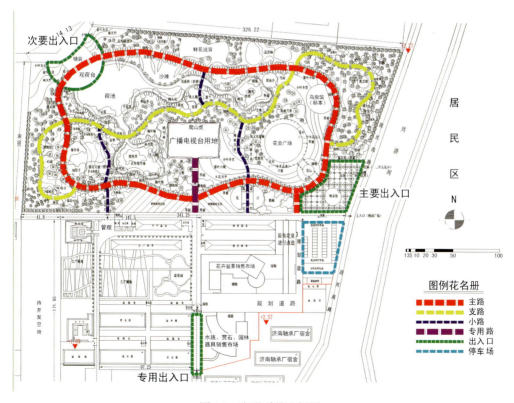

图 7-2 交通系统分析图

图 7-3 功能分区图

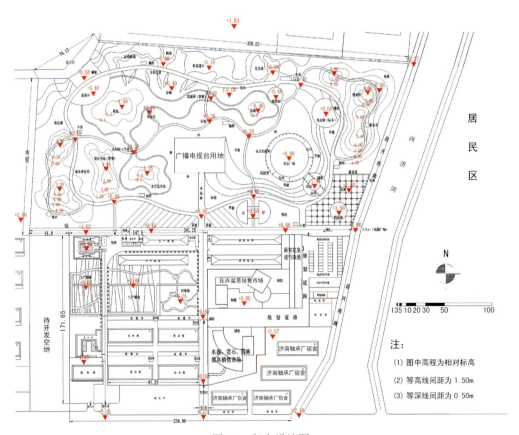

图 7-4 竖向设计图

图7-5　植物配置图

图7-6　总平面图

图7-7 全景鸟瞰效果图

图7-9 大观河老照片一

图7-8 基地位置卫星影像图

图7-10 大观河老照片二

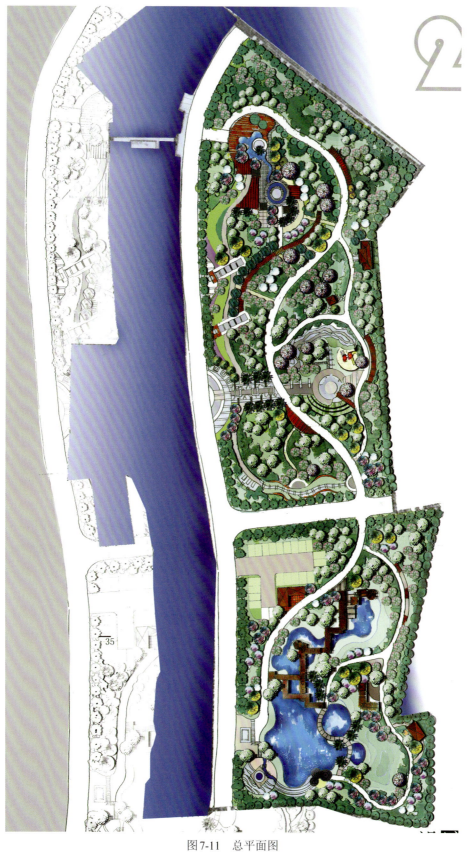

图 7-11 总平面图

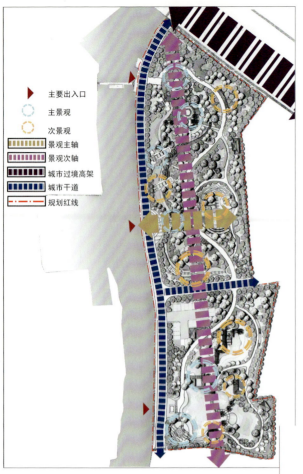

图7-12 景观节点分析图

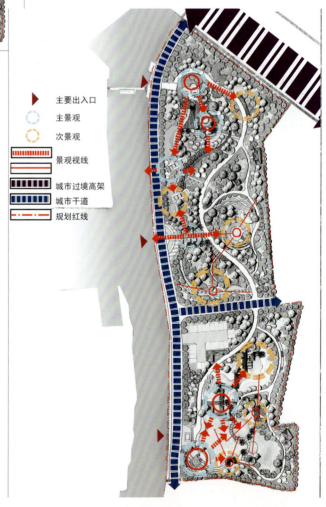

图7-13 景观视线分析图

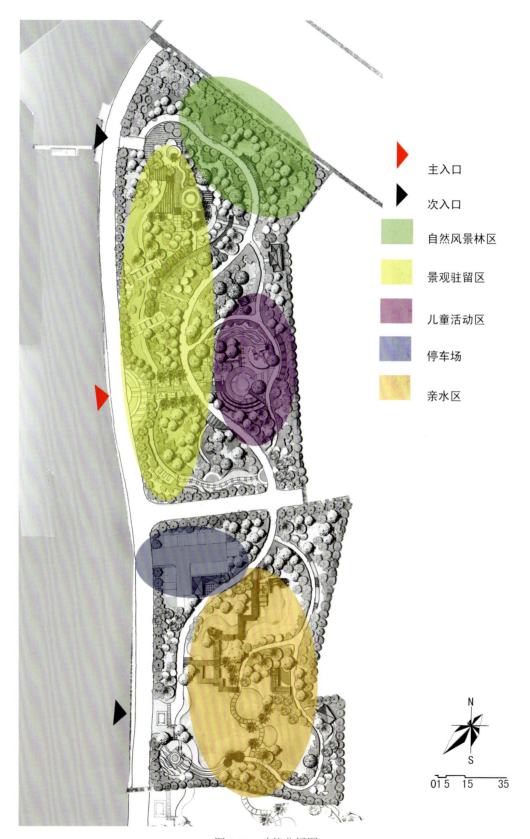

图7-14 功能分析图

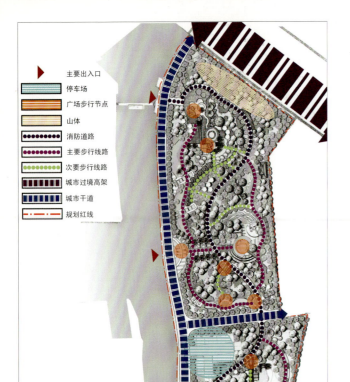

图7-15　道路系统分析图

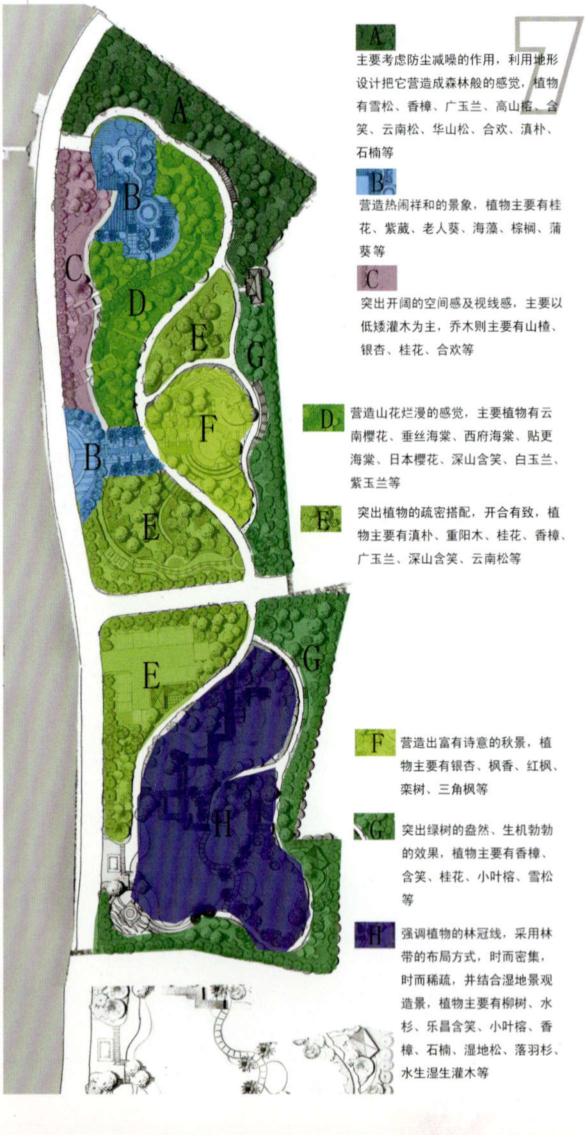

图7-16　植物景观设计图